高等职业技术教育人工智能系列新形态一体化教材

人工智能技术与应用

主　编　杨　桦　　唐国强　　熊　静
副主编　李任坤　　曾琬凌　　肖祥林
主　审　陈　斌

西南交通大学出版社
·成　都·

图书在版编目（CIP）数据

人工智能技术与应用 / 杨桦，唐国强，熊静主编. 成都 ：西南交通大学出版社，2025. 8. --（高等职业技术教育人工智能系列新形态一体化教材）. -- ISBN 978 -7-5774-0628-2

Ⅰ．TP18

中国国家版本馆 CIP 数据核字第 20255XN164 号

高等职业技术教育人工智能系列新形态一体化教材

Rengong Zhineng Jishu yu Yingyong

人工智能技术与应用

主编 / 杨　桦　唐国强　熊　静

策划编辑 / 陈　斌
责任编辑 / 穆　丰
责任校对 / 左凌涛
封面设计 / GT 工作室

西南交通大学出版社出版发行

（四川省成都市金牛区二环路北一段 111 号西南交通大学创新大厦 21 楼　610031）

营销部电话：028-87600564　　028-87600533

网址：https://www.xnjdcbs.com

印刷：四川煤田地质制图印务有限责任公司

成品尺寸　185 mm × 260 mm

印张　20.5　　字数　537 千

版次　2025 年 8 月第 1 版　　印次　2025 年 8 月第 1 次

书号　ISBN 978-7-5774-0628-2

定价　58.00 元

课件咨询电话：028-81435775

图书如有印装质量问题　本社负责退换

版权所有　盗版必究　举报电话：028-87600562

一、编写背景与理念

在数字文明重构人类生存范式的时代背景下，人工智能技术正加速渗透至各领域，深刻重塑社会生产方式和人类认知模式。从智能驾驶到精准医疗，从教育数字化转型到智慧农业发展，人工智能已成为推动社会变革的关键引擎。为顺应这一趋势，培养兼具人工智能素养与实践能力的复合型人才，编写适配通识教育需求的人工智能教材具有重要现实意义。

当前人工智能教育课程在教育行业快速推进，呈现出局部深度化、政策驱动、全面推广的特点。但是专业教材存在认知门槛过高、应用场景割裂等问题，而普及读物又普遍缺乏系统性和实践价值。本书以"基础认知—工具驾驭—算法解构—场景融合"为设计逻辑，构建"理论图谱、技术路径、行业赋能"三维知识体系；通过深度解构人工智能生成内容（Artificial Intelligence Generated Content，AIGC）技术内核，有机整合行业应用案例，创新性设计"认知脚手架—实践训练场—创新实验室"三阶成长路径，使学习者既能构建完整知识框架，又能掌握 WPS 智能办公、Python 脚本开发等实用技能，实现从技术认知到创新应用的跨越。

二、教材建设及特色

1. 构建系统教学体系，满足多元学习需求

本书围绕人工智能与 AIGC 核心技术，精心构建了涵盖基础理论、工具使用与行业实践的教学体系。从人工智能技术基础入手，深入浅出地介绍机器学习、计算机视觉等核心概念，解析 AIGC 的发展历程与技术特点，让读者全面了解人工智能的发展脉络。在工具应用方面，详细讲解了 DeepSeek、豆包等主流模型工具在 WPS 文字处理、表格分析、演示文稿制作中的具体应用场景，通过任务实施环节，让读者熟练掌握提示词设计技巧，能够运用这些工具完成文档生成、图文优化、论文编排等实际任务。

同时，本书还注重算法拓展，结合 Python 脚本应用开发案例，帮助读者掌握人工智能的拓展应用，深入理解线性回归、神经网络等经典模型在交通、医疗等领域的应用，展示 AI 在多行业的赋能路径。通过系统的学习，读者能够构建从理论到技术应用的完整能力体系，满足不同层次读者对人工智能知识的学习需求。

2. 融合丰富课程资源，助力教学模式创新

为了提升教学效果，我们打造了丰富的课程资源库，为教学模式创新提供有力支持，请扫码访问。线上数字化课程资源包含大量微课视频、授课用 PPT（演示文稿）、试题、案例、拓展阅读材料以及课程思政案例，通过生动形象的视频讲解和丰富多样的学习资料，为读者开展自主

智慧教育平台

学习和翻转课堂提供了便利条件。线下新形态教材资源基于现场场景的理论应用案例，按照企业实际开发流程编写项目资源，并引入了校企"双元"合作开发的、代表行业领先技术的项目库资源。通过这些内容，读者在学习过程中能够接触到真实的项目案例，从而有效增强实践能力。

在教学过程中，我们积极探索"半翻转课堂+PBL 混合式教学"实践：结合学生现有知识、能力水平和学习潜力，个性化推荐线上学习内容，线下精讲问题清单中的内容，按照 PBL 教学法（问题导入、课堂精讲、方案制定、探究实践、交流分享和评价总结）开展课堂教学。这种教学模式充分调动了学生的积极性，发挥其潜能，提高了学习主动性和学习效率。

3. 强化思政教育元素，落实立德树人任务

教材编写始终坚持立德树人的根本任务，将思政教育元素有机融入教学内容：通过介绍行业案例和法规，培养学生的职业道德、责任感和法律意识，引导学生树立正确的价值观；着力弘扬工匠精神，激励读者以攻坚克难的毅力追求真才实学，将个人成长与国家发展紧密结合，培养投身人工智能领域创新实践、以技术推动行业进步的报国情怀。通过这些方式，实现知识传授与价值引领的有机统一，全面提升读者的人工智能素养，培养适合行业发展的复合型人才。

三、编写分工和致谢

本书由四川交通职业技术学院杨桦、唐国强、熊静担任主编，李任坤、曾琬凌、肖祥林担任副主编，周静和杭州安恒信息技术股份有限公司工程师杜坤林、周俊共同参与编写。本书由四川交通职业技术学院陈斌教授担任主审。杨桦、唐国强、肖祥林负责教材整体框架的构建与大纲审定，项目 1 由肖祥林编写，项目 2、项目 4 由熊静编写，项目 3、项目 7 由曾琬凌编写，项目 5、项目 6 由李任坤编写，项目 8、项目 9 由唐国强编写。周静、杜坤林、周俊、陆海兵参与课程项目的设计开发和项目实施指导，全书最后由唐国强、熊静负责统稿。各位作者均具备数字化课程建设的工作经验，研究方向聚焦计算机科学与技术领域中的人工智能应用。

在教材编写过程中，成都华为技术有限公司、杭州安恒信息技术股份有限公司、蜀道投资集团有限责任公司、四川讯方信息技术有限公司等企业的一线工程师和教育领域专家给予了大力支持和帮助。他们为教材提供了宝贵的行业经验、实际案例和专业建议，使教材内容更加贴近实际应用。在此，我们向所有参与和支持本书编写的人员表示衷心的感谢。

由于编者水平有限，书中存在不足之处在所难免，恳请广大读者批评指正。我们将不断改进和完善教材内容，为读者提供更优质的学习资源。

编　者
2025 年 4 月

目 录
CONTENTS

项目 1
初识人工智能

 知识图谱

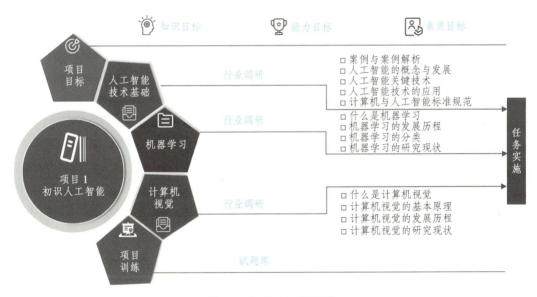

图 1-1 项目 1 知识图谱

 知识目标

- 理解人工智能的基本概念、发展历程及其在现代社会中的重要性。
- 掌握人工智能的关键技术和应用场景。
- 了解人工智能标准规范问题及其对社会的影响。
- 知道机器学习的发展历程及研究现状。
- 知道计算机视觉的基本原理、分类、研究现状。

能力目标

- 能够分析人工智能技术在不同领域的应用案例。
- 能够对人工智能技术的发展趋势进行调研和总结。
- 能够使用机器学习、计算机视觉提出创新实践项目。
- 能够运用所学知识解决实际问题

 素质目标

- 培养对人工智能技术的批判性思维和创新能力。
- 增强对人工智能标准规范问题的敏感性和责任感。
- 提升团队协作和沟通能力。

1.1　人工智能技术基础

【任务描述】

任务 1.1　行业调研

人工智能技术在自动驾驶领域的应用飞速增长。为帮助深入理解该领域的技术发展、行业现状、市场前景以及面临的挑战，现拟开展人工智能赋能自动驾驶的专项调研，并请完成一份人工智能赋能自动驾驶领域的调研报告。

人工智能（Artificial Intelligence，AI）是计算机科学的一个分支，其核心目标是开发能够模拟人类智能的机器系统。自人工智能概念诞生以来，AI 技术从理论探索逐步深入到人类社会的各个实践领域，成为推动全球数字化转型的核心引擎。人工智能、物联网、区块链等前沿技术的深度融合，以及跨领域协同创新的持续突破，构建起以数据为生产要素、以智能化为核心特征的新经济形态，为各行业实现降本增效、模式创新和可持续发展提供关键支撑。

"人工智能"一词的出现与 1956 年达特茅斯学院召开的夏季研讨会有关，也称为达特茅斯会议，与会专家学者共同探讨用机器来模仿人类智能，并提出了"人工智能"的概念，此后"人工智能"一词开始走向历史舞台。追溯沿袭达特茅斯会议上的讨论，可将"人工智能"形象理解为"用机器来模仿人类智能"，即通过研究人类智能行为的规律构造能像人一样行为与思考的智能系统，如学习、推理、思考等人类智能行为。1956 年也被称为"人工智能"元年。

【任务准备】

1.1.1　案例与案例解析

自动驾驶技术是当今汽车工业与人工智能领域的前沿科技（见图 1-2），其发展水平以自动驾驶分级为衡量标准，按照中国国家标准《汽车驾驶自动化分级》（GB/T 40429—2021），自动驾驶技术从 L0 到 L5 分为 6 个等级，如表 1-1 所示。

图 1-2　校园道路上行驶的自动驾驶车辆

表 1-1　自动驾驶级别划分

自动驾驶级别	功能
L0 级	无自动化驾驶，车辆完全由人类驾驶员控制，驾驶员负责所有的驾驶任务，包括转向、加减速、环境监测等
L1 级	驾驶辅助驾驶，车辆能够辅助驾驶员完成单一的驾驶任务，如控制方向盘（车道保持辅助）或控制加减速（自适应巡航控制 ACC），但驾驶员仍需持续监控驾驶环境并随时准备接管车辆
L2 级	部分自动驾驶，车辆可以同时控制车辆的横向（转向）和纵向（加减速）运动，例如同时具备自适应巡航和车道保持功能。但驾驶员仍需持续监控驾驶环境，随时准备接管车辆
L3 级	有条件自动驾驶，车辆在特定条件下（如高速公路、良好天气）能够完全自主完成驾驶任务，包括环境监测，驾驶员可以暂时不参与驾驶，甚至可以短暂地将注意力转移到其他活动上
L4 级	高度自动驾驶，车辆在特定区域或特定环境内能够完全自主驾驶，无须驾驶员干预，即使出现紧急情况或系统故障，车辆也能安全处理，无须人类驾驶员接管
L5 级	完全自动化驾驶，自动驾驶的终极目标，车辆能够在任何环境、任何条件下实现完全自主驾驶，无须人类驾驶员参与，甚至不再需要方向盘、油门或刹车踏板

自动驾驶正处于技术迭代与商业化探索并行阶段，L2 级辅助驾驶已逐渐普及，而 L3 级及其以上技术正不断突破。随着人工智能、传感器技术、车联网等关键技术的持续突破，自动驾驶系统的性能与安全性将大幅提升，成本有望进一步降低，从而加速其商业化落地进程。

案例 1.1：阿波龙 Ⅱ 自动驾驶小巴

阿波龙 Ⅱ 是百度 Apollo 推出的一款迭代自动驾驶小巴，代表了百度在自动驾驶领域的最新技术成果。这款小巴集成了 Apollo 最新一代自研自动驾驶计算平台与传感器系统，拥有比肩 Robotaxi（特斯拉公司推出的自动驾驶计程车）的自动驾驶能力。阿波龙 Ⅱ 不仅在传感器层面搭载了两个 40 线激光雷达，融合毫米波雷达和环视摄像头，实现了 250 m 的探测距离和厘米级的定位精度，还通过算法优化和算力提升，能够顺利应对无保护左转、车流择机变道、路口通行等城市开放道路复杂场景。此外，阿波龙 Ⅱ 还注重车内智能座舱体验，搭载了全球首款车规级 55 寸智慧透明显示车窗，可展现车辆周围的道路元素和驾驶行为，为用户提供全新的交互体验。阿波龙 Ⅱ 已在广州黄埔等多个城市落地应用，成为智能交通面向 C 端的重要载体。

阿波龙 Ⅱ 自动驾驶依靠多种关键技术协同工作。在感知层面，各类传感器各司其职又相互补充：激光雷达通过发射激光束并接收反射信号，快速构建高精度的三维环境地图，精确识别障碍物的距离与位置；摄像头利用计算机视觉技术，识别交通标志、信号灯及其他道路参与者；毫米波雷达则在恶劣天气下仍能稳定检测目标物体的速度和距离。在决策层面，基于深度学习的算法对传感器收集的数据进行融合与分析，理解车辆所处环境状况，预测其他交通参与者的行为，进而规划出安全、高效的行驶路线。同时，定位技术实时确定车辆位置，确保其严格按照预设路线行驶。此外，为保证安全性与可靠性，阿波龙 Ⅱ 还配备了冗余系统，在部分传感器或关键部件出现故障时，仍能保障车辆安全运行。阿波龙 Ⅱ 自动驾驶小巴如图 1-3 所示。

图 1-3　阿波龙 Ⅱ 自动驾驶小巴

案例 1.2：阿尔法狗与人工智能的里程碑

AlphaGo，一款由 DeepMind 公司研发的人工智能围棋程序，于 2016 年 3 月与世界围棋冠军李世石进行了一场历史性的对决，并以 4：1 的战绩震撼了全球，如图 1-4 所示。这一胜利不仅标志着人工智能在围棋这一古老而复杂的策略游戏中取得了前所未有的突破，也彰显了人工智能技术在处理复杂决策问题上的巨大潜力。AlphaGo 通过深度学习和强化学习算法，从大量人类棋谱中汲取智慧，并通过自我对弈不断进化，最终达到了超越人类顶尖棋手的水平。

　　AlphaGo 的成功，不仅是对人工智能技术的一次重大验证，更是对未来智能科技发展方向的一次深刻启示。它证明了通过深度学习和强化学习等先进算法，人工智能可以从大量数据中提取有用信息，并通过自我学习和优化，不断提升其处理复杂问题的能力。AlphaGo 在围棋领域的突破，为人工智能在其他领域如自动驾驶、医疗诊断、金融分析等的应用提供了宝贵的经验和启示。这一案例表明，随着技术的不断进步和算法的不断优化，人工智能将在未来社会中发挥越来越重要的作用，为人类带来更多的便利和价值。

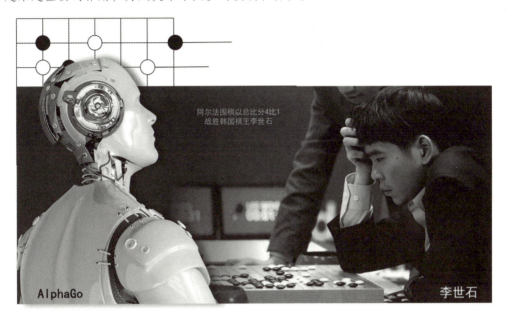

图 1-4　AlphaGo 与李世石对弈

案例 1.3：手机智能语音助手的应用与影响

　　手机智能语音助手，如苹果的 Siri、小米的小爱同学、华为的小艺等，已成为现代智能手机不可或缺的一部分。这些智能助手通过集成先进的语音识别、自然语言处理和语音合成技术，使用户能够通过语音指令完成一系列操作，如查询天气、设置提醒、发送信息、控制智能家居设备等，如图 1-5 所示。以 Siri 为例，用户只需简单说出"嘿，Siri"，即可唤醒助手，并随后通过自然语言与其进行交互，如询问"今天天气怎么样？"或"给我定一个明天早上 7 点的闹钟。"这种交互方式极大地提升了手机使用的便捷性，使用户能够在忙碌的生活中更加高效地获取信息和管理日常事务。

　　手机智能语音助手的核心技术包括语音识别、自然语言处理和机器学习。首先，系统通过语音识别技术将用户的语音指令转换为文本；接着，系统通过自然语言处理技术理解文本的语义，识别用户的意图；最后，系统根据用户意图执行相应的操作，并通过机器学习不断优化其理解和响应能力。这些语音助手的成功应用，不仅提升了用户的操作便利性，还推动了人机交互方式的革新，展示了人工智能技术在提升生活质量和效率方面的巨大潜力。

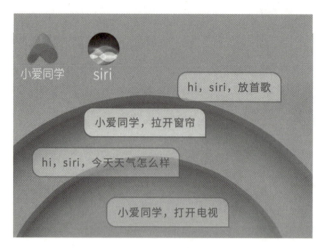

图 1-5　智能语音助手

1.1.2　人工智能的概念与发展

1. 人工智能的定义

人工智能作为一门前沿交叉学科，其定义上有着不同的观点。在术语在线中人工智能的定义为解释和模拟人类智能、智能行为及其规律的学科。主要任务是建立智能信息处理理论，进而设计可展现近似于人类智能行为的计算机系统。它是 1956 年提出的计算科学的一个分支，但也是人文科学的一门研究对象。在百度百科定义人工智能是"研究、开发用于模拟、延伸和扩展人的智能的理论、方法、技术及应用系统的一门新的技术科学"，将其视为计算机科学的一个分支，指出其研究包括机器人、语言识别、图像识别、自然语言处理和专家系统等。

在中国电子技术标准化研究院发布的《人工智能标准化白皮书（2018 版）》中定义为：人工智能是利用数字计算机或者数字计算机控制的机器模拟、延伸和扩展人的智能，感知环境，获取知识并使用知识获得最佳结果的理论、方法、技术及应用系统。

根据人工智能是否能真正实现推理、思考和解决问题，可以将人工智能分为弱人工智能、强人工智能和超人工智能。

1）弱人工智能

弱人工智能是指专注于特定任务或特定领域的智能系统。这类系统在特定任务上表现出色，但不具备通用智能。例如，语音助手（如 Siri、小爱同学）、图像识别系统（如人脸识别）和自动驾驶系统（如阿波龙Ⅱ）等，都是弱人工智能的典型应用。

2）强人工智能

强人工智能是指具有与人类同等甚至超越人类水平的智能。强人工智能系统不仅能够完成特定任务，还能够进行自我学习、推理和创造，具有类似人类的认知能力。目前，强人工智能仍处于研究阶段，尚未完全实现。

3）超人工智能

超人工智能是指在几乎所有领域都超越人类智能的系统。这类系统不仅具备强人工智能的能力，还能够在复杂问题解决、创造力和情感理解等方面超越人类。超人工智能目前还属于理论探讨和科幻领域的范畴，尚未实现。

2. 机器思考

机器能思考吗？1950 年，英国数学家艾伦·图灵（Alan Turing）在论文《计算机与智能》（*Computing Machinery and Intelligence*）中提出了这样一个问题。他认为，机器是否能思考不应以机械构造判断，而应看其能否通过测试。在测试中，若机器能与人类进行自然语言交流，让人类难以分辨其身份，便可被视为具有"思考"能力，即具有智能。图灵的这一观点突破了传统认知，引发了对人工智能本质的长久探讨。这也是"图灵测试"的起源。

人工智能的本质是机器在复杂环境中感知、学习、推理并做出适应性决策的能力。对于人类而言，智能源于大脑复杂的神经网络，它融合了感知、认知、情感和意识，使我们能够创造性地解决问题，表达情感，并在不断变化的环境中生存和发展。而机器智能则是人类通过算法和数据模拟出的一种能力，它依赖于计算和逻辑，能够在特定任务中表现出类似人类的智能行为，但缺乏自主意识和情感共鸣。智能的本质并非单一的逻辑或数据处理，而是对信息的深度理解和灵活运用。无论是人类的创造力与情感，还是机器的高效计算与模式识别，智能都体现了对复杂世界的适应和探索能力。

如今，随着技术发展，机器已能在语言、图像识别等领域展现出类似人类的"思考"，即更加智能。深度学习驱动的 AI 已在语言对话、图像生成、策略博弈等领域展现出类人化的"智能表象"，如 DeepSeek（深度求索）能流畅完成学术写作，豆包可依据文本生成超现实图像。这些系统通过海量数据训练与万亿参数优化，构建起复杂的机器思考模型。

3. 人工智能的特点

人工智能作为一门前沿技术，具有许多独特的特点，这些特点使其在众多领域展现出强大的应用潜力和价值。人工智能一般有以下特点。

（1）由人类设计，模拟人类智能行为，为人类服务。人工智能的核心目标是模拟人类的智能行为，包括感知能力、学习能力、推理能力、决策和创造能力。人工智能的感知能力主要通过传感器和计算机视觉技术实现，使其能够像人类一样获取和理解外部环境信息，典型的应用包括图像识别、语音识别和环境感知等。在学习能力方面，人工智能系统依托机器学习特别是深度学习算法，能够从海量数据中自动提取特征、发现规律并建立预测模型，实现从经验中不断优化的能力。而在更高层次的推理、决策和创造能力上，人工智能通过专家系统、知识图谱等算法架构进行逻辑推理和数据分析，不仅能做出智能决策，还能在特定领域展现出创造性思维，如生成式 AI 的内容创作和智能决策支持系统的策略优化。

（2）本质为计算，基础为数据，核心是算法。人工智能其本质体现为计算，通过对数据的采集、加工、处理、分析和挖掘，形成有价值的信息流和知识模型。人工智能系统依赖大量数据进行训练和优化，数据是 AI 的基础资源，其质量、数量和多样性直接影响系统的性能。模型的训练和优化一般依托算法来实现。

（3）能感知环境，能与人交互，具有学习能力。人工智能通过借助传感器等器件产生对外界环境进行感知的能力，可以像人一样通过听觉、视觉、嗅觉、触觉等接收来自环境的各种信息，对接收到外界传输的文字、语音、表情、动作等信息做出必要的反应，能够根据环境和数据的变化自动调整和优化自身行为，具有自适应与自学习能力。

4. 人工智能的发展

人工智能自 20 世纪 50 年代诞生以来，根据发展经历划分为三个发展阶段。

第一阶段（20 世纪 50 年代至 80 年代）是符号主义（Symbolic AI）的黄金时期。随着可编程数字计算机的问世，以逻辑推理和符号操作为核心的符号主义学派迅速崛起，研究者们试图通过形式化的知识表示和规则系统来模拟人类的思维过程。这一时期的代表性成果包括专家系统和 LISP 编程语言等。然而，符号主义方法面临着知识获取瓶颈和组合爆炸问题——许多人类常识难以被形式化表达为符号规则，同时随着问题复杂度的提升，系统所需的计算资源呈指数级增长。这些根本性挑战最终导致符号主义逐渐式微。

第二阶段（20 世纪 80 年代至 90 年代末）以专家系统的蓬勃发展为标志，这一时期不仅见证了反向传播算法等数学模型的重大突破，更在医疗诊断、金融分析等专业领域展现出强大的应用价值。然而，专家系统在快速发展的同时也面临着严峻挑战：知识获取过程复杂低效、推理能力受限于预设规则、系统开发与维护成本居高不下。这些根本性缺陷最终导致人工智能再次陷入发展低谷。

第三阶段（21 世纪初至今）则迎来了人工智能的繁荣期。大数据的积累、理论算法的革新以及计算能力的大幅提升，推动了人工智能在图像识别、自然语言处理、自动驾驶等多个领域的突破性进展，使其成为引领全球科技变革和社会发展的核心力量。

人工智能作为当今世界最具潜力的前沿技术之一，正在深刻改变人类社会的方方面面。中国在这一领域的发展历程，既是一部技术跃迁史，更彰显了国家创新体系的蓬勃活力。从最初的理论探索到如今的广泛应用，中国人工智能的发展经历了从无到有、从弱到强的蜕变，成为全球人工智能领域的重要力量。中国人工智能的发展与这些科学家有着密不可分的联系。

1）钱学森

钱学森是中国航天事业奠基人、国家杰出贡献科学家、"两弹一星功勋奖章"获得者，他开创了工程控制论、物理力学两门新兴学科，为人类科学事业的发展做出了重要贡献。

钱学森于 20 世纪 80 年代初指导创立"人-机-环境系统工程"（MMESE）理论。该理论强调将人、机器、环境作为整体系统研究。例如，1981 年他与陈信等发表《人-机-环境系统工程概论》，1985 年明确将其定义为"开放的复杂巨系统"方法论。在《航天器工程》《系统工程与电子技术》等期刊中，证实 MMESE 原理的应用。在中国载人航天工程中，航天员训练、舱内界面设计、太空环境适应均应用 MMESE 原理，实现中国航天"零重大事故"的记录。

2）吴文俊

吴文俊是中国著名数学家。在计算机技术大发展的背景下，吴文俊继承和发展了中国古代数学的传统算法化思想，研究几何定理的机器证明，从事国际自动推理界先驱性的工作，彻底改变了该领域的面貌，为人工智能产生了巨大影响。

吴文俊在 1977 年发表《初等几何判定问题与机械化证明》一文，首次提出几何定理的机械化证明方法，并于 20 世纪 80 年代创立"数学机械化"理论。该理论通过代数方程消元将几何问题转化为符号计算，突破了传统数学研究的范式，强化算法与程序化，被国际誉为"吴方法"。该方法为符号主义 AI 的发展开辟新路径。

3）张钹

张钹是中国科学院院士，清华大学教授，被誉为"中国人工智能奠基人"。20 世纪 70 年代，张钹院士在清华大学计算机系锚定人工智能这一新兴方向，当时我国在该领域还是一片空白。他长期从事人工智能、人工神经网络和遗传算法等理论研究，并将其应用于模式识别、机器人和智能控制等领域，为我国人工智能的发展奠定了坚实基础。

张钹院士在人工智能理论上系统地提出了问题分层求解的商空间理论；解决了不同粒度空间描述、相互转换及复杂性分析等问题；提出了多层信息综合、不确定性处理、定性推理、规划与搜索等新的原理与模型，有效地降低了计算复杂性；在人工神经网络方面，系统地分析了典型神经网络模型，给出了该网络各项性能的定量结果；提出了一种自顶向下新的人工神经网络构造性学习方法，有效地提高了性能；前瞻性提出第三代人工智能理论，强调知识驱动与数据驱动的融合，推动 AI 从"窄领域"向安全可控的通用模型演进。

中国人工智能的发展凝聚了众多科学家的卓越贡献，他们来自不同的研究领域，涵盖了从基础理论研究到前沿技术应用的各个方向。这些研究者们在人工智能的各个细分领域，如自然语言处理、计算机视觉、机器学习、智能系统等，不断探索和创新，推动了技术的突破和应用的拓展。他们的工作不仅在学术界取得了显著成就，也为人工智能在医疗、交通、金融、教育等行业的落地应用提供了理论支持和技术保障。正是这些科学家的共同努力，奠定了中国人工智能快速发展的坚实基础，并使其在全球人工智能领域占据重要地位。

5. 人工智能的应用

随着时间推移和技术进步，专家学者对人工智能进行了大量研究，取得了许多进展。学者们用数学模型来模拟人类大脑神经元的连接机制来实现人工智能，衍生出了机器学习和深度学习。机器学习通过算法从数据中自动提取规律和模式，实现预测和决策功能；而深度学习作为其重要分支，通过构建多层神经网络结构，能够从海量数据中学习更复杂的特征表示和抽象关系。两者共同构成了现代人工智能的核心技术体系。进入 21 世纪，机器学习和深度学习成为人工智能主流研究方向，并在各行业得到了广泛应用。深度学习的主要应用领域包括图像识别、语音识别、游戏艺术创作、自然语言处理、自动驾驶汽车、医疗和各种决策预测等。

1）人工智能与各行业融合发展

人工智能在多个行业领域得到广泛应用，如制造领域的运营管理优化、制造过程优化等环节，智能家居领域的身份鉴别、功能控制、安全防护等环节，智能交通领域的动态感知、自动驾驶、车路协同等方面，智慧医疗领域的辅助诊断、治疗监护等方面，教育领域的虚拟实验室、虚拟教室、课件制作、智能判卷、教学效果分析等方面，金融领域的金融风险控制等方面，都能见到各种人工智能产品。人工智能推动了这些行业领域的新一轮变革。

2）人工智能作为助手融入的领域

人工智能技术正在重塑人类生产生活的各个维度：在内容创作领域，智能写作助手显著提升了文档撰写效率，智能编程工具大幅降低了开发成本；在商业服务场景，虚拟试装技术优化了购物体验，智能客服系统提升了服务响应速度；在教育领域，虚拟教师丰富了教学互动形式；在跨文化交流中，智能翻译有效消除了语言障碍。这些创新应用不仅重构了数字内容的生产、处理和消费全链条，更成为提升社会运行效率的重要数字化助手，深刻改变着人们的工作与生活方式。

3）人工智能赋能新质生产力发展

人工智能通过重构生产要素与创新范式，驱动生产力向智能化、高效化跃升。在工业领域，AI 驱动的无人工厂实现微米级缺陷检测，良品率显著提升，进一步降低人力成本；在科研领域，大模型辅助的基因编辑方案设计，大幅缩短新药研发周期；在能源领域，AI 调度系统优化电力动态分配，减少弃风弃光率，同时减少二氧化碳排放；在芯片全球化布局中，我国通过自主研发 AI 芯片构建的算力基础设施，显著提升了千亿级参数大模型的训练效率，不仅在全球 AI 专利授权量和核心技术标准制定方面取得战略优势，更推动人工智能技术深度赋能产业升级，全面重构了现代生产力发展范式。

如今不同行业领域都可以找到人工智能的应用场景，跨领域、面向通用的人工智能应用持续发展，各领域处理独立任务的人工智能应用更加深度嵌入产业生态。未来预期形成以通用人工智能应用为基座，专用人工智能应用环绕的新人工智能"生态圈"。

1.1.3　人工智能关键技术

人工智能关键技术已成为推动科技进步的核心引擎。深度学习的神经网络架构、自然语言处理的语义理解能力以及计算机视觉的图像识别技术相互协同、深度融合，正在引发新一轮技术革命。它们不仅改变了医疗、交通、教育等传统行业的运行方式，还推动了智能机器人、自动驾驶、虚拟现实等新兴领域的发展，成为创新与进步的重要驱动力。

1. 机器学习

机器学习（Machine Learning）是人工智能的核心分支，融合统计学、计算机科学、优化理论、信息论等多领域知识，通过构建数据驱动的自适应算法模型，赋予机器从经验中自主学习规律并优化决策的能力，是推动智能化系统从理论迈向实践的关键技术。作为现代数据分析的核心范式，机器学习突破传统硬编码规则的局限，利用概率建模与迭代优化实现动态知识发现，在金融风控、医疗诊断、推荐系统等领域实现商业化突破。根据学习范式与数据特性，机器学习可分为监督学习、无监督学习、半监督学习及强化学习，并衍生出决策树、贝叶斯网络、集成学习等经典方法体系。然而，机器学习面临的过拟合风险、对数据质量的敏感性以及高维数据处理效率低等问题，正推动自动化机器学习、模型可解释性增强和联邦学习等新一代技术范式的快速发展，为机器学习领域的持续突破开辟了新路径。

2. 深度学习

深度学习（Deep Learning）是机器学习的重要分支，融合神经科学、统计学、优化理论、计算机体系结构等多领域知识，通过构建多层次非线性计算模型，赋予机器从海量数据中自主提取抽象特征并持续优化决策的能力，是推动现代人工智能突破性发展的核心技术。作为数据驱动智能的核心范式，深度学习摒弃传统人工特征工程的局限，利用深度神经网络的层级结构实现端到端学习，在图像识别、自然语言处理、复杂决策等领域取得超越人类水平的性能。根据模型架构与任务特性，深度学习也可分为监督学习、无监督学习、强化学习等，同时衍生出卷积神经网络（CNN）、循环神经网络（RNN）、Transformer（转换器）等主流架构。然而，其高度依赖大数据与算力、模型可解释性不足等挑战，也推动着向轻量化设计、神经符号融合等新一代技术方向的探索。

3. 模型

模型（Model）是一个通过从数据中学习规律进而能够进行预测或决策的数学或计算结构。简单来说，模型是数据到结果之间的"映射规则"，它通过分析输入数据的内在模式，完成特定任务。模型本质是从数据中提取特征，建立输入数据与输出结果之间的映射关系。在机器学习和深度学习领域，模型根据参数量、计算资源需求和适用场景通常被分为大模型、中模型、小模型三种规模。

小模型（Small Model）是指参数量级通常在数百万到数亿之间的轻量化机器学习模型，其核心设计目标是在资源有限的场景下实现高效推理与部署。其主要使用针对特定行业或场景相对较少的数据量，训练成本低，运行速度快，适合在资源有限的设备上部署，如智能手机、物联网设备和嵌入式系统。

中模型（Medium Model）是介于小模型和大模型之间的模型类别，通常在数亿到百亿参数之间，适合特定领域或中等复杂度的任务，在性价比和定制化方面表现出色。中模型的设计目标是在资源消耗和性能之间取得平衡，同时满足特定领域或任务的需求，是大模型和小模型之间的有力补充。

大模型（Large Model）是指参数量达到百亿甚至万亿级别的超大规模机器学习模型，通过海量数据和算力训练，具备强大的通用任务处理能力。大模型的特点体现在参数数量庞大、训练数据量大和计算资源需求高。

4. 自然语言处理

自然语言处理（Natural Language Processing，NLP）是让计算机能够理解和生成人类语言的技术，融合语言学、计算机科学、统计学、认知科学等多领域知识，通过构建语义理解与生成模型，赋予机器解析、生成及推理人类语言的能力，是推动人机交互智能化突破的关键技术。作为语言智能的核心范式，NLP 突破传统规则匹配的局限，利用上下文感知的深度模型实现语义级理解，在机器翻译、情感分析、智能问答等领域达到甚至超越人类专业水平。根据任务目标与处理层级，自然语言处理可分为文本分类、序列生成、语义理解等方向，并衍生出Transformer、BERT、T5 等主流架构。

5. 计算机视觉

计算机视觉（Computer Vision）是使计算机能够理解和解释视觉信息的技术，融合图像处理、模式识别、机器学习、光学传感等多领域知识，通过构建视觉信息解析与理解模型，赋予机器从像素数据中提取语义信息、感知物理环境并自主决策的能力，是推动智能系统实现环境交互的核心技术。作为视觉智能的核心范式，计算机视觉突破传统手工特征设计的局限，利用深度神经网络的层次化抽象机制实现端到端场景理解，在目标检测、图像分割、三维重建等领域达到工业级应用标准。根据任务复杂度与输出粒度，计算机视觉可分为图像分类、目标跟踪、场景理解等层级，并衍生出卷积神经网络（CNN）、视觉 Transformer（ViT）、图卷积网络（GCN）等主流架构。然而，其面临的标注数据成本高、极端环境泛化性弱、实时算力需求大等挑战，正驱动自监督预训练、神经渲染、边缘智能等新一代技术体系的突破。

6. 知识图谱

知识图谱（Knowledge Graph）是一种结构化的知识表示方法，融合语义网络、数据库技术、自然语言处理、认知科学等多领域知识，通过构建实体-关系-属性的结构化语义网络，赋予机器对现实世界概念及其关联的符号化表示与逻辑推理能力，是推动认知智能纵深发展的关键技术。作为知识驱动的核心范式，知识图谱突破传统关系型数据库的扁平化存储局限，利用图结构的拓扑表达能力实现多跳推理，在智能搜索、推荐系统、金融风控等领域实现精准化决策。根据知识来源与构建方式，知识图谱可分为百科型、领域型、事件型等类别，并衍生出 RDF 三元组、OWL 本体语言、Neo4j 图数据库等主流技术体系。

7. 人机交互

人机交互（Human-Computer Interaction，HCI）主要研究人和计算机之间的信息交换，主要包括人到计算机和计算机到人的两部分信息交换，是人工智能领域的重要的外围技术。人机交互融合认知科学、心理学、计算机科学、设计学等多领域知识，通过构建多模态感知与反馈系统，赋予机器理解人类意图并自适应调整交互策略的能力，是推动智能系统从功能化迈向人性化的关键技术。作为体验驱动的核心范式，人机交互突破传统指令式操作的局限，利用自然语言处理、计算机视觉及触觉传感等技术实现直觉化交互，在智能助手、虚拟现实、脑机接口等领域重塑人机协作边界。根据交互模态与场景特性，人机交互可分为语音交互、手势识别、眼动追踪等模式，并衍生出多通道融合、情感计算、上下文感知等主流技术体系。

8. 生物特征识别

生物特征识别（Biometric Recognition）是通过个体生理特征或行为特征对个体身份进行识别认证的技术。生物特征识别融合模式识别、图像处理、传感器技术、认知心理学等多领域知识，通过构建个体生理或行为特征的数字化表征模型，赋予机器精准辨识身份与意图的能力，是推动身份认证智能化革新的关键技术。作为生物信息驱动的核心范式，生物特征识别突破传统密码验证的局限，利用深度学习与信号处理技术实现非侵入式活体检测，在人脸识别、指纹比对、虹膜认证等领域达到金融级安全标准。根据特征类型与采集方式，生物特征识别可分为生理特征、行为特征、混合模态等类别，并衍生出 Gabor 滤波、Siamese 网络、3D 结构光成像等主流技术体系。

人工智能技术正面临着技术平台开源化、智能感知转向智能认知、专用智能向通用智能等方向发展，是进一步研究人工智能趋势的重点。

1.1.4　人工智能技术的应用

人工智能技术的应用场景极为广泛，涵盖了众多领域。在智能交通领域，它通过自动驾驶技术优化车辆行驶路径，提升交通安全与效率；智能物流借助 AI 实现仓储管理自动化和配送路线优化，大幅降低运营成本；在智能制造中，AI 用于生产流程优化和设备故障预测，提高生产效率和产品质量；智能检测则利用计算机视觉技术进行质量检测和环境监测，确保生产过程的精准与安全。此外，人工智能还在医疗、金融、教育等多个领域发挥重要作用，推动各行业的智能化转型，展现出巨大的应用潜力和价值。

1. 人工智能技术在智能交通中的应用

人工智能技术在智能交通中应用广泛，主要涵盖交通管理、自动驾驶与辅助驾驶、出行服务等多个方面。

在交通管理领域，AI 技术通过实时分析交通流量，动态调整信号灯的切换时间，优化交通流，减少拥堵。同时，利用大数据分析和机器学习算法，AI 可以预测交通流量和高峰时段，提前制定疏导方案，提高道路通行效率。

自动驾驶与辅助驾驶方面，AI 系统通过激光雷达、摄像头等传感器收集环境信息，进行路径规划、避障、加减速等操作。结合高精度地图和实时交通数据，AI 为自动驾驶车辆选择最优路线，避开拥堵。此外，通过车联网 V2X（车对外界的信息交换）技术，车辆与道路设施、其他车辆实时交换信息，实现更精准的交通预测与调度。

出行服务方面，AI 根据实时路况动态调整导航路线，提供多模式出行方案，整合汽车、公共交通、自行车共享等多种交通方式。同时，AI 通过车牌识别和车位引导技术，帮助驾驶员快速找到停车位，减少寻找时间。此外，AI 驱动的无人机或自动驾驶小车可在城市中实现无人配送，提高物流效率。

人工智能技术在智能交通中的应用，不仅提升了交通系统的效率和安全性，还推动了交通行业的智能化转型，为未来智慧出行提供了更多可能。人工智能服务智慧交通场景如图 1-6 所示。

图 1-6　人工智能服务智慧交通

（图片来源：AIGC 平台——即梦 AI）

案例 1.4：百度 Apollo 自动驾驶平台

百度 Apollo 是中国领先的自动驾驶开放平台，致力于推动自动驾驶技术的研发和应用。Apollo 平台通过整合高精度地图、传感器融合、决策规划等技术，实现了车辆在复杂道路环境下的自动驾驶。例如，百度 Apollo Robotaxi 已在北京、长沙等地开展试运营，用户可以通过手机 App（小程序）预约自动驾驶出租车，体验未来出行方式。

案例 1.5：北京市智能交通大脑

北京市采用大数据技术和人工智能技术打造了"北京市智能交通大脑"系统。该系统整合了交通数据、社会经济数据和气象数据等，通过数据挖掘建立管理决策模型，能对路况实时监控，减少拥堵路段停车数量，降低车流阻塞率，同时优化交通网络布局，有效提高了交通效率。

案例 1.6：阿里云城市大脑

阿里云城市大脑是阿里巴巴集团推出的城市智能管理系统，旨在提高城市治理的智能化水平，如图 1-7 所示。该系统通过整合城市交通、环境、能源等多源数据，利用人工智能算法进行实时分析和预测，为城市管理者提供决策支持。在城市安防方面，城市大脑能够实时监测和分析城市的异常事件，为警方提供及时的预警和响应。

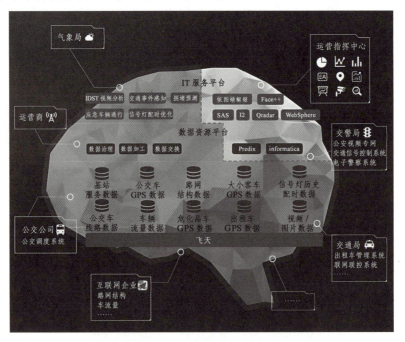

图 1-7　城市大脑 AI 赋能

2. 人工智能技术在智能物流中的应用

人工智能技术在促进物流降本增效中起着关键作用。人工智能技术在智能物流中的应用主要涵盖了仓储管理、运输调度、配送服务等多个环节。

在仓储管理方面，AI 驱动的机器人能够自动完成货物的搬运、分拣、存储等工作，通过传感器、摄像头和算法实现自主导航、避障、精准定位等功能，提升了仓储作业的效率。智能货架能够自动识别货物的状态和数量，并根据实时数据动态调整存储策略，优化货物存储位置，提高仓库空间的利用率。智能分拣系统结合计算机视觉，能够高效、精准地完成货物分拣，大大提高了仓储处理速度和准确性。

在运输调度环节，自动驾驶技术的发展使得无人车、无人机等自动化运输工具在物流行业中的应用逐渐增多，这些工具可以在无人驾驶的情况下完成货物的配送任务，提高了运输效率，减少交通事故的发生率。同时，基于 AI 的智能调度系统可以实时收集和分析交通流量、天气状况、运输需求等数据，自动优化运输路线和调度计划，降低空驶率，提升运输效率。

在配送服务方面，AI 通过分析客户历史订单数据和地理位置信息，预判客户需求，实现精准高效的配送服务。此外，智能客服系统利用自然语言处理技术，能够快速、准确地回应客户查询，显著提升响应速度，减轻人工客服的工作压力。

人工智能技术在智能物流中的应用，不仅提升了物流运作的效率和安全性，还推动了物流行业的智能化转型，为未来智慧物流的发展提供了更多可能。人工智能服务物流运输场景如图1-8 所示。

图 1-8　人工智能服务物流运输

（图片来源：AIGC 平台——即梦 AI）

3. 人工智能技术在智能制造中的应用

人工智能技术在智能制造中的应用主要涵盖了生产过程优化、质量控制、智能制造等多个环节。

在生产过程优化方面，AI 通过机器学习和深度学习技术，对历史数据进行深入分析，预测生产中的潜在问题，并自动调整生产计划。例如，AI 可以实时监测设备运行状态，预测设备故障，实现预测性维护，避免因设备故障导致的生产中断，从而最大化设备利用率。同时，AI 还能优化生产调度系统，显著提高生产效率和灵活性。

在质量控制方面，AI 利用图像识别和模式识别技术，对产品的外观和尺寸进行自动检测，极大地提高了质量检测的效率和准确性。与传统的人工检测相比，AI 检测系统不但速度更快，而且能够持续稳定地运行，减少人为错误。此外，AI 还可以通过大数据分析，实时监控生产过程中的各项参数，及时发现并纠正质量问题，确保质量都符合标准。

在智能制造中，通过优化生产过程、加强质量控制、改进产品设计，全面提高了制造业的竞争力和可持续发展能力。随着 AI 技术的不断进步和创新，其在智能制造中的作用将愈加重要，能为企业带来更多的发展机遇。汽车智能制造超级大压铸如图 1-9 所示。

图 1-9　汽车智能制造超级大压铸

（图片来源：小米官网）

4. 人工智能技术在公路智能检测中的应用

人工智能技术在公路智能检测中的应用可以体现在道路病害检测、桥梁监测、隧道检测等方面。

在道路病害检测方面，AI 技术通过深度学习和图像分析技术，能够精准识别路面的裂缝、坑槽、车辙等病害。在桥梁监测方面，AI 技术结合无人机和传感器，实现桥梁底部的稳定飞行、精准定位和航线规划。在隧道检测方面，AI 技术通过搭载高清相机的检测系统，在高速行驶中对隧道表观病害进行无损检测。

人工智能技术在公路智能检测中的应用，不仅提高了检测的效率和准确性，还降低了人工巡检的成本和风险，推动了公路检测的智能化和数字化转型。公路智能检测应用场景如图 1-10 所示。

图 1-10　公路智能检测应用

（图片来源：AIGC 平台——即梦 AI）

1.1.5　计算机与人工智能标准规范

我国从一开始就确立了要把握人工智能技术属性和社会属性高度融合的特征。双重属性明确了要实现激励发展与合理规制，既要加大人工智能研发和应用力度，最大程度发挥人工智能潜力；又要预判人工智能带来的挑战，协调产业政策、创新政策与社会政策，实现激励发展与合理规制的协调，最大限度防范风险。

人工智能作为人类智慧的延伸，其标准规范研究聚焦于技术开发与应用过程中的伦理治理问题。这一交叉学科的核心使命在于协调技术创新与社会责任的关系，通过建立科学合理的标准体系，确保人工智能发展始终遵循人类共同价值导向，实现技术赋能与社会治理的有机统一。

1. 标准规范方面面临的主要问题

计算机与人工智能标准规范面临的主要问题包括算法透明性与可解释性、数据隐私与保护、责任归属与界定等多个方面。

良好的算法透明性与可解释性可以避免算法偏见。算法偏见是人工智能系统在处理数据或做出决策时，对某些群体或个体产生不公平影响的现象。这种偏见通常源于训练数据中的不平衡、不完整或有偏特征，也可能是因为算法设计和实现过程中未充分考虑标准规范因素。

注重数据隐私与保护可以避免隐私侵犯。隐私侵犯是指未经个人同意，非法获取、使用、泄露或公开个人隐私信息的行为。隐私权是自然人享有的私人生活安宁与不愿为他人知晓的私密空间、私密活动和私密信息的自主支配权。根据《中华人民共和国民法典》相关条款，任何组织或个人不得以刺探、侵扰、泄露、公开等方式侵害他人的隐私权。

清晰的责任归属与界定可以在 AI 系统出现问题时明确责任主体，确保权责对等。责任归属是在法律或规范框架内，确定特定行为或事件的责任主体的过程。责任归属涉及对某一行为或其后果的法律和道德责任进行评估，明确谁应对损害、违法或错误行为负责。责任界定则是明确个人或组织在特定情境中的责任和义务，以确保各方了解自己的角色，避免责任模糊或重叠。

2. 相关法规和技术标准

我国高度重视计算机与人工智能领域的安全战略与政策法规，致力推动技术发展的同时，有效平衡安全与发展。近年来，我国通过一系列法律法规和政策框架，逐步构建起涵盖数据安全、算法透明性、标准规范的全面监管体系。

1）中华人民共和国数据安全法

《中华人民共和国数据安全法》于 2021 年 9 月 1 日正式施行，是我国系统性规范数据安全的基础性法律，以"统筹安全与发展"为核心理念，构建了数据全生命周期安全管理的制度框架。该法将数据定义为新型生产要素，明确国家建立数据分类分级保护制度，要求对关系国家安全、国民经济命脉、重要民生等领域的核心数据实行严格管控，对重要数据加强重点保护。

法律强化了数据处理者的主体责任，要求企业建立数据安全管理制度，采取加密、去标识化等技术措施保障数据安全，同时规范数据收集、存储、使用、传输等环节的合法性。针对数据跨境流动，规定关键信息基础设施运营者等重要数据出境需通过安全评估，防范数据主权风险。此外，法律提出建立数据安全审查制度，对影响或可能影响国家安全的数据处理活动进行国家安全审查，并明确对危害数据安全行为的法律责任，最高可处以千万元罚款及吊销营业执照。违反本法规定，构成违反治安管理行为的，依法给予治安管理处罚；构成犯罪的，依法追究刑事责任。

2）中华人民共和国个人信息保护法

《中华人民共和国个人信息保护法》于 2021 年 11 月 1 日正式施行，是我国针对个人信息保护的综合性法律，确立了"合法、正当、必要和诚信"的个人信息处理基本原则，标志着中国公民个人信息权益进入强保护时代。该法明确任何组织或个人不得非法收集、使用、加工、传输他人信息，并首创"最小必要"原则，要求数据处理活动仅限实现目的的最小范围，避免过度采集。

法律赋予个人知情权、决定权、查阅复制权、更正删除权等核心权利，规定处理敏感个人信息需取得单独同意，且不得通过自动化决策对个人实施"大数据杀熟"等不公平待遇。针对跨境数据流动，要求关键信息基础设施运营者及处理个人信息达到规定规模的企业，须通过国家网信部门组织的安全评估或专业机构认证方可向境外提供数据。企业需设立个人信息保护负责人，定期开展合规审计与风险评估，违法者最高可面临五千万元或上一年度营业额 5% 的罚款，并纳入信用惩戒体系。违反本法规定，构成违反治安管理行为的，依法给予治安管理处罚；构成犯罪的，依法追究刑事责任。

3）中华人民共和国网络安全法

《中华人民共和国网络安全法》于 2017 年 6 月 1 日正式施行，是我国全面规范网络空间治理的基础性法律，以"保障网络安全、维护网络空间主权"为核心目标，确立了网络安全与信息化发展并重的原则。该法构建了网络安全等级保护制度，要求网络运营者根据系统重要程度实施分级防护，特别强调对关键信息基础设施的重点保护，要求其运营者在中国境内存储个人信息和重要数据，确需出境的须通过安全评估。

法律明确了网络运营者的主体责任，需制定内部安全管理制度，采取技术措施防范网络攻击、数据泄露等风险，并配合监管部门开展安全检查。针对个人信息保护，要求网络运营者收集、使用个人信息必须遵循合法、正当、必要原则，且不得泄露、篡改或损毁用户数据。同时，法律禁止任何组织或个人从事非法侵入他人网络、传播违法信息等行为，并建立网络安全监测预警与应急处置机制，提升国家整体网络安全防御能力。违反本法规定，构成违反治安管理行为的，依法给予治安管理处罚；构成犯罪的，依法追究刑事责任。

4）互联网信息服务算法推荐管理规定

《互联网信息服务算法推荐管理规定》是我国专门针对算法推荐技术制定的系统性法规，自 2022 年 3 月 1 日起正式施行。该规定由国家互联网信息办公室、工业和信息化部、公安部、国家市场监督管理总局联合发布，旨在规范算法推荐服务提供者的行为，保障用户合法权益，防范技术滥用风险，推动算法技术向上向善发展。

根据规定，具有舆论属性或者社会动员能力的算法推荐服务提供者应当在提供服务之日起十个工作日内通过互联网信息服务算法备案系统填报备案信息。重点要求企业落实主体责任，禁止利用算法实施"大数据杀熟"、流量造假或诱导用户沉迷等行为，同时保障用户的知情权、选择权和拒绝权，例如需以显著方式告知算法推荐原理，并提供便捷的关闭选项。针对未成年人、老年人等特殊群体，规定明确要求设置算法防护机制。

此外，规定强调算法价值观导向，要求服务提供者坚持主流价值标准，不得传播违法和不良信息，并建立用户投诉和人工干预渠道。监管部门通过动态分级分类管理、算法安全评估等手段强化监督，对违规行为依法追责。该法规的出台标志着中国在算法治理领域迈出关键一步，既为技术应用划定底线，也为数字经济发展提供制度保障。

5）互联网信息服务深度合成管理规定

《互联网信息服务深度合成管理规定》是我国针对深度合成技术的专项法规，由国家互联网信息办公室、工业和信息化部、公安部联合发布，自 2023 年 1 月 10 日起正式施行。该规定旨在规范深度合成技术应用，防范利用 AI 生成虚假信息、侵害个人权益等风险，维护国家安全和社会公共利益，同时推动技术合规发展。

根据规定，深度合成服务提供者需履行备案手续，对具有舆论属性或社会动员能力的服务开展安全评估，并建立可追溯的算法机制。核心要求包括：生成内容必须添加显著标识，确保公众可识别其合成属性；禁止利用技术制作传播违法信息、伪造他人身份或实施网络诈骗；服务提供者需承担主体责任，完善训练数据管理、内容过滤和辟谣机制。针对人脸合成、语音克隆等敏感技术，规定明确要求取得个人单独同意，不得侵害肖像权、名誉权。此外，用户享有知情权与选择权，平台需公示服务原理并提供关闭选项。

监管部门通过分类分级管理、安全评估和联合执法强化监督，对违规行为采取约谈、下架、罚款等处罚措施，并将违法信息纳入信用记录。

6）生成式人工智能服务管理办法

《生成式人工智能服务管理办法》是我国系统性规范生成式 AI 技术应用的专项法规，由国家网信办联合国家发展改革委、教育部、科技部等七部门于 2023 年 7 月发布，自 2023 年 8 月 15 日起正式施行。该办法以"统筹发展和安全"为核心原则，明确生成式 AI 服务提供者的主体责任，要求技术研发、训练数据、内容生成等全链条合规，旨在防范技术滥用风险，保障用户权益，促进创新生态健康发展。

根据办法要求，训练数据需来源合法且符合知识产权规定，禁止使用非法获取或侵犯隐私的数据集。严格限制生成内容范围，不得产生出颠覆国家政权、煽动分裂、传播虚假信息等违法内容，并建立用户投诉与快速辟谣机制。针对未成年人群体，要求设置内容过滤与使用时长限制功能，防止不良信息诱导。

监管部门实施分类分级管理，对违规行为采取约谈、限期整改、暂停服务等处罚措施，并将违法信息纳入信用记录。该办法通过"包容审慎"的监管框架，既鼓励技术迭代与产业应用，又为 AI 标准规范治理划定底线，标志着在生成式 AI 领域构建起"创新驱动、安全可控"的治理体系，为应对生成式人工智能挑战提供了制度性参考。

7）人工智能相关安全标准

我国以统筹人工智能安全与发展为核心，通过国家标准、行业规范及技术指南等多层次推进安全与发展，旨在构建覆盖技术研发、应用落地和风险防控的全链条标准化框架，为 AI 治理提供可操作的技术支撑。如：2020 年 7 月印发的《国家新一代人工智能标准体系建设指南》，指导人工智能国家标准、行业标准、团体标准等的制修订和协调配套，形成标准引领人工智能产业全面规范化发展的新格局；2024 年 3 月起实施的《信息安全技术机器学习算法安全评估规范》（GB/T 42888—2023）是为规定机器学习算法技术和服务的安全要求和评估方法，以及机器学习算法安全评估流程而制定的标准；2023 年 5 月起实施的《信息安全技术汽车数据处理安全要求》（GB/T 41871—2022）标准，规定了汽车数据处理者对汽车数据进行收集、传输等处理活动的通用安全要求、车外数据安全要求、座舱数据安全要求和管理安全要求，提升了智能汽车相关企业的数据安全水平。

8）人工智能的伦理边界与青年使命

在目睹清华大学虚拟人"华智冰"于校园展露吟诗作画才情时，作为青年既需要折服于人工智能的创造力，更需要冷静审视人工智能技术正悄然叩击人类文明的伦理边界。身为数字时代"原住民"，你们不仅是 AI 技术成果的享用者，更肩负着科技伦理守护者的重任。

当目睹清华大学虚拟人"华智冰"在校园中展露吟诗作画的才情时，青年们既要折服于人工智能的创造力，更需冷静审视人工智能技术正悄然叩击人类文明的伦理边界。身为数字时代的"原住民"，青年们不仅是 AI 技术成果的享用者，更肩负着科技伦理守护者的重任。

人权伦理领域早有警示，AlphaGo 与人类棋手的巅峰对决，抛出一个发人深省的命题：AI 具备类人思维，其"数字生命"边界究竟何在？2021 年欧盟率先赋予 AI 系统"电子人格"之举引发广泛争议，这恰恰提醒我们，必须构建新的伦理坐标系。无论技术如何进化，捍卫人类尊严始终是不可撼动的底线。正如自动驾驶系统绝不能将乘客生命沦为算法权重下的牺牲品，AI 发展之路，必须秉持"技术谦卑"伦理准则，方能行稳致远。

责任伦理的迷雾，亟待智慧驱散。各类因机械、系统设计等存在问题而导致的安全事故，正在不断强化人类的责任意识。开发者需建立"伦理沙盒"测试机制，使用者应培养数字公民素养，就如使用搜索引擎时，自觉抵制违法信息查询，这些细微之举，恰是构筑责任伦理防火墙的关键砖石。

人工智能环境伦理挑战同样迫在眉睫。一部智能手机的诞生，要消耗 165 千克自然资源，而全球每年电子垃圾产量高达 5 360 万吨。当实验室里我们致力于研发更强大的 AI 芯片时，必须同步精准计算其生态成本。清华-复旦联合团队研发的"Eko 智能体"框架，通过压缩网页元素表征，减少 80%数据处理量。

作为青年请铭记，真正的技术革命，永远与伦理觉醒携手同行。从阿西莫夫机器人三定律到《人工智能北京共识》，人类一直在探寻科技与人性的精妙平衡点。在未来智能系统开发中，要把伦理代码深植算法底层；在使用 AI 工具时，要时刻保持法律与道德的清醒；同时还应牢记技术虽能突破算力极限，却永远不应逾越人性底线。

让我们怀着敬畏之心驾驭这项变革性技术，以伦理之光为人工智能发展照亮前路。当你们在代码世界自由遨游，永远铭记：真正的智能，不仅是强大数据处理能力，更是对生命的尊重、对规则的敬畏、对文明的担当。这也是数字时代赋予青年一代最珍贵的启蒙课，也是迈向未来科技征程中，必须坚守的道德灯塔。

【任务实施】

任务 1.1　任务实施

1.2　机器学习

【任务描述】

任务 1.2　行业调研

机器学习是人工智能的核心，涵盖复杂的算法知识。为帮助同学们深入了解机器学习相关算法，请结合一种机器学习算法，开展应用场景、行业现状、发展趋势以及面挑战的调研，形成一份具有洞察力和实用性的调研报告。

【任务准备】

1.2.1　什么是机器学习？

机器学习是一门多学科交叉专业，是人工智能的一个子集，涵盖概率论知识，统计学知识，近似理论知识和复杂算法知识。该领域以计算机为工具，通过构建能够自主学习的算法模型，模拟人类的学习机制，并运用知识表示与结构化方法显著提升学习效能。这种交叉学科特性使其成为实现智能系统自主进化的重要技术途径。

关于机器学习的定义，在相关文献中有着不同的解释。综合来看，机器学习是一门多领域交叉学科，涉及概率论、统计学、算法复杂度理论以及计算机科学等。它主要研究如何使计算机模拟人类的学习行为，从而获取新的知识或技能，并通过重新组织已有知识结构来不断提升自身的性能。

1.2.2 机器学习的发展历程

在当前，机器学习的应用已遍及人们社会生活的各个领域，如汽车的自动驾驶系统、语言翻译系统、模式识别、医学手术机器人、农业机器人等。机器学习是多领域交叉学科，其发展是人工智能技术发展史上重要的分支。下面是机器学习的发展历程。

1. 以符号逻辑的推理和规则表达为代表的符号主义阶段

1959 年提出机器学习以来，机器学习将传统的制造智能演化为通过学习能力来获取智能，推动人工智能进入了第一次繁荣期。20 世纪 70 年代末期专家系统的出现，实现了人工智能从理论研究走向实际应用，以及从一般思维规律探索走向专门知识应用的重大突破，将人工智能的研究推向了新高潮。然而，机器学习的模型仍然是"人工"的，也有很大的局限性。随着专家系统应用的不断深入，专家系统自身存在的知识获取难、知识领域窄、推理能力弱、实用性差等问题逐步暴露。

2. 以最小二乘法、最大似然估计等为代表的统计学习阶段

统计学习是机器学习和数据分析的重要基础，其中最小二乘法和最大似然估计广泛应用于模型拟合和参数估计。

3. 以卷积神经网络、循环神经网络等为代表的深度学习阶段

深度学习是一种基于神经网络的机器学习方法，通过构建多层的神经网络模型来学习数据的层次化特征表示，可以处理大规模、高维度的数据。卷积神经网络（CNN）和循环神经网络（RNN）是深度学习中两种经典的神经网络架构，分别擅长处理图像数据和序列数据。

4. 以 Q-learning 等为代表的强化学习阶段

强化学习是机器学习的一个重要分支，其核心思想是通过智能体（Agent）与环境（Environment）之间的交互，不断试错、学习，从而找到最优的行为策略（Policy），以实现长期收益的最大化。与监督学习和无监督学习不同，强化学习不依赖于预先标注的数据，而是依靠智能体在环境中执行动作（Action）后获得的反馈信号——奖励（Reward）来进行学习。在强化学习的发展过程中，Q-learning 算法作为最具代表性的方法之一，起到了关键的推动作用。Q-learning 是一种基于值函数（Value Function）的无模型（Model-free）强化学习算法，通过学习一个状态-动作值函数 $Q(s,a)$，来评估在某个状态下采取某个动作的长期回报。该算法具有不依赖环境模型、易于实现、收敛性强等优点，广泛应用于路径规划、游戏智能、机器人控制等领域。因此，以 Q-learning 为代表的强化学习阶段，不仅是机器学习发展史上的重要里程碑，也为后续人工智能系统的自主决策和智能行为奠定了理论基础和技术支撑。

1.2.3　机器学习的分类

机器学习根据数据的标注情况和学习目标的不同，可以分为多种类型。其中，监督学习、无监督学习、半监督学习和强化学习是最常见的几种分类方式。以下将分别介绍这几种学习方式的定义、特点及应用场景。

1. 监督学习

监督学习（Supervised Learning）是机器学习中最常见的一种方式，其核心在于利用已标注的数据来训练模型。标注数据是指每个训练样本都包含输入特征和对应的输出标签。模型的目标是通过学习输入与输出之间的映射关系，从而能够对新的未标注数据进行准确预测。

监督学习利用已标记的有限训练数据集，通过某种学习策略或方法建立一个模型，实现对新数据或实例的标记、分类、映射等。监督学习要求训练样本的分类标签是已知的，分类标签精确度越高，样本越具有代表性，学习模型的准确度越高。监督学习在自然语言处理、信息检索、文本挖掘、手写体辨识、垃圾邮件侦测等领域获得了广泛应用。最典型的监督学习算法包括回归和分类，如 K-近邻算法、朴素贝叶斯算法、神经网络算法等。

其主要特点如下：

数据需求：需要大量的标注数据，标注过程通常需要专业知识，成本较高。

模型类型：常见的监督学习算法包括线性回归、逻辑回归、支持向量机（SVM）、决策树、随机森林和神经网络等。

适用场景：广泛应用于分类和回归任务，如图像识别、语音识别、文本分类、疾病诊断、股票价格预测等。例如：图像分类时，给定大量标注了类别的图像（如猫、狗、汽车等），模型学习图像特征与类别之间的关系，从而能够对新的图像进行分类；情感分析时，通过标注好的文本数据（如正面或负面评论），模型学习文本内容与情感倾向之间的关系，用于预测新的文本情感。

2. 无监督学习

无监督学习（Unsupervised Learning）是利用无标记的有限数据描述隐藏在未标记数据中的结构或规律。无监督学习不需要训练样本和人工标注数据，便于压缩数据存储量，减少计算量，提升算法速度，还可以避免正、负样本偏移引起的分类错误问题，主要用于经济预测、异常检测、数据挖掘、图像处理、模式识别等领域，例如组织大型计算机集群、社交网络分析、市场分割、天文数据分析等。无监督学习的典型算法可归纳为数据降维、聚类、自编码、概率模型及其他类别，涵盖对无结构数据的特征提取、分组与模式发现，如 K-Means 聚类分析算法、t-SNE 高维数据可视化算法、GMM 密度估计算法等。无监督学习通过在没有标注数据的情况下，让模型自动发现数据中的内在结构和模式。其目标是探索数据的分布特征，而不是预测特定的输出标签。

其主要特点如下：

数据需求：不需要标注数据，因此在数据获取上相对容易，但模型的解释性和应用范围有限。

模型类型：常见的无监督学习算法包括聚类算法（如 K-Means、DBSCAN）、降维算法（如

PCA、t-SNE）和生成模型（如自编码器、生成对抗网络 GAN）。

适用场景：常用于数据探索、特征提取、异常检测、推荐系统等。例如：聚类分析时，将数据点划分为不同的簇，簇内的数据点相似度高，而不同簇之间的数据点相似度低，如对客户进行市场细分，将具有相似购买行为的客户划分为同一簇；降维与可视化时，通过 PCA 或 t-SNE 将高维数据降维到二维或三维空间，便于可视化和理解数据的分布特征。

3. 半监督学习

半监督学习（Semi-Supervised Learning）是介于监督学习和无监督学习之间的一种学习方式。它同时使用少量标注数据和大量未标注数据进行训练，旨在利用未标注数据中的信息来提升模型的性能，同时减少对标注数据的依赖。其主要特点如下：

数据需求：结合了标注数据和未标注数据，标注数据用于提供明确的指导，未标注数据用于挖掘数据的内在结构。

模型类型：常见的半监督学习方法包括自训练（Self-Training）、伪标签（Pseudo-Labeling）、一致性正则化（Consistency Regularization）等。

适用场景：适用于标注数据稀缺但未标注数据丰富的场景，如医疗影像分析、语音识别、自然语言处理等。例如：医疗影像分析时，标注医学影像的成本较高，但未标注影像数据丰富，半监督学习可以利用少量标注数据和大量未标注数据来训练模型，提高疾病诊断的准确性；自然语言处理时，在文本分类任务中，标注文本数据有限，但未标注文本数据丰富，半监督学习可以利用未标注数据中的语义信息，提升模型的分类性能。

4. 强化学习

强化学习（Reinforcement Learning）是智能系统从环境到行为映射的学习，以使强化信号函数值最大。由于外部环境提供的信息很少，强化学习系统必须靠自身的经历进行学习。强化学习的目标是学习从环境状态到行为的映射，使得智能体选择的行为能够获得环境最大的奖赏，使得外部环境对学习系统在某种意义下的评价为最佳。

数据需求：利用智能体与环境进行交互，智能体根据环境进行动作状态的选择，选择正确环境会给智能体一个奖励机制，智能体会根据奖励调整自己的策略参数，强化学习的样本数据。

模型类型：如 Deep Q-Network 算法、Q-learning 算法等。

适用场景：在自动驾驶、工业机器人控制、新闻推荐、游戏开发等领域获得成功应用。

机器学习的分类方式多样，监督学习、无监督学习和半监督学习各有其特点和适用场景。监督学习依赖于标注数据，适用于预测任务；无监督学习无须标注数据，用于数据探索和模式发现；半监督学习则结合了两者的优点，适用于标注数据稀缺的场景。随着数据量的增加和技术的进步，这三种学习方式在实际应用中相互补充，推动了机器学习在各个领域的广泛应用。

1.2.4 机器学习的研究现状

当前，机器学习是人工智能及模式识别领域的共同研究热点，其理论和方法已被广泛应用于解决工程应用和科学领域的复杂问题。机器学习的研究现状呈现出多方面的进展和趋势。深度学习依然是机器学习研究的重要方向，尤其是 Transformer 架构在自然语言处理和计算机视觉领域的突破性进展，推动了大规模预训练模型的发展。同时，多模态学习和生成模型也在图像生成、视频理解等领域取得了显著成果。另外，自监督学习通过设计预训练任务从无标注数据中学习表示，减少了对标注数据的依赖，成为当前研究的热点。

在机器学习中，强化学习在复杂决策任务中的应用得到了不断的应用发展，尤其是在游戏 AI、机器人控制和自动驾驶领域应用较为广泛。联邦学习作为一种隐私保护的分布式学习方法，在医疗、金融等领域得到了广泛应用，解决了数据孤岛和隐私安全问题。小样本学习和元学习的研究也在逐步深入，旨在解决数据稀缺场景下的模型训练问题，进一步提升机器学习的泛化能力。

近年来，机器学习作为人工智能的核心技术，取得了显著的研究进展和广泛应用。以下是当前机器学习的研究现状。

1. 市场规模与增长

机器学习市场呈现快速增长态势。根据《2024—2029 年中国机器学习行业竞争格局及投资规划深度研究分析报告》的报道显示，2023 年全球机器学习市场价值已从 2019 年的 109 亿美元增至 468 亿美元，2024 年达到 672 亿美元，预计 2025 年有望达到 967 亿美元。在中国，人工智能行业市场规模不断扩大，2025—2030 年期间，中国人工智能行业市场规模将进一步扩大，有望实现 2030 年人工智能产业规模达到 10 000 亿元的规模目标。

2. 技术创新与突破

研究人员通过强化大语言模型与推理能力学习和知识蒸馏等技术，提升推理能力和应用范围。例如，DeepSeek R1 模型在多项基准测试中表现优异，训练成本大幅降低，推动了 AI 从"重训练"向"重推理"方向转变。

生成式 AI 技术持续演进，其能力已从最初的图像生成，逐步扩展到视频内容创作，并正在向可交互虚拟环境的实时构建方向迈进。例如，DeepMind 的 Genie 模型能够将静态图像转换为可互动的虚拟世界，为游戏开发和机器人训练提供了新的可能性。

AI 在科学领域的应用不断深化。例如，DeepMind 的 AlphaFold 工具成功破解了蛋白质折叠难题，推动了蛋白质研究的突破性进展。

3. 应用拓展

机器学习的应用场景不断拓展，涵盖了多个行业：

金融领域：机器学习在风险管理、股价预测等方面的应用不断深化，成为金融行业的重要技术。

医疗领域：AI 驱动的医疗影像诊断、新药研发和基因测序等应用不断涌现，提升了医疗服务的效率和精准度。

制造业与工业：机器学习用于生产流程优化、质量检测和设备故障预测，推动了制造业的智能化升级。

教育与办公：AI 驱动的办公工具、教育平台和智能助手正在改变传统的工作和学习方式。

4. 算力与基础设施

随着机器学习模型的复杂度增加，其对算力的需求也在不断增长。云服务厂商和硬件制造商正在加大对高性能计算平台的投入。例如，华为昇腾云、阿里云等平台快速集成先进 AI 模型，国产算力芯片需求激增。

5. 数据与隐私保护

AI 的发展对数据的需求不断增加，合成数据和高质量数据的重要性日益凸显。同时，隐私保护成为关键问题，推动了数据治理和 AI 伦理框架的进一步完善。

6. 未来趋势

未来机器学习技术将呈现三大趋势：

模型高效化与小型化成为主流，通过量化、剪枝等技术压缩模型规模，使其适配边缘计算与实时响应场景，推动 AI 从云端向终端迁移；

AI Agent 实现自主决策，借助感知-决策-执行闭环能力，在制造调度、物流优化、智能客服等领域形成新型生产力，逐步成为数字劳动力核心；

跨行业深度融合加速深化，以"AI+"为特征的数字化转型浪潮覆盖工业、医疗、金融等全产业链，推动技术从概念验证转向规模化落地。

机器学习的研究仍面临诸多挑战。模型的可解释性和公平性问题在医疗、司法等领域中备受关注。大模型的训练和部署对计算资源的需求极高，带来了能源消耗和环境影响的挑战。数据偏差和对抗攻击等问题也影响了模型的鲁棒性和可靠性。未来，机器学习的研究将继续朝着因果推理、可持续 AI、人机协作等方向发展，同时与物理学、生物学等其他学科深度融合，以解决更复杂的科学和工程问题。

【任务实施】

任务 1.2　任务实施

1.3　计算机视觉

【任务描述】

任务 1.3　行业调研

计算机视觉是一种研究如何使机器具有"看得见"功能的科学，在人工智能中广泛应用。为帮助同学们深刻理解计算机视觉的应用场景、行业现状、发展趋势以及面临的挑战，请同学们完成一份计算机视觉的调研报告。

【任务准备】

计算机视觉是使用计算机模仿人类视觉系统的科学，让计算机拥有类似人类提取、处理、理解和分析图像以及图像序列的能力。自动驾驶、机器人、智慧医疗等相关领域均需要通过计算机视觉技术从可视信号中提取并处理信息。计算机视觉技术包括图像处理、模式识别、图像理解等。

1.3.1　什么是计算机视觉？

计算机视觉是一种模拟生物视觉的技术，它利用计算机及相关设备对图像或视频进行处理，以实现对场景的多维理解。通过算法，计算机视觉能够自动完成图像或视频数据的获取、处理、分析和识别，从视觉数据中提取有意义的信息，并据此执行任务或做出决策。简言之，计算机视觉赋予了计算机识别能力，使其能够识别物体、理解场景、推断关系，甚至预测未来发展状态。

近年来随着深度学习的发展，预处理、特征提取与算法处理渐渐融合，形成端到端的人工智能算法技术。根据解决的问题，计算机视觉可分为计算成像学、图像理解、三维视觉、动态视觉和视频编解码等大类。

1.3.2　计算机视觉的基本原理

归纳起来，计算机视觉的基本原理可以概括为以下几个关键步骤。

1. 数据获取与预处理

计算机视觉的第一步是获取视觉数据，通常通过传感器、影像设备等捕获图像或视频。原始数据可能存在噪声、模糊或光照不均等问题，因此需要进行预处理。常见的预处理方法包括去噪、图像增强、归一化以及几何变换等。预处理的目的是提高图像质量，为后续的特征提取和模型训练提供清晰的输入。

2. 特征提取与模型训练

特征提取是计算机视觉的核心步骤，旨在从图像中提取边缘、角点、纹理、物体形状等所需要的信息。以前的传统方法依赖于手工设计特征，现在通过深度学习自动学习特征。模型训练是计算机视觉的关键环节，通常使用标注数据或未标注数据来训练模型。深度学习模型往往通过优化函数来调整参数，从而使模型能够准确识别图像中的内容或执行特定任务。

3. 任务执行与优化

基于提取的特征和训练好的模型，计算机视觉系统可以执行图像分类、目标检测、图像分割、人脸识别等各种任务。任务执行后，结果通常需要进行后处理以提高准确性和可读性。此外，计算机视觉系统还需要根据实际应用中的反馈进行优化来提升性能。计算机视觉依赖于线性代数、概率统计等数学工具和算法技术，广泛应用于医疗、自动驾驶、安防等领域，并随着深度学习和多模态学习的发展不断扩展其应用领域。

通过以上步骤，计算机视觉系统能够从视觉数据中提取有需要的信息，并基于这些信息执行任务或做出决策，从而在多个领域实现智能化应用。

1.3.3　计算机视觉的发展历程

以下是计算机视觉的主要发展阶段。

1. 早期探索阶段（1960 年代—1980 年代）

计算机视觉的概念在 20 世纪 60 年代开始形成，早期研究集中在基本的图像处理技术，如边缘检测和特征提取。例如，大卫·马尔（David C. Marr）提出的边缘检测算法为后续的图像分析奠定了理论基础。这一时期，计算机视觉主要依赖手工设计的特征和规则，用于简单的物体识别和图像分析。

此时计算机视觉处于手工特征与规则驱动的初始阶段，其核心逻辑是通过数学建模和人工预设规则模拟视觉感知的基本功能。研究者们通过手工设计特征来提取图像中的关键信息，这些特征能够反映图像的边缘、纹理、形状、颜色等基本属性。手工特征提取依赖于人类专家对图像物理特性、统计特性的深入理解和经验总结，是一种高度依赖领域知识的方法。规则驱动的算法通过预定义的逻辑和规则对图像进行分析和处理，能够实现目标检测、图像分割、分类等任务。然而，手工特征提取和规则驱动的方法存在局限性，如特征设计过程复杂、对图像变化敏感、泛化能力有限等。尽管如此，这一阶段的技术为计算机视觉的后续发展奠定了坚实基础，推动了从简单图像处理到复杂视觉任务的探索，为后续技术的演进提供了重要的思路和方法。

2. 知识驱动与模式识别阶段（1980 年代—1990 年代）

20 世纪 80 年代，计算机视觉开始引入基于知识的方法和模式识别技术。例如，研究人员尝试使用专家系统和模板匹配方法来识别物体。这一时期，特征提取和匹配技术逐渐成熟，如 SIFT（尺度不变特征变换）算法的提出，使得计算机能够在不同尺度和旋转下识别图像中的特征。

此时计算机视觉处于统计学习与特征工程的发展阶段，其核心逻辑在于通过机器学习算法优化人工设计的特征，将图像分析与统计学方法结合，以提升模型的泛化能力与场景适应性。这一阶段弱化了对固定规则的依赖，通过数据驱动的参数优化提升算法对复杂场景的适应性。研究者通过特征工程与分类器协同设计，在有限的标注数据下实现了人脸检测、目标识别等任务，然而也存在特征设计仍高度依赖专家经验、不同任务需定制化特征组合、标注数据规模与质量直接影响模型性能等局限性。这一阶段为深度学习时代的全自动特征学习奠定了理论与技术基础，成为连接传统规则与数据智能的重要桥梁。

3. 统计学习与机器学习阶段（2000 年—2010 年）

21 世纪初，随着统计学习和机器学习的发展，计算机视觉开始转向数据驱动的方法。支持向量机（SVM）、随机森林等算法被广泛应用于图像分类和目标检测。此外，LeNet-5 模型的提出标志着卷积神经网络在图像识别中的初步应用。这一时期，计算机视觉的研究逐渐从手工设计特征转向数据驱动的学习模型。

此时计算机视觉处于深度学习与端到端的技术变革阶段，其核心逻辑在于数据驱动的特征自动学习与端到端任务建模。这一阶段突破了人工设计特征的局限，通过深度神经网络直接从原始像素中提取多层次抽象表征，并实现从输入到输出的全局优化。这一阶段计算机视觉能够处理更复杂的任务，如图像分类、目标检测和语义分割等，同时借助大数据和 GPU 等硬件加速，模型训练效率显著提升。深度学习与端到端训练的结合，不仅推动了计算机视觉在自动驾驶、医学影像、安防监控等领域的广泛应用，也为未来技术的发展奠定了坚实基础。

4. 深度学习的突破阶段（2010 年—2020 年）

此时计算机视觉处于大模型与通用智能的突破发展阶段，其核心逻辑在于多模态大模型驱动与零样本泛化能力的突破。这一阶段，视觉大模型通过海量数据和复杂架构的训练，展现出强大的泛化能力和多任务适应性，计算机视觉不再局限于单一任务的优化，而是朝着通用视觉任务的方向发展。未来，视觉大模型将向轻量化部署与可信化演进，推动人工智能从"感知"变革为"认知"。

2010 年以后，深度学习的兴起彻底改变了计算机视觉领域。2012 年，AlexNet 在 ImageNet 竞赛中取得了压倒性的胜利，标志着深度卷积神经网络（CNN）在图像识别中的成功应用。此后，VGGNet、GoogLeNet 和 ResNet 等新型卷积神经网络架构不断涌现，进一步提高了图像识别的准确率。此外，生成对抗网络（GAN）的提出为图像生成和风格迁移开辟了新方向。

5. 成熟与广泛应用阶段（2020 年至今）

此时计算机视觉技术在多个领域实现了广泛应用，如自动驾驶、医疗影像分析和智能安防等。例如，YOLO 算法实现了实时目标检测，极大地推动了计算机视觉在安防和自动驾驶中的应用。此外，Vision Transformer（ViT）模型的提出引入了 Transformer 架构，进一步提升了图像分类和分割的性能。多模态学习的兴起也使得计算机视觉能够结合图像、文本和音频等多种数据类型，带来更智能的应用。

以上为计算机视觉的发展主要历程，展示了从早期的图像处理到现代深度学习技术的持续创新，其应用范围也在不断扩大，为未来的智能化发展奠定了坚实基础。

1.3.4　计算机视觉的研究现状

当前，计算机视觉技术正处于快速发展的阶段，其研究现状呈现出技术突破、应用拓展和市场增长的多维特点。在技术层面,深度学习算法的持续优化,尤其是卷积神经网络(CNN)和 Transformer 架构的融合,显著提升了计算机视觉在图像识别、场景理解等方面的能力。同时,三维计算机视觉和边缘计算等新兴技术成为热点,为复杂场景下的实时处理和分析提供了可能。

在应用领域,计算机视觉已广泛覆盖医疗、安防、农业、智能交通、智能制造、低空经济等多个行业,展现出巨大的经济和社会效益。其在医疗影像分析、自动驾驶、工业缺陷检测等方面的应用不断深化,成为推动产业升级的重要力量。此外,随着技术的成熟,计算机视觉在智能制造、无人驾驶、医疗健康等领域的应用也在不断拓展。

未来,计算机视觉技术将朝着算法与硬件的深度融合、跨学科研究与创新、数据驱动与隐私保护并重、实时性与效率提升等方向发展。随着技术的进一步普及,其在更多领域的应用将不断拓展,为社会和经济的数字化转型提供强大动力。

【任务实施】

任务 1.3　任务实施

【项目训练】

一、单选题

1. 人工智能概念的提出与哪一年的达特茅斯会议有关?(　　)

A. 1950 年　　　　　B. 1956 年　　　　　C. 1960 年　　　　　D. 1965 年

2. 机器学习是人工智能的哪个分支?(　　)

A. 核心分支　　　　B. 边缘分支　　　　C. 独立分支　　　　D. 交叉分支

3. 计算机视觉旨在使计算机能够从以下哪种数据中自动提取、分析和理解信息?(　　)

A. 文本　　　　　　B. 音频　　　　　　C. 图像或视频　　　D. 传感器数据

4. 以下哪种学习方式需要训练样本的分类标签?(　　)

A. 监督学习　　　　B. 无监督学习　　　C. 强化学习　　　　D. 深度学习

5. 人工智能技术在智能交通中的应用不包括以下哪一项?(　　)

A. 交通管理　　　　　　　　　　B. 自动驾驶与辅助驾驶

C. 出行服务　　　　　　　　　　D. 车辆设计

二、多选题

1. 人工智能的特点包括哪些?(　　　)

A. 模拟人类智能行为　　　　　　B. 本质为计算

C. 能感知环境　　　　　　　　　D. 具有学习能力

2. 机器学习的学习范式包括哪些?(　　)

A. 监督学习　　　　B. 无监督学习　　　C. 半监督学习　　　D. 强化学习

3. 计算机视觉的基本原理包括哪些步骤？（　　　　）

A. 数据获取与预处理　　　　　　　B. 特征提取与模型训练

C. 任务执行与优化　　　　　　　　D. 结果反馈与调整

4. 人工智能技术在智能物流中的应用包括哪些方面？（　　　　）

A. 仓储管理　　　　　　　　　　　B. 运输调度

C. 配送服务　　　　　　　　　　　D. 物流数据分析

5. 计算机视觉在以下哪些行业中有广泛应用？（　　　　）

A. 安防　　　　　　　　　　　　　B. 医疗

C. 自动驾驶　　　　　　　　　　　D. 工业制造

项目 2
AIGC 基础

 知识图谱

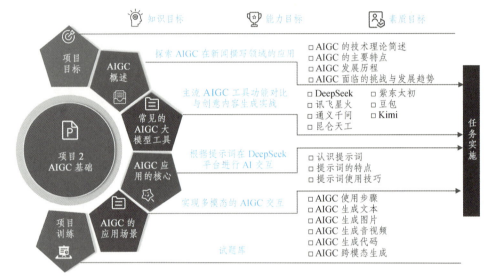

图 2-1 项目 2 知识图谱

 知识目标

- 掌握 AIGC 的基本概念、原理和技术发展历程，熟悉 AIGC 技术的优势和挑战，以及未来的发展趋势。
- 了解 AIGC 在各个领域的应用场景和常见的 AIGC 大模型工具。
- 掌握 AIGC 提示词的特点及应用技巧。

 能力目标

- 能够运用多种 AIGC 工具进行简单的内容创作和生成。
- 能够分析和评估各种 AIGC 工具的性能和效果。
- 能够探索和创新 AIGC 技术在新的领域和应用场景中的可能性。

 **素质目标**

- 培养对 AIGC 工具的兴趣和热情，关注其最新进展和发展趋势。
- 具备批判性思维和创新精神，能够独立思考和解决在运用常见 AIGC 工具时遇到的问题。
- 具备良好的团队协作和沟通能力，能够与团队成员共同推进 AIGC 项目的实施。

2.1　AIGC 概述

【任务描述】

任务 2.1　探索 AIGC 在新闻撰写领域的应用

近年来，随着人工智能生成内容（Artificial Intelligence Generated Content ，AIGC）技术的快速发展，其在文本、图像、音频等领域的应用日益广泛。AIGC 基于深度学习和大规模预训练模型，能够模拟人类创作过程，自动生成高质量的内容。在新闻行业，AIGC 技术展现出巨大的潜力，例如自动化新闻撰写、实时事件报道、个性化新闻推送等，不仅能提高新闻生产效率，还能在突发事件中实现快速响应。请利用 AIGC 工具完成新闻稿的撰写。

【任务准备】

实现 AIGC 工具在新闻撰写领域的应用前，我们需要简单了解 AIGC 的技术理论、主要特点、发展历程以及面临的挑战与发展趋势。

2.1.1　AIGC 的技术理论简述

人工智能生成内容（AIGC），是指基于生成对抗网络、大型预训练模型等人工智能技术的方法，通过已有数据的学习和识别，以适当的泛化能力生成相关内容的技术，如文本、图像、音频、视频等。这一技术概念伴随着人工智能技术的快速发展而兴起，尤其在深度学习理论和工程技术取得突破后，AIGC 技术得到了显著的发展。

AIGC 应用场景广泛，涵盖文学创作、艺术设计、代码编写、影视制作等多个领域，能够显著提升内容生产效率并降低人力成本。AIGC 的实现依赖于深度学习模型与生成算法的结合，包括生成对抗网络（GAN）、变分自编码器（VAE）、Transformer 架构和扩散模型（Diffusion Models）等技术。这些模型通过模拟人类创作逻辑与数据分布，逐步突破生成内容的质量与多样性限制，成为推动人工智能从"感知"向"创造"跃迁的关键力量。以下是支撑 AIGC 的核心技术理论框架。

1. 生成对抗网络（Generative Adversarial Networks，GAN）

1）基本原理

GAN 由生成器（Generator）和判别器（Discriminator）组成。生成器负责生成与真实数据分布接近的假数据，判别器则试图区分真实数据与生成数据。两者通过对抗性训练不断优化，最终生成器能够输出高质量内容。

2）特点与应用

高多样性：擅长生成逼真图像（如人脸、风景）、艺术创作。

局限性：训练过程不稳定，易出现模式崩溃（生成内容单一）。

典型案例：StyleGAN 生成高分辨率人脸图像，Deepfake 技术生成换脸视频。

2. 变分自编码器（Variational Autoencoder，VAE）

1）基本原理

VAE 通过编码器将输入数据压缩为隐变量（Latent Variables），再通过解码器从隐变量重构数据。隐变量服从特定概率分布（如高斯分布），支持对生成内容的可控调整。

2）特点与应用

可控生成：通过调整隐变量实现内容风格迁移（如将白天场景转换为夜晚）。

平滑插值：支持在隐空间中对内容进行连续过渡（如人脸表情渐变）。

典型案例：图像修复、3D 模型生成。

3. Transformer 架构

1）基本原理

Transformer 架构是一种基于自注意力机制（Self-Attention）的深度学习模型，能够捕捉长距离依赖关系，广泛应用于自然语言处理和多模态生成。

2）核心优势

并行计算：处理长序列数据效率高。

多模态扩展：结合文本、图像、音频输入生成跨模态内容（如 DALL·E 根据文本生成图像）。

3）典型案例

GPT 系列：通过自回归生成连贯文本（如 DeepSeek 生成新闻、代码）。

多模态模型：如 Google 的 Imagen（文本到图像）、Meta 的 Make-A-Video（文本到视频）。

4. 扩散模型（Diffusion Models）

1）基本原理

扩散模型通过正向扩散与逆向生成的双阶段机制实现内容生成：正向扩散过程对原始数据（如图像、文本）逐步注入高斯噪声，使其从有序状态退化为无序的高斯噪声分布；逆向生成过程训练神经网络学习从噪声中逐步去噪，重建原始数据结构，生成符合数据分布的新样本。其核心思想是模拟数据从有序到无序再到有序的演变。

2）特点与应用

高质量生成：生成图像细节丰富，分辨率高（如 Stable Diffusion）。

计算成本高：需多步迭代去噪，推理速度较慢。

典型案例：艺术创作（MidJourney）、医学图像合成。

5. 混合生成模型

1）技术融合

混合生成模型结合多种模型的优势，例如：

GAN + Transformer：利用 GAN 生成图像，Transformer 生成文本描述，如 CLIP（对比语言-图像预训练）引导的生成。

扩散模型 + 自回归模型：扩散模型生成图像骨架，自回归模型补充细节。

2）应用场景

复杂内容生成，如交互式游戏场景设计、多模态广告创意。

AIGC 各种技术理论框架对比如表 2-1 所示。

表 2-1　各种技术理论框架对比表

技术	优势	局限性	典型场景
GAN	生成速度快，多样性高	训练不稳定，易模式崩溃	图像生成、艺术创作
VAE	隐变量可控，生成平滑	生成质量略低于 GAN	数据修复、风格迁移
Transformer	长文本连贯，多模态兼容	计算资源需求大	文本生成，跨模态内容生成
扩散模型	生成质量极高	推理速度慢	高精度图像/视频生成

AIGC 的技术理论体系以生成模型为核心，通过对抗学习、概率建模、注意力机制等技术实现内容的自动化生成。随着模型架构的迭代与多模态融合，AIGC 正逐步突破生成质量与可控性的边界，推动其在创意、教育、医疗等领域的深度应用。

2.1.2　AIGC 的主要特点

AIGC 作为内容生成领域的一股新兴力量，它具有自主性、高效性、多样性、创新性以及普惠性等多种特点。

1. 自主性

AIGC 具有一定程度的自主性，它并非简单地对输入数据进行机械重复或组合。以语言模型为例，在给定主题后，它能够基于所学习到的海量知识和模式，自主生成连贯且有逻辑的文本内容。比如，当要求创作一篇关于未来城市交通的文章时，模型能自主构思文章结构，从不同交通方式的变革、智能交通系统的应用等方面展开论述，而非依赖人工逐句引导。在图像生成领域，模型可以根据简短的文本描述，自主地在"脑海"（算法架构）中构建画面的布局、色彩搭配等元素，然后生成对应的图像。这种自主性使得 AIGC 能够独立完成许多创意工作，为用户提供具有一定原创性的成果，极大地拓展了内容创作的边界，减少了人力在基础创作环节的投入。

2. 高效性

AIGC 在内容生成效率方面展现出巨大优势。传统的内容创作，如写作一篇深度报道，绘制一幅复杂插画，或者制作一段视频，往往需要创作者投入大量时间进行资料收集、构思、创作和修改，而 AIGC 能够在极短时间内完成这些任务。以文本生成为例，几秒内就能生成一篇上千字的新闻稿件，涵盖事件的基本信息、背景分析等内容，这对于对时效性要求极高的新闻行业来说，能快速提供初稿，大大缩短了报道周期。在图形设计领域，设计师输入简单的设计需求，如"为环保主题活动设计一个海报，风格清新自然"，AIGC 工具能在几分钟内生成多套设计方案供设计师选择，大幅提高了设计效率，使企业能够更快地推出宣传物料，抢占市场先机。

3. 多样性

AIGC 生成的内容具有丰富的多样性。在文本创作方面，它可以模仿不同的写作风格，如模仿古典诗词的格律和韵味创作古诗，也能以现代流行的网络语言风格撰写短文，还能根据不同领域的专业需求生成学术论文、商业计划书等。图像生成同样如此，其能生成写实风格、卡通风格、抽象风格等各种类型的图片，并且可以基于不同的文化背景、时代特征进行创作，无论是中国传统工笔画风格，还是西方印象派风格都能实现。音乐创作中，AIGC 可以生成各种曲风，从古典交响乐到现代流行音乐，从民族风到电子乐，满足不同用户对音乐风格的多样化需求。这种多样性为内容创作提供了丰富的素材和可能性，让不同受众都能找到符合自己喜好的内容。

4. 创新性

AIGC 常常能带来创新性的内容成果。由于具有处理和分析海量数据的能力，AIGC 能够发现人类可能忽略的模式和联系，从而创造出新颖的内容。在艺术创作领域，它可以将不同艺术流派的元素融合在一起，创造出全新的艺术风格。例如将中国传统水墨画的意境与现代立体主义的几何造型相结合，生成独特的视觉艺术作品。在产品设计方面，AIGC 能够基于对各种材料特性、用户需求和市场趋势的分析，提出创新性的产品设计概念，为设计师提供新的思路和方向。这种创新性有助于打破传统创作思维的局限，推动各行业在内容创作方面不断探索新的边界，催生更多具有开创性的作品和理念。

5. 普惠性

AIGC 使得内容创作不再局限于专业人士，具有很强的普惠性。在过去，写作、绘画、音乐创作等往往需要创作者经过长时间的专业学习和训练才能具备一定水平。而现在，借助 AIGC 工具，普通大众只需通过简单的文本输入，就能生成高质量的文本、图像或音乐作品。例如，一位没有绘画基础的创业者，想要为自己的新品牌设计一个标志，通过 AIGC 图像生成工具，输入品牌理念和一些简单的设计要求，就能获得多个可供选择的标志设计方案。在教育领域，学生可以利用 AIGC 辅助完成写作、制作演示文稿等，激发学习兴趣和创造力。AIGC 降低了内容创作的门槛，让更多人能够参与到创作中来，释放大众的创作潜力。

2.1.3　AIGC 发展历程

AIGC 的发展历程是技术不断演进与突破的过程，大致可分为以下几个关键阶段。

1. 萌芽探索期（20 世纪）

人工智能概念于 1956 年达特茅斯会议正式提出，早期受限于计算能力与算法，AIGC 相关研究进展缓慢。1966 年，约瑟夫·魏泽鲍姆（Joseph Weizenbaum）开发出 ELIZA 程序，虽仅依据简单规则模仿人类对话，却开启人机语言交互先河。20 世纪 70 年代—80 年代，专家系统兴起，它基于预定义规则与知识库解决特定领域问题，如医疗诊断、地质勘探等，这为知识驱动的内容生成奠定基础。

2. 技术积累期（21 世纪初—2010 年代初）

随着互联网快速发展，数据量剧增，加之机器学习算法的持续突破，为 AIGC 发展提供数据与技术支撑。2006 年，杰弗里·辛顿（Geoffrey Hinton）提出深度学习中的"深度信念网络"，引发深度学习热潮。语音识别、图像识别领域率先突破，为后续 AIGC 在多模态内容生成应用埋下伏笔。此阶段，文本生成研究聚焦于统计语言模型，虽生成内容连贯性与逻辑性有限，但同样为后续进展奠定基础。

3. 快速发展期（2010 年代中—2020 年代初）

这一时期，深度学习算法持续创新。Transformer 架构于 2017 年诞生，以其自注意力机制解决序列处理难题，使模型能更好捕捉长序列数据依赖关系。基于 Transformer，OpenAI 推出 GPT 系列语言模型，如 2020 年 GPT-3 的参数达 1 750 亿个，展现出强大语言理解与生成能力，可完成多种复杂文本任务，推动后续 ChatGPT 的诞生。谷歌的 BERT 等预训练语言模型也在自然语言处理领域取得卓越成果。图像生成领域，GAN 和 VAED 的提出，使高质量图像生成成为可能，如 DCGAN 改进 GAN 架构，进一步提升生成图像分辨率与质量。

4. 广泛应用期（2020 年代初至今）

该时期 AIGC 技术走向成熟，应用场景拓展至多行业。ChatGPT 推出引发全球关注，展示 AIGC 在对话交互方面的潜力，极大推动智能客服、虚拟助手发展。图像生成工具如 Midjourney、Stable Diffusion，使得用户输入文本描述即可生成对应图像，被广泛应用于广告设计、游戏开发等。AIGC 在音乐创作、视频生成领域也有进展，如 AI 创作的音乐作品登上舞台。

在这一时期，国内 AIGC 技术也迎来了大爆发。在技术、应用和商业化方面快速发展，百度、阿里、华为等企业推出文心一言、通义千问、盘古等大模型，覆盖文本、图像、音频和视频生成。应用场景扩展至内容创作、电商、游戏、客服等领域，同时虚拟人（如柳夜熙）和 AI 社交产品兴起。政策上，2023 年颁布的《生成式人工智能服务管理暂行办法》推动了行业规范化。未来 AIGC 发展趋势聚焦多模态融合、垂直领域深化和轻量化模型，推动 AIGC 进一步融入产业和日常生活。

2.1.4 AIGC 面临的挑战与发展趋势

AIGC 作为人工智能领域的一个重要分支，正快速发展并改变着多个行业的格局。然而，其也面临着诸多挑战，并呈现出一定的发展趋势。

1. 面临的挑战

1）知识产权

AIGC 已能成熟进行内容作品创作，但从著作权法角度看，AIGC 基本属于重组式创新，尚不具有真正的创造力。目前还较为强调人机协作，可以在内容创作上可以发挥人类和 AI 彼此的最大优势。但是，AIGC 引发的新型版权侵权风险已经成为整个行业发展所面临的紧迫问题。例如，复制或爬取他人享有著作权的在线内容，以及未经原始视频著作人许可的 AI 视频合成、剪辑等行为。

2）内容质量与真实性

生成式人工智能的一个主要挑战是确保生成内容的质量和真实性，尤其是对于复杂的、对质量要求较高的内容。尽管 AIGC 在许多领域表现出色，但有时生成的内容仍可能存在误导性或错误信息，特别是在一些专业领域，如医学、法律等，错误的信息可能对用户产生严重后果。

3）偏见与歧视

生成模型可能会受到训练数据的偏见影响，从而产生带有偏见或歧视的内容。尤其是当模型处理社会敏感话题时，如何去除偏见，确保 AI 生成内容的公平性和中立性，是 AI 伦理领域的关键问题。

4）安全

随着 AIGC 内容的持续增长，虚假信息和信息安全的挑战也在不断增加。不法分子利用开源的 AIGC 可以以更低门槛、更高效率制作出违规的音视频、图片和文字，同时更容易盗用用户身份，这将引发深度合成诈骗、色情、诽谤、假冒身份等新型违法行为。

5）计算资源消耗

AIGC 技术，尤其是大型生成模型的训练和推理，通常需要大量的计算资源，这对硬件设施和环境造成了巨大压力。随着模型规模的不断增大，训练一个大规模的生成模型可能需要数周甚至数月的时间，且需要成千上万的 GPU 或 TPU 的支持，这无疑给计算资源带来了极大的需求。这种庞大的计算需求会导致更高的能源消耗和成本。

2. 发展趋势

1）技术深化与多模态融合

随着深度学习算法的不断优化，AIGC 将能够更高效地处理和理解文本、图像、音频和视频等多种类型的数据。这种多模态处理能力将使得 AIGC 在更多应用场景中发挥作用，例如虚拟主播、智能客服、个性化推荐等。同时，AIGC 技术还将与其他人工智能技术如自然语言处理、计算机视觉等深度融合，共同推动人工智能技术的创新和应用拓展。这种技术深化和多模态融合的趋势将使得 AIGC 在内容创作、娱乐、教育、医疗等多个领域发挥更大的作用，为用户带来更加智能和便捷的体验。

2）应用场景的广泛拓展

随着技术的不断成熟，AIGC 将逐渐从内容创作领域向其他领域扩展，如教育、医疗、金融等。在教育领域，AIGC 可以生成个性化的学习内容和课件，帮助学生更好地理解和掌握知识；在医疗领域，AIGC 可以辅助医生进行疾病诊断和生成治疗建议；在金融领域，AIGC 可以进行金融风险评估并生成投资建议等。这种应用场景的广泛拓展将使得 AIGC 在更多领域中发挥重要作用，推动相关行业的数字化转型和创新发展。

3）个性化与智能化服务的提升

随着用户需求的不断变化和升级，AIGC 需要更加精准地理解用户需求，提供更加个性化的服务。例如，在内容创作领域，AIGC 可以根据用户的喜好和兴趣生成定制化的内容；在娱乐领域，AIGC 可以根据用户的喜好推荐适合的音乐、电影等。同时，AIGC 还需要不断提升智能化水平，通过算法优化和模型训练等方式提高生成内容的准确性和可信度。这种个性化与智能化服务的提升将使得 AIGC 更加符合用户需求，提高用户体验和满意度。

4）伦理与监管框架的完善

为了确保 AIGC 技术的合规、安全和负责任地发展，政府和相关机构将加强对 AIGC 技术的监管和管理。例如：制定相关法律和标准来规范 AIGC 技术的使用范围、数据隐私保护、算法透明度等；建立相应的监管机制来加强对 AIGC 技术的监督和评估等。同时，AIGC 技术的开发者和应用者也需要自觉遵守相关法律法规和伦理规范，确保技术的合规性和安全性。这种伦理与监管框架的完善将使得 AIGC 技术更加健康、有序地发展，为用户提供更加安全、可靠的服务。

【任务实施】

任务 2.1　任务实施

2.2　常见的 AIGC 大模型工具

【任务描述】

任务 2.2　主流 AIGC 工具功能对比与创意内容生成实战

本任务旨在让学生通过实际操作，深入了解常见的 AIGC 大模型工具（如 DeepSeek、讯飞星火、通义千问等），对比它们在文本生成、代码辅助、图像创作等方面的表现，并最终形成分析报告和创意作品。

【任务准备】

实现主流 AIGC 工具功能对比与创意内容生成实战任务前，我们需要简单了解各类常用的 AIGC 工具。AIGC 大模型工具是近年来随着人工智能技术的快速发展而兴起的一类重要工具。这些工具基于深度学习技术，使用大规模的语料库进行训练，能够自动从文本数据中学习语言的语法、语义和上下文信息，进而生成自然语言文本回答或进行其他自然语言处理任务。以下是一些常见的 AIGC 大模型工具的简单介绍。

2.2.1　DeepSeek

DeepSeek 是一款先进的多模态人工智能系统，它融合文本、图像、音频等多种数据类型的处理能力，旨在为用户提供智能化解决方案。其技术特点、核心功能以及灵活的使用方式，使其在人工智能领域脱颖而出，广泛应用于多个行业。DeepSeek 网页版界面如图 2-2 所示。

图 2-2　DeepSeek 网页版界面

1. 技术特点

1）多模态交互

DeepSeek 的核心优势在于其多模态能力。它能够同时处理文本、图像，实现跨模态的理解与生成。例如，在文本处理方面，它可以完成对话生成、翻译和情感分析等任务；在图像处理方面，它支持图像识别和分析。这种多模态融合能力使得 DeepSeek 能够应对复杂的现实场景，为用户提供全面的支持。

2）低成本与高性价比

DeepSeek 基于大规模数据集进行预训练，具备强大的泛化能力。通过多任务学习框架，它能够同时处理多种任务，显著提升了模型的整体性能。为了满足实际应用的需求，DeepSeek 还采用了模型压缩和加速推理技术，例如剪枝、量化和硬件加速，从而在保证性能的同时降低了计算资源的需求。

3）安全与隐私保护

在安全与隐私保护方面，DeepSeek 同样表现出色。它通过数据加密和差分隐私技术，确保用户数据在传输、存储和处理过程中的安全性，有效防止数据泄露和滥用。

2. 核心功能

DeepSeek 的功能覆盖了自然语言处理、计算机视觉、语音处理以及多模态融合等多个领域。

1）智能对话

DeepSeek 具备类人对话流畅度与逻辑连贯性，通过动态上下文跟踪技术实现多轮深度交互，可灵活适配客服咨询、教育场景、娱乐互动等复杂场景，对话轮次支持超过 16K tokens 的长期记忆，并在回复中融入情感分析模块提升交互自然度。

2）长文本处理

DeepSeek 具备突破性 128K 上下文处理能力，采用分层注意力机制解析超长文档。可自动生成精准摘要、构建知识图谱、执行深度 Q&A，尤其擅长法律文书风险扫描和学术论文核心观点提炼。

3）代码处理

DeepSeek 支持 Python/Java/C++等 30 多种语言，基于抽象语法树实现跨语言代码转换与依赖分析。深度集成 IDE 环境，提供实时补全、错误修复、代码解释及文档生成，实测 LeetCode 中等题首次通过率 78%，显著提升开发效率。

2.2.2　讯飞星火

讯飞星火是科大讯飞研发的认知大模型，基于深度学习架构，具备自然语言处理、多模态交互等核心能力，擅长文本生成、逻辑推理及数学计算，支持长文档解析与音视频处理，广泛应用于教育、医疗、办公等领域，依托国产算力推动 AI 技术自主可控。讯飞星火网页版界面如图 2-3 所示。

图 2-3　讯飞星火网页版界面

1. 技术特点

1）深度学习技术

讯飞星火是基于深度学习技术开发的智能语言模型，拥有庞大的语料库和先进的算法；采用 Transformer 超大规模预训练模型，在万亿级多模态语料库上完成自监督学习，通过 1 750 亿个参数规模的语义空间构建，实现语法解析、情感理解与常识推理的跨维度突破；独创的异构知识嵌入技术，可将专业文献、行业规范与百科知识转化为结构化向量表达。

2）持续学习能力

讯飞星火具备持续学习的能力，可以通过不断的数据输入和训练来提升自身的性能和功能；能够建立"数据-模型"双向闭环系统，通过增量式在线学习每日处理超 50 TB 新增语料，结合强化学习框架实现模型参数的实时更新；创新的多粒度记忆网络，可动态捕捉语言模式的时序演化特征。

3）个性化服务

讯飞星火能够根据用户的历史记录和偏好，提供个性化的推荐和服务；基于全维度用户画像构建技术，融合行为序列、社交属性及设备环境等多源异构数据，通过注意力迁移机制实现个性化响应生成；独创的意图拓扑网络，可解析 200+ 类复杂需求场景。

4）高效处理速度

讯飞星火能够快速处理大量的文本数据，提高工作效率；搭载分布式异构计算架构，采用混合精度推理与模型量化技术，在单节点实现毫秒级响应；创新的稀疏注意力机制配合动态路由算法，使长文本处理效率提升 40%，支持日均千亿次交互服务。

2. 核心功能

讯飞星火具备七大核心能力，包括文本生成、语言理解、知识问答、逻辑推理、数学能力、代码能力以及多模交互。这些能力使得讯飞星火在处理各种复杂任务时都能游刃有余。

1）文本生成

讯飞星火可以根据用户输入的关键词、句子或段落，生成符合语法和逻辑的文本内容；基于 GPT-4 架构优化，采用动态规划解码策略，支持 5 000+ 字符长文本生成；独创的文体风格迁移技术，可实现新闻稿、学术论文、文学创作等 20+ 场景的内容生产，生成质量经人工评测达到专业写作水平。

2）语言理解

讯飞星火拥有强大的自然语言理解能力，能够准确理解用户输入的意图和语义；融合 BERT-wwm 与 SimCSE 技术，构建双向编码-解码网络，实现意图识别准确率达 97.6%；支持嵌套实体抽取与多轮对话上下文跟踪，在司法文书分析、金融舆情监控等场景展现出色理解能力。

3）知识问答

用户可以向讯飞星火提问各种知识性问题，如历史、地理、科学等，它能够从庞大的知识库中检索并给出准确的答案；搭载百亿级动态知识图谱，整合维基数据、学术论文及行业报告；

采用路径排序算法与图神经网络，实现复杂问答响应速度<0.3 s，在医疗问诊、专利检索等专业领域覆盖度超 92%。

4）逻辑推理

讯飞星火能够进行归纳推理和演绎推理，理解并处理复杂的逻辑问题；基于神经符号混合推理框架，结合规则引擎与概率图模型，可处理包含 12 层逻辑嵌套的问题，在法律文书审查、财务审计等场景实现 91% 的推理准确率。

5）数学能力

讯飞星火在数学计算方面表现出色，能够处理各种数学问题；支持符号计算与数值计算双引擎，覆盖微积分、矩阵运算等 300+ 数学函数；独创的公式识别与 LaTeX 转换技术，在科研计算场景中展现出超越传统计算器的交互体验。

6）代码能力

讯飞星火具备一定的编程能力，可以理解和生成代码；支持 Python、Java 等主流语言，采用 AST 语法树生成技术，代码功能正确率达 89%；可应用于自动化测试脚本生成、算法原型开发等场景，显著提升开发效率。

7）多模交互

讯飞星火支持多种交互方式，包括文本、语音、图像等，使得用户可以通过多种方式与其进行交互；集成语音识别、OCR（光学字符识别）解析与虚拟形象渲染技术，支持语音指令、手写公式、三维物体识别等多模态输入；在智能家居控制、AR（增强现实）教育等场景实现自然交互，语音响应延迟低于 200 ms。

2.2.3　通义千问

通义千问由阿里云自主研发，旨在通过人工智能技术，为用户提供多轮对话、逻辑推理、文案创作等多方面的服务。该模型具备出色的自然语言处理能力和广泛的知识储备，能够在多个领域提供广泛的协助，包括但不限于创意文案、办公助理、学习助手等。通义千问网页版界面如图 2-4 所示。

图 2-4　通义千问网页版界面

1. 技术特点

1）基于深度学习

通义千问是一款基于深度学习技术开发的 AI 语言模型，能够进行自然语言理解、生成和交互；通过分析和学习海量数据，具备高效的语言处理能力，可以在多种场景下提供智能化的语言支持。

2）多语言支持

支持多语言交互是通义千问的重要特点，它能够流畅地进行跨语言的内容生成和翻译，为不同文化背景的交流提供技术支持。

3）知识图谱技术

通过结合大规模预训练与知识图谱技术，通义千问不仅可以学习海量数据，还能够基于已有知识进行逻辑推理和关联分析。

4）强大算力支持

借助阿里巴巴强大的算力支持，通义千问在处理大规模任务时表现出高效的计算能力，同时保持稳定的性能输出。

5）持续进化能力

作为一款不断进化的 AI 大模型，通义千问丰富的功能集、多语言支持以及针对不同场景优化的模型版本，使其在众多实际应用中具有广泛的适用性和出色的性能表现。

2. 核心功能

1）语言理解与生成

通义千问可以对复杂语义进行解析，并生成流畅、连贯的文本内容。无论是科普文章的撰写，还是对专业问题的解答，它都能表现出清晰的逻辑性和精准的语言表达。

2）跨模态理解与生成

通义千问不仅限于自然语言处理，还通过通义千问 VL（视觉-语言）扩展至视觉语言领域，实现了跨模态的理解与生成能力。例如，通义千问 VL 具有视觉（图像）理解能力，能进行图片文字识别，还能进一步总结和推理。

3）智能问答

通过精准的语义分析，通义千问可以从海量信息中提取关键内容，回答用户提出的问题。这种功能在教育、科普等领域具有广泛的应用价值。

4）机器翻译

通义千问通过对不同语言的深度学习，实现了高质量的翻译服务，有助于不同语言文化间的交流与沟通。

5）数据分析与可视化

通义千问可以对复杂数据进行整理、分析和可视化，帮助用户提取有价值的信息，为决策提供依据。

2.2.4　昆仑天工

昆仑天工是昆仑万维科技股份有限公司自研的、以 Transformer 架构为基础的 AIGC 开源模型，覆盖图像、文本、编程等多模态内容生成能力。昆仑天工网页版界面如图 2-5 所示。

图 2-5　昆仑天工网页版界面

1. 技术特点

1）先进的模型架构

昆仑天工采用了 Transformer 架构，通过自回归方式，模型能够逐词生成文本，实现流畅的中文内容创作。

2）深度中文优化

针对中文语言的复杂性和独特性，昆仑天工在训练过程中融入了大量高质量的中文语料库，确保了对中文语言的精准理解和生成。无论是语法、语义还是语境，昆仑天工都能游刃有余地处理。

3）创新技术应用

昆仑天工引入了多项创新技术，如生成对抗网络（GAN）技术，用于提升文本生成的多样性和自然度。同时，通过自适应辅助损失系数等技术手段，进一步优化了模型的训练效果。

4）多模态内容生成

昆仑天工不仅具备强大的文本生成能力，还涵盖了图像、音乐、编程等多模态内容生成能力，为用户提供了更加丰富的创作选项。

5）开源与可商用

昆仑天工不仅开源了模型，还公开了模型中使用的评估方法、数据配比研究和训练基础设施调优方案等，为大模型的场景应用和开源社区发展提供了技术支持。同时，其商用门槛低，开发者无须申请即可将大模型进行商业用途。

2. 核心功能

1）AI 搜索

昆仑天工具备强大的搜索功能，能够呈现参考源头，并支持用户"追问"。这在一定程度上能帮助用户提升效率，节省寻找参考资料的时间。

2）AI 对话

昆仑天工具备超过 20 轮的对话能力和 1 万字以上的长篇文本记忆能力，可以满足用户进行深入、连续交流的需求。其对话逻辑清晰，回答准确，能够为用户提供良好的交互体验。

3）AI 写作

昆仑天工能够较好地完成故事续写、文案撰写等文本创作任务，语言组织通顺，逻辑清晰。同时，它还支持多种写作风格和主题的选择，为用户提供丰富的创作灵感和素材。

4）多模态内容生成

除了文本生成外，昆仑天工还支持图像、音乐、编程等多模态内容的生成。用户可以根据自己的需求选择相应的功能进行创作。

2.2.5　紫东太初

紫东太初是由中国科学院自动化研究所研发的跨模态通用人工智能平台，是全球首个图文音（视觉、文本、语音）三模态预训练模型，同时具备跨模态理解与跨模态生成能力。紫东太初网页版界面如图 2-6 所示。

图 2-6　紫东太初网页版界面

1. 技术特点

1）千亿参数大模型

紫东太初作为千亿参数级别的大模型，其内部结构复杂而精细，蕴含了海量的知识和信息。这种庞大的参数规模赋予了它极强的表示能力，使得它能够准确地捕捉和表达数据的细微差异和复杂特征。无论是处理文本、图像还是音频等类型的数据，紫东太初都能以高度的精确性和全面性进行理解和生成。

2）多模态统一表示

通过跨模态语义关联，模型实现了视觉、文本、语音三模态的统一表示，使其能够理解和生成多种模态的信息。

3）跨模态理解与生成

紫东太初不仅能够理解多种模态的信息，还能够生成符合语义要求的多种模态输出，如以图生音、以音生图等。

4）国产化软硬件支持

平台基于全栈国产化基础软硬件平台开发，支持多种国产化设备和系统，有利于推动国产人工智能技术的发展。

2. 核心功能

1）全场景 AI 应用支撑

紫东太初能够支撑全场景 AI 应用，包括但不限于智能制造、智慧文旅、智能驾驶、媒体创作等领域。

2）决策与判断能力提升

随着版本的升级，紫东太初在决策与判断能力上得到了显著提升，能够更好地应对复杂场景下的 AI 任务。

2.2.6　豆　包

AI 工具豆包是字节跳动公司开发一款智能聊天机器人，它集成了先进的人工智能技术和自然语言处理能力，旨在为用户提供高效、便捷、有趣的聊天体验。豆包不仅具备丰富的知识库和智能的学习算法，能够准确理解用户的意图和需求，还能根据用户的输入进行智能化的回复和互动。豆包网页版界面如图 2-7 所示。

图 2-7　豆包网页版界面

1. 技术特点

1）知识全面性

豆包的知识库涵盖领域广泛，包括科学技术、历史文化、艺术文学、医学健康等，能够回答各种领域的问题。同时，它的知识深度与广度兼备，不仅能提供表面的信息，还能深入挖掘知识的内涵和背后的逻辑关系。

2）语言理解与交互性

豆包能够精准理解用户意图，即使问题的表述方式多样、复杂或模糊，它也能通过智能的语义分析和语境理解，捕捉到问题的核心要点。此外，豆包与用户的对话过程自然流畅，能够根据用户的提问进行有针对性的回答，并且回答的语言简洁明了、通俗易懂。

3）高效性与实时性

豆包具有快速响应的能力，能够在短时间内给出回答，为用户节省时间，提高获取信息的效率。同时，它能够实时获取和更新最新的信息，包括时事新闻、科学研究成果、社会动态等，使得提供的知识始终保持与时俱进。

4）多模态交互能力

豆包支持文本与语音交互融合，用户既可通过文字输入问题，也可使用语音提问。此外，它还具备图片识别与分析功能，用户上传图片后，豆包可以对图片中的内容进行识别和分析。

2. 核心功能

1）个性化定制服务

豆包能够针对不同年龄段和学习阶段的用户提供个性化的学习支持，包括知识点讲解、课后作业辅导和考试复习资料等。同时，它还能根据用户的兴趣爱好提供个性化的内容推荐和活动建议。

2）AI 写作与修改助手

豆包内置了多种常用的写作模板，用户可以选择后补充对应内容。同时，它还支持在线视频总结和对话，能够一键总结网页与视频内容，为用户提供便捷的写作和文本修改助手。

3）智能联想与拓展

豆包在回答问题的过程中，能够智能联想相关的问题，并提供提示和建议，帮助用户更全面地了解相关知识领域。同时，它还会主动进行知识拓展和深度挖掘，提供相关的背景知识、历史渊源、未来发展趋势等内容。

2.2.7　Kimi

Kimi 是由北京月之暗面科技有限公司开发的一款免费的 AI 对话工具，自推出以来便以其强大的功能和便捷的使用体验受到了用户的广泛好评。Kimi 发展历史虽然不长，但凭借高达 200 万个汉字的长文本输入窗口和强大的聊天记忆功能，迅速在 AI 市场中占据了一席之地。Kimi 的特点在于其超长文本处理能力，支持一次性处理高达 20 万字的文档，并具备语言理解与对话、文件阅读、信息搜索、高效阅读及辅助创作等多种功能。尤为重要的是，Kimi 还拥有专业解读文件的能力，无论是金融分析、法律咨询还是市场调研，都能以专业水准提供支持，并且可以阅读和解析包括 TXT、PDF、Word、PPT、Excel 等多种格式的文件，快速提供相关回复，这一功能在其他 AI 对话工具中较为罕见，为用户提供了更加便捷、高效的工作体验。Kimi 网页版界面如图 2-8 所示。

图 2-8　Kimi 网页版界面

1. 技术特点

1）先进的 AI 算法

Kimi 持续引入前沿算法，如 Transformer 架构与大规模预训练技术，优化模型理解与生成能力，高效处理复杂自然语言任务，保障服务的精准度与可靠性。

2）强大的数据处理能力

面对海量数据，Kimi 能快速分析复杂信息，无论是实时数据还是历史数据，均能高效完成任务，满足用户多样化需求，确保信息处理的及时性与准确性。

3）持续学习与优化

Kimi 通过持续学习不断吸收新知识，优化模型参数，提升性能。它能迅速适应新趋势和用户需求变化，始终处于技术前沿，为用户提供启发式思考与解决方案。

2. 核心功能

1）自然语言处理

Kimi 拥有出色自然语言处理能力，能精准理解并生成自然语言，与用户流畅对话，轻松应对不同场景需求，无论是日常聊天还是专业问题探讨，都能给出恰当回应。

2）信息查询与整合

Kimi 具备强大信息检索功能，面对海量数据，能迅速筛选出关键信息，并进行深度整合分析，为用户提供便利，提供全面且准确的答案，节省用户查找信息时间。

3）推理解析

作为核心优势功能，在面对复杂问题，Kimi 可运用逻辑推理剖析问题构成要素及相互关系，层层深入，最终得出合理结论与解决方案，助力用户攻克难题。

4）深度思考

Kimi 能够模拟人类深度思考模式，从多角度、多层面剖析问题，挖掘事物本质，为用户提供更多信息丰富、别具洞见且充满创新性的见解，拓宽用户思维视野。

5）多语言支持

Kimi 支持多种语言交流处理，打破语言障碍，满足不同用户群体需求，推动跨语言信息交流与合作，使世界各地用户都能便捷使用。

6）个性化服务

Kimi 依据用户使用习惯和偏好，智能地提供个性化服务与建议，精准满足用户独特需求，极大提升用户体验和满意度，增强用户黏性。

【任务实施】

任务 2.2　任务实施

2.3　AIGC 应用的核心

【任务描述】

任务 2.3　根据提示词在 DeepSeek 平台进行 AI 交互

本次任务的核心是让学生通过实际操作，掌握如何在 DeepSeek 平台上根据给定的提示词进行有效的 AI 交互。学生将了解 DeepSeek 平台的基本功能，学习如何设计清晰、明确的提示词，并通过实践体验 AI 对不同提示词的响应，从而深入理解 AI 交互的原理和技巧。通过本项目，学生将提升在人工智能领域的实践能力和创新思维，为未来从事相关工作打下坚实的基础。

实现根据提示词在 DeepSeek 平台进行 AI 交互前，我们需要简单了解 AIGC 提示词的应用技巧。从 ChatGPT 到文心一言，再到 DeepSeek，AIGC 工具正在以其强大的功能改变人们的工作和生活方式。AIGC 工具简单易操作的特性使其能够快速上手，然而想要这些 AIGC 工具真正发挥效能，有一个核心要素不可或缺，那就是"提示词"。

【任务准备】

2.3.1　认识提示词

在 AIGC 工具中提示词为模型提供了必要的背景信息，帮助模型理解用户的意图，并生成与上下文相关的回答以完成任务。因此，理解提示词的深层含义并熟练运用，对于高效利用 AIGC 工具来说是极为关键的。

1. 提示词的定义

提示词是指在 AIGC 工具中，用户为了引导 AI 生成符合特定要求或主题的内容而输入关键词、短语、句子、文本或问题。这些指令蕴含了用户的要求，以便 AIGC 工具能够更好地理解用户需求，以创造出用户满意的内容。

2. 提示词的主要形式

1）关键词

关键词是最简洁的提示词形式，通常由单个或多个具有特定意义的词汇组成。这些词汇能够直接反映用户的核心需求或期望 AI 生成内容的主题。例如，在请求 AI 生成一篇关于环保主题的文章时，可以使用"环保""可持续发展"等关键词作为提示。关键词的优点在于简洁明了，能够快速触发 AI 的响应，但可能缺乏足够的上下文信息，导致生成的内容不够精确或深入。

2）短语

短语是比关键词更复杂的提示词形式，通常由两个或更多个词汇组合而成，能够表达更具体、更丰富的含义。短语可以为用户提供更多的上下文信息，帮助 AI 更好地理解用户的意图和需求。例如，"探索未来科技的发展趋势"这样的短语，既包含了主题"未来科技"，又明确了任务"探索发展趋势"。短语形式的提示词在生成具有特定主题和背景的内容时非常有用。

3）句子

句子是更完整的提示词形式，能够表达更复杂的指令或需求。句子通常包含主语、谓语和宾语等语法成分，能够清晰地阐述用户希望 AI 执行的任务或生成的内容。例如："请为我撰写一篇关于人工智能在医疗领域应用的文章。"这样的句子明确指出了任务类型（撰写文章）、主题（人工智能在医疗领域的应用）以及目标受众（我）。句子形式的提示词在需要 AI 生成具有明确结构和逻辑的内容时非常有效。

4）文本

文本是更长的提示词形式，可以包含多个句子、段落甚至整篇文章。文本形式的提示词能够为用户提供丰富的上下文信息、背景知识和具体要求。例如，在请求 AI 生成一份商业计划书时，可以提供一个详细的文本提示，包括计划书的基本结构、市场分析、财务预测等内容。文本形式的提示词在需要 AI 生成具有复杂结构和详细内容的项目时非常有用，但也可能增加用户的输入负担和 AI 的处理时间。

5）问题

问题形式的提示词通常以疑问句的形式出现，用于引导 AI 生成回答或解决方案。问题可以包含关于主题、背景、挑战或需求的具体信息，帮助 AI 更好地理解用户的意图并生成相应的回答。例如，"如何有效地提高学生的学习效率？"这样的问题提示词可以引导 AI 生成关于提高学习效率的方法、策略或建议。问题形式的提示词在对话系统、问答系统或需要 AI 提供具体解决方案的场景中非常常见。

2.3.2 提示词的特点

AI 提示词具有明确性、丰富性、灵活性以及引导性等特点。这些特点使得 AI 提示词成为人类与 AI 模型进行交互、传达需求的关键桥梁，并在人工智能应用中发挥着至关重要的作用。

1. 明确性

AI 提示词需要明确表达用户的需求，让 AI 模型清楚知道要执行什么任务。例如，一个简单的提示词"给我解释一下黑洞"，AI 会生成对黑洞的解释。这种明确性有助于 AI 模型快速准确地理解并响应用户的需求。

2. 丰富性

在必要时，AI 提示词需要提供足够的背景或细节信息，以引导 AI 模型生成更符合用户期望的内容。例如，"用通俗易懂的语言，给我解释黑洞的形成过程，并且不要超过 150 字。"该提示语不仅要求生成黑洞的解释，还指定了语言风格和字数限制，使得输出更符合用户需求。

3. 灵活性

用户可以通过修改提示词来逐步优化 AI 的回应。这体现了 AI 提示词的灵活性。例如，如果一个提示词生成的回答不够准确或详细，用户可以通过添加更多细节或调整语言风格来改进提示词，从而获得更好的输出结果。

4. 引导性

AI 提示词中包含指导性语言，有助于 AI 模型提高生成的精度。引导性提示可以指明具体的做法，避免错误，或建议如何展开回答。正面引导如"请详细解释"，或"请重点突出数据分析部分"，反面引导如"请解释 5G 技术的优点，不要讨论其缺点"。通过引导性提示，用户可以更有效地控制 AI 模型的输出内容。

2.3.3 提示词使用技巧

提示词的使用技巧非常重要，好的提示词能够帮助 AIGC 工具达到事半功倍的效果，显著提升生成内容的质量和效率。目前，在写作类为主的 AIGC 工具中，提示词可以大致分为任务提示词、指令提示词、角色提示词、示例提示词四类。掌握这四类提示词的使用，就足以应对绝大部分的使用场景。

1. 任务提示词

任务提示词作为与 AI 模型沟通的桥梁，其核心作用在于明确、直接地告知 AI 模型所需生成的内容类型或需完成的具体任务。这一指令性语言不仅确保了 AI 模型能够准确理解并响应人类的需求，还极大地提升了内容生成的效率与准确性。

在构建任务提示词时，首要原则是追求简洁性。这意味着我们应尽量避免使用冗长、复杂的描述，而是选择直接、精炼的词汇或短语来表达意图。简洁的任务提示词能够减少 AI 模型的解析负担，使其更快速、准确地理解并执行任务。例如，"撰写一篇关于人工智能发展的文章"，这样的表述既直接又明了，无须多余的解释或背景信息。

除了简洁性外，任务提示词还须具备具体性和清晰性。具体性要求我们在提示词中明确指定需要生成的内容类型，如文章、新闻稿、故事、诗歌等，以及可能涉及的主题、风格或目标受众等。清晰性则意味着任务提示词应表述清晰，避免模糊或歧义，以确保 AI 模型能够准确无误地理解并执行指令。例如，"生成一份针对年轻消费者的时尚产品介绍文案"，这样的提示词既具体又清晰，为 AI 模型提供了明确的方向和框架。

任务提示词的具体示例如下：

（1）写一篇关于人工智能发展的文章。

这个示例中的任务提示词简洁明了，具体清晰地指出了需要生成的内容类型（写文章）和主题（人工智能发展）。AI 模型在接收到这样的指令后，会围绕人工智能的发展历程、现状、未来趋势等方面展开撰写，以满足人们的需求。

（2）生成一份产品介绍文案。

同样，这个示例中的任务提示词也遵循了简洁明了和具体清晰的原则。虽然它没有明确指出产品的具体类型或受众群体，但"产品介绍文案"这一表述本身已经足够具体，足以引导 AI 模型生成一份包含产品特点、功能、优势等信息的文案。当然，在实际应用中，我们可能还需要根据具体需求进一步细化任务提示词，如"为年轻消费者生成一份时尚耳机的产品介绍文案。"

2. 指令提示词

指令提示词在人工智能文本生成领域中扮演着至关重要的角色，它们不仅是引导 AI 模型创作的方向盘，更是确保输出内容符合特定需求与期望的关键。这些精心设计的提示词旨在明确指示 AI 模型在生成文本时应遵循的具体指令或要求，从而帮助模型创造出更加贴合用户意图的内容。

当向 AI 模型发出指令时，提供尽可能详尽的信息至关重要。这包括但不限于文本的预期长度（如"300~500 字"）、目标受众（如"面向大学生的科普文章"）、内容风格（如"轻松愉快""正式严谨"）、语言语气（如"鼓励性""权威性"）以及是否需要包含特定信息点或避免某些话题等。具体性不仅能够提升生成文本的质量，还能有效减少不符合预期的输出。

确保指令之间的逻辑关系条理分明，这对于生成连贯、有逻辑的文本至关重要。如果有多条指令，它们之间的优先级、依赖关系或是并列关系应明确，避免使用含糊不清的表达，如"尽可能有趣"，而应具体说明"加入轻松幽默的元素，以吸引年轻读者。"这样的清晰表述有助于模型更好地理解并执行指令，减少误解和歧义的产生。

下面给出指令提示词的具体示例。

（1）同样是介绍人工智能，在面对不同受众时，所用的提示词完全不同，在正式专业场合可以这样写：

请撰写一份面向企业客户的人工智能介绍，长度需控制在 800 至 1 000 字之间，风格应专业且信息丰富，同时避免过于口语化或俚语表达。

（2）在面对小朋友进行人工智能科普时，则可以这样写：

创作一篇约 500 字的短文，以幽默诙谐的风格科普人工智能，需要描绘一位日常中充满奇遇的普通人，他如何在平凡的日子里遇到一系列令人捧腹的小插曲，注意通过生动的对话和细节描写增强故事的趣味性和可读性。

3. 角色提示词

角色提示词在 AI 文本生成中扮演着为文本赋予特定角色或视角的重要角色。它如同一位技艺高超的"导演"，指导 AI 模型在创作过程中如何"入戏"，确保每一字一句都精准传达出预设的角色特质与情感色彩。

在设定角色提示词时，首要任务是清晰界定 AI 模型需要扮演的角色。这不仅包括职业身份，如市场代表、记者、小说家等，还应涵盖角色的性格特征、立场观点以及目标受众。例如："作为一位充满激情且富有创意的市场代表，撰写一份旨在激发消费者购买欲望的产品推广文案。"这样的设定不仅明确了职业身份，还通过"充满激情且富有创意"的描述，为文案的风格定下了基调。

角色提示词的有效性很大程度上取决于其与生成文本的场景和内容之间的契合度。一个成功的角色设定应当能够自然地融入文本环境，无论是正式的商务报告、轻松的娱乐新闻，还是深沉的文学作品，角色提示词都应成为连接文本内容与读者情感的桥梁。例如，"以一位资深且公正的记者视角，撰写一篇关于最新科技动态的深度报道。"这样的设定既保证了报道的专业性，又通过"资深且公正"的修饰，增强了报道的可信度和权威性。

角色提示词的具体示例如下：

（1）作为一位洞悉市场趋势且擅长情感营销的市场代表，撰写一份旨在触动消费者内心、强调产品独特价值的产品推广文案。文案应突出产品的创新之处，同时融入温馨的家庭场景，让消费者感受到产品的温暖与实用。

（2）以一位长期跟踪科技前沿、擅长深度剖析的记者视角，撰写一篇关于最新人工智能技术的专题报道。报道应包含技术的最新进展、行业专家的观点分析以及该技术对社会经济的潜在影响，力求全面、深入且易于读者理解。

4. 示例提示词

示例提示词是用户向 AI 系统提供的简短指令或信息，用于引导 AI 生成符合期望的内容。这些提示词在 AIGC 工具中扮演着至关重要的角色，它们能够帮助 AI 系统理解用户的意图，并生成相应的高质量内容。

在使用 AIGC 工具时，用户可以根据实际情况灵活调整示例提示词。如果生成的内容不符合期望，可以尝试修改提示词中的关键词、调整顺序或增加新的细节元素等，以引导 AI 系统生成更符合需求的内容。

示例提示词的具体示例如下：

请帮我分析下面这些词语的特点，并写出几个相似的词语：红彤彤、绿油油、黄灿灿。

AIGC 工具就会根据要求生产以下内容：

词语特点分析：

"红彤彤""绿油油""黄灿灿"这三个词语都属于 ABB 式的形容词，它们的特点在于：

结构特点：这类词语由三个字组成，其中后两个字相同，第一个字则是一个描绘色彩或状态的词。这种结构使得词语富有节奏感和韵律美，易于记忆和发音。

色彩描绘：这些词语都直接描绘了事物的颜色。如"红彤彤"形容红色鲜艳明亮，"绿油油"描绘绿色鲜亮、生机勃勃，"黄灿灿"则展现了金黄色的灿烂夺目。这种色彩描绘使得词语具有直观的形象感，能够迅速在读者或听者心中形成相应的视觉印象。

情感色彩：这些词语不仅描绘了颜色，还带有一定的情感色彩。如"红彤彤"常用来形容喜庆、热情的场景，"绿油油"则常用来形容充满生机和活力的景象，"黄灿灿"则给人以丰收、富足的感觉。

相似词语列举：

基于以上特点，我们可以列举出几个相似的 ABB 式形容词：

白花花：形容颜色洁白如雪，常用于描绘花朵、雪花等。

黑黝黝：形容颜色非常黑，常用于描绘夜晚、山洞等阴暗的场景。

金闪闪：形容金黄色闪耀、发亮，常用于描绘金属、宝石等贵重物品。

蓝莹莹：形容蓝色清澈明亮，常用于描绘天空、湖水等自然景象。

紫莹莹：形容紫色晶莹透亮，常用于描绘葡萄、紫罗兰等紫色物品。

【任务实施】

任务 2.3　任务实施

2.4　AIGC 的应用场景

【任务描述】

任务 2.4　实现多模态的 AIGC 交互

本次任务的核心是让学生通过实际操作，掌握如何在多模态的要求下完成多任务的执行提示词撰写，在撰写提示词过程中通过使用 AIGC 完善提示词，再将撰写提示词放入多模态的 AIGC 交互平台实现任务。

本次任务实现学院的宣传片头制作，制作的片头涵盖文字信息"×××大学"，音乐部分以青春为主体，画面以大学校园樱花飞舞为场景，实现多画面远近切换，最后输出一个 10~20 s

的片头视频。

【任务准备】

AIGC 技术的广泛应用（见图 2-9）为内容创作带来了前所未有的便利和效率提升。无论是生成文本、图片、音视频还是代码，AIGC 都能提供强大的支持。然而，要充分利用 AIGC 技术，用户需要掌握一定的使用技巧和方法。以下是一套通用的 AIGC 使用步骤，适用于各种内容生成任务，以帮助用户高效地生成高质量的内容。

图 2-9　AIGC 应用场景

2.4.1　AIGC 使用步骤

1. 明确目标与需求

在使用 AIGC 工具之前，用户应清晰地明确自己想要达成的目标。例如，是生成一段用于产品推广的文案，还是创作一幅特定风格的插画，抑或是制作一段宣传视频等。同时，用户还应详细思考内容的具体要求，如主题、风格、长度、目标受众等。比如，若要生成一篇关于旅游的文案，需明确是介绍旅游攻略，分享旅行体验，还是推荐旅游目的地，风格上是轻松幽默、文艺抒情还是严谨专业等。

2. 选择合适的 AIGC 工具

用户应根据自己的需求和目标，在众多的 AIGC 工具中挑选合适的一款。不同的 AIGC 工具在功能、性能、适用场景等方面存在差异。例如，对于文本生成任务，有文心一言、豆包等工具；在图像生成领域，Midjourney、Stable Diffusion 等表现出色；音视频生成方面也有相应的专业工具。用户应了解各工具的特点和优势，选择最能满足自己需求的工具。

3. 学习工具的使用方法和规则

在使用选定的 AIGC 工具之前，用户应花时间熟悉其操作界面、功能设置和使用规则。这包括了解如何输入指令，设置参数，调整输出格式等。许多 AIGC 工具都提供了官方文档、教程或示例，通过学习这些资源，可以更好地掌握工具的使用方法，提高生成内容的质量和效率。

4. 输入指令或提示词

将明确好的需求转化为清晰、准确、详细的指令或提示词并输入到 AIGC 工具中。指令应尽可能具体地描述用户想要的内容，包括关键元素、风格要求、特定条件等。例如，在生成图片时，输入："生成一幅以赛博朋克风格呈现的未来城市夜景图，画面中有高楼大厦、闪烁的霓虹灯、飞行汽车和身着科技感服装的行人。"在生成文本时，输入："以环保为主题，创作一篇面向青少年的演讲稿，要求语言生动有趣，具有感染力，字数在 800 字左右。"

5. 设置相关参数

一些 AIGC 工具允许用户设置参数来调整生成内容的特性。这些参数可能包括创造力水平、细节程度、生成内容的长度、分辨率等。用户应根据自己的需求和预期效果，合理设置这些参数。例如，在文本生成中，调整创造力参数可以控制生成内容的创新性和独特性；在图像生成中，设置分辨率参数可以决定生成图片的清晰度。

6. 生成内容并评估

完成上述步骤后，用户点击生成按钮，等待 AIGC 工具生成内容。生成完成后，用户应仔细评估生成的内容是否符合自己的需求和预期，检查内容的质量、准确性、完整性、风格一致性等方面。如果生成的内容不理想，分析可能存在的问题，如指令不清晰、参数设置不当等。

7. 调整与优化

用户应根据评估结果对指令、提示词或参数进行调整和优化：可以修改指令的内容，增加或减少细节，调整风格要求等；也可以重新设置参数，尝试不同的取值。然后再次让 AIGC 工具生成内容，并重复评估和调整的过程，直到获得满意的结果。

8. 保存与应用

生成的内容达到满意的效果后应被保存下来，并根据实际需求进行应用。例如，生成的文案用于宣传推广，生成的图片用于设计作品，生成的音视频用于播放展示等。

2.4.2　AIGC 生成文本

AIGC 生成文本是指利用生成式人工智能技术，让计算机自动创建各种类型文本内容的功能。这一功能基于大规模的数据训练和先进的深度学习算法，使模型能够学习到文本的语言模式、语义结构和逻辑关系，从而根据用户的输入指令生成符合要求的文本。

AIGC 生成文本的应用范围极为广泛，涵盖了新闻写作、文学创作、商业文案、学术论文辅助、日常办公文档等多个领域。在新闻领域，它可以快速处理大量数据，生成实时的财经、体育、科技等方面的新闻报道；在文学创作中，能够辅助作者构思情节、塑造角色、撰写段落；对于商业场景，无论是产品介绍、广告文案还是社交媒体推广文案，AIGC 都能高效产出。

以下是一个 AIGC 生成文本的示例：

需求：创作一首以"春天的公园"为主题的现代诗，风格清新自然，字数规模在 10 行左右。

输入指令：请创作一首以"春天的公园"为主题的现代诗，风格要清新自然，字数大概 10 行。

AIGC 生成的文本：

《春天的公园》

走进春天的公园，

花香弥漫在微风里面。

嫩绿的草儿探出脑袋，

和我打着无声的招呼。

樱花树下落英缤纷，

像雪花般轻盈地旋舞。

湖水如镜，映着蓝天，

鱼儿在波光里追逐。

孩童的笑声四处飘散，

春天在公园里尽情狂欢。

2.4.3　AIGC 生成图片

AIGC 生成图片是人工智能技术在图像创作领域的创新应用，具有强大的功能和广泛的应用场景。它主要基于深度学习等技术，通过对大量图像数据的学习和分析，建立起图像与文本等输入信息之间的关联模型，从而能够根据用户输入的指令、提示词或提供的图像等信息，生成符合特定要求的全新图片。

从生成模式上看，主要有文生图和图生图两种。文生图即用户输入一段文字描述，如场景、人物、风格等细节，AIGC 模型就能依据这些文本信息，在其学习到的知识和模式基础上，创作出相应的图片，让文字描述中的内容以图像形式直观呈现出来。图生图则是用户提供一张基础图片，AIGC 可以对其进行风格转换、内容拓展、细节修改等操作，生成与原图相关但又具有新特点的图片。

在应用方面，AIGC 生成图片可用于多个领域。在艺术创作领域，能为艺术家提供创意灵感，辅助创作或生成独特风格的艺术作品；在设计行业，可帮助设计师快速生成设计草图、概念图，提高设计效率，如生成产品外观设计图、室内装修效果图等；在游戏开发中，能快速创建游戏中的角色、场景、道具等美术资产；在广告营销领域，可生成吸引人的广告海报、产品宣传图等。

以下是一个 AIGC 生成图片的示例：

需求：生成一幅体现"轻舟已过万重山"诗句意境的图片，风格为中国传统水墨画，画面需展现轻舟在江面上穿行，周围有重重山峦，整体营造出悠远、空灵的诗意氛围。

输入指令：请以"轻舟已过万重山"为主题，画一幅水墨画风格的画。

AIGC 生成的图片如图 2-10 所示。

图 2-10　AIGC 生成的图片

（资料来源：AIGC 平台——文心一言）

2.4.4　AIGC 生成音视频

AIGC 生成音视频是人工智能技术在多媒体创作领域的又一重大突破。其借助先进的算法和海量的数据训练，为音视频内容的创作带来了全新的可能性与高效的创作方式。该功能基于深度学习、机器学习等技术，通过对大量音频、视频数据的学习和分析，使模型能够理解音视频的特征、结构和语义，从而依据用户的输入指令生成符合要求的音频或视频内容。

AIGC 生成音视频的模式主要包括文本生成音视频、图像生成音视频以及基于已有音视频的再创作等。在文本生成音视频方面，用户输入一段文字描述，模型能够将其转化为对应的音频或视频内容，例如将小说情节转化为动画视频，或者将诗歌文本转化为配有音乐的朗诵音频。图像生成音视频则是利用一系列图像素材，通过模型的处理生成连贯的视频，比如将静态的漫画图片转化为动态的动画视频。基于已有音视频的再创作，即对已有的音频或视频进行编辑、修改、风格转换等操作，生成新的音视频作品，如将一段普通的视频转换为复古风格的视频，或者为一段音频添加不同的音效。

AIGC 生成音视频的应用场景极为广泛。在影视制作领域，它可以辅助生成动画片段、特效场景、背景音乐等，极大地提高制作效率，降低制作成本。例如，通过 AIGC 快速生成一些复杂的虚拟场景，或者为影片创作独特的背景音乐。在广告宣传方面，其能够快速生成吸引人的广告视频，根据产品特点和宣传需求，定制个性化的广告内容，吸引消费者的注意力。在教育领域，其可用于制作生动有趣的教学视频、音频课程等，丰富教学资源，提高学生的学习兴趣。此外，在游戏开发中，AIGC 生成的音视频可以为游戏增添更加丰富的音效和精美的动画，提升游戏的沉浸感和趣味性。

以下是一个 AIGC 生成音视频的示例：

需求：生成一段以 "夏日海滩派对" 为主题的短视频，时长约 30 秒，视频风格轻松欢快，画面要有阳光沙滩、人们嬉戏、音乐舞蹈等元素，同时搭配节奏明快的背景音乐。

输入指令：制作一段时长 30 秒，以 "夏日海滩派对" 为主题的短视频，风格轻松欢快，画面包含阳光沙滩、人们嬉戏、音乐舞蹈等场景，配上节奏明快的背景音乐。

AIGC 生成的音乐视频如图 2-11 所示。

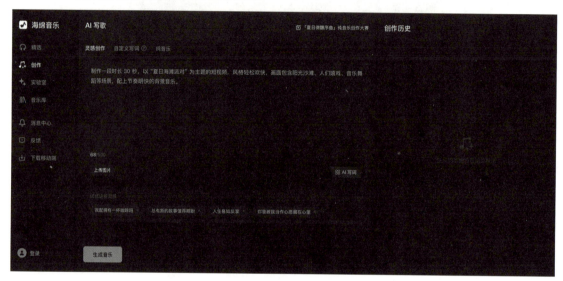

图 2-11　AIGC 生成的音乐视频

（资料来源：AIGC 平台——海绵音乐）

2.4.5　AIGC 生成代码

AIGC 生成代码是生成式人工智能在软件开发领域展现出的强大能力之一，它借助先进的自然语言处理和机器学习技术，能根据用户的需求和描述，自动生成相应的代码片段甚至完整的程序。这一功能的实现依赖于模型对海量代码数据的学习，从中掌握不同编程语言的语法规则、代码结构以及常见的算法实现方式，进而能够理解用户用自然语言表达的编程需求，并将其转化为可运行的代码。

AIGC 生成代码具有多种生成模式。其中最常见的是需求驱动式生成，用户只需以自然语言详细描述程序的功能、特性、输入输出要求等，模型就能生成满足该需求的代码。例如，用户描述为 "写一个 Python 程序，实现对一个列表中的元素进行排序。" 模型会根据此描述生成相应的排序代码。此外还有代码补全模式，当用户已经编写了部分代码，模型可以根据上下文和常见的编程逻辑，补全剩余的代码。另外，对于已有代码，模型还能进行优化和重构，提升代码的性能、可读性和可维护性。

AIGC 生成代码在软件开发的多个场景中都有广泛应用。在快速原型开发方面，开发者可以利用 AIGC 迅速生成一个初步的程序框架，快速验证产品的概念和功能，节省大量的时间和精力。对于初学者而言，AIGC 是一个很好的学习工具，它可以帮助初学者理解编程思路和语法规则，通过参考生成的代码来学习和模仿编程技巧。在日常的软件开发过程中，开发者遇到一些重复的、常见的编程任务，使用 AIGC 可以快速生成代码，提高开发效率。此外，在跨语言开发和技术迁移时，AIGC 也能帮助开发者将一种编程语言的代码转换为另一种编程语言的代码。

以下是一个 AIGC 生成代码的示例：

需求：使用 Python 语言编写一个简单的控制台程序，该程序可以计算并输出两个整数的和。

输入指令：请用 Python 语言编写一个控制台程序，计算并输出两个整数的和。

AIGC 生成的代码如图 2-12 所示。

```python
try:
    # 获取用户输入的第一个整数
    num1 = int(input("请输入第一个整数："))

    # 获取用户输入的第二个整数
    num2 = int(input("请输入第二个整数："))

    # 计算两个整数的和
    sum_result = num1 + num2

    # 输出结果
    print(f"{num1} + {num2} = {sum_result}")
except ValueError:
    print("输入无效，请输入有效的整数。")
```

图 2-12　AIGC 生成的代码

代码解释：使用 input() 函数获取用户从控制台输入的值，由于 input() 返回的是字符串类型，所以用 int() 函数将其转换为整数。将两个整数相加，结果存储在变量 sum_result 中。使用 print() 函数输出两个整数及其和，其中格式化字符串 f"{num1} + {num2} = {sum_result}" 用于生成输出信息。

AIGC 代码实例运行结果如图 2-13 所示。

```
请输入第一个整数：5
请输入第二个整数：3
5 + 3 = 8
```

图 2-13　AIGC 代码实例运行结果

2.4.6　AIGC 跨模态生成

AIGC 跨模态生成是生成式人工智能技术中一项极具创新性和前瞻性的功能。它打破了传统单一模态生成的局限，实现了文本、图像、音频、视频等多种模态信息之间的交互与转换，为内容创作和信息表达开辟了全新的路径。

这一功能的实现基于深度神经网络对不同模态数据的特征学习与融合，通过对大量跨模态数据（如文本与图像配对、音频与视频关联等）的训练，模型能够理解不同模态之间的语义对应关系，进而在给定一种模态的输入时，生成与之相关的其他模态内容。例如，输入一段描述性的文本，模型不仅能生成对应的图像，还能进一步转化为富有表现力的音频或视频，或者反之，从一幅图像出发，生成与之匹配的文字描述、背景音乐等。

AIGC 跨模态生成的应用场景丰富多样，且极具潜力。在创意设计领域，设计师可以借助这一技术，从一个简单的文字创意概念出发，快速生成与之相关的图像、视频、动画等多种形式的设计方案，极大地拓展了创意的实现方式。比如，广告策划人员可以先构思一段产品宣传文案，然后通过 AIGC 跨模态生成功能，迅速获得与之匹配的宣传海报、宣传视频以及宣传音频，实现一站式的创意输出。

在教育领域，它能为学生提供更加多元化、沉浸式的学习体验。教师可以根据教学内容，将抽象的文字知识转化为生动的图像、动画或视频，帮助学生更好地理解和吸收知识。例如，在讲解历史事件时，不仅可以呈现文字资料，还能生成与之相关的历史场景图像、人物对话音频以及动画演示视频，让学生仿佛身临其境。

在娱乐产业中，AIGC 跨模态生成也有着广阔的应用前景。游戏开发者可以利用这一技术，根据游戏剧情文本生成相应的游戏场景图像、角色语音和动画效果，提升游戏的趣味性和沉浸感。影视制作中，也可以从剧本出发，快速生成概念图、分镜脚本、背景音乐等，加速制作流程。

以下是一个 AIGC 跨模态生成的示例：

需求：输入一段描述文本，生成一幅与之对应的彩色图像，一段时长约 5 秒的背景音乐（风格轻松愉悦），以及一段简短的动画视频（时长约 5 秒，展示小兔子跳跃、鸟儿飞翔等动态画面）。

输入指令：根据"在一片美丽的森林中，阳光透过树叶的缝隙洒下，小兔子在草地上欢快地跳跃，旁边有一条清澈的小溪潺潺流淌，鸟儿在枝头欢快地歌唱"这段文本，生成一幅彩色图像、一段 5 秒的轻松愉悦风格背景音乐、一段 5 秒展示小兔子跳跃和鸟儿飞翔的动画视频。

AIGC 生成的图片如图 2-14 所示。

图 2-14　AIGC 生成的图片

（资料来源：AIGC 平台——豆包）

【任务实施】

任务 2.4　任务实施

【项目训练】

一、单选题

1. AIGC 技术的核心基础技术不包括以下哪一项？（　　）

A. 自然语言处理　　　　　　　　B. 生成对抗网络

C. 区块链技术　　　　　　　　　D. 计算机视觉

2. 以下哪项是 AIGC 技术的主要特点？（　　）

A. 机械重复性　　B. 高效性　　　C. 单一性　　　　D. 高成本

3. 以下哪个模型属于 AIGC 大模型工具？（　　）

A. TensorFlow　　B. 讯飞星火　　C. PyTorch　　　D. Scikit-learn

4. 提示词的主要作用是什么？（　　）

A. 增加 AI 模型的训练时间　　　　B. 引导 AI 生成符合需求的内容

C. 限制 AI 模型的输出范围　　　　D. 降低 AI 模型的性能

5. AIGC 发展历程中，哪个阶段标志着 Transformer 架构的诞生？（　　）

A. 萌芽探索期　　B. 技术积累期　　C. 快速发展期　　D. 广泛应用期

二、多选题

1. AIGC 在新闻撰写领域的应用优势包括（　　）。

A. 提高生成效率　　　　　　　　B. 增强内容多样性

C. 降低人工成本　　　　　　　　D. 限制内容真实性

2. 多模态技术的应用场景包括（　　）。

A. 文本生成　　　B. 图像生成　　C. 音频生成　　　D. 视频生成

3. AIGC 发展历程中的关键阶段包括（　　）。

A. 萌芽探索期　　B. 技术积累期　　C. 快速发展期　　D. 衰退期

4. AIGC 面临的挑战包括哪些？（　　）

A. 知识产权问题　　　　　　　　B. 内容质量与真实性

C. 计算资源消耗　　　　　　　　D. 技术单一性

 知识图谱

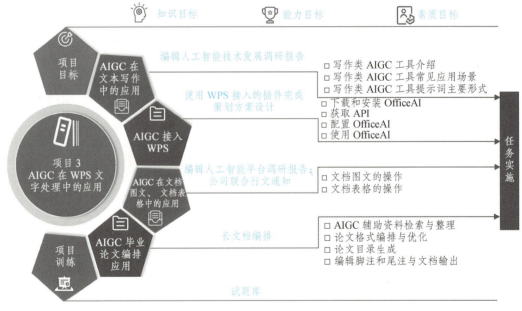

图 3-1　项目 3 知识图谱

 知识目标

- 掌握 WPS 文字处理软件的核心功能，深入理解其主界面布局逻辑，熟练掌握常用工具的功能及操作方法。
- 掌握 WPS 文档的基本操作流程，包括文档的创建、保存、文本输入，以及字体、段落、页面等格式设置的细节；知道在文档中插入符号、图片、表格等元素的技巧。

● 理解 AIGC 工具的基本原理与应用场景，知道写作类 AIGC 工具的功能、特点及其在文本生成、优化和辅助写作中的应用。

● 知道 WPS 文字处理软件关于页面设置、封面设计、页眉页脚、目录生成、脚注尾注等文档编排技巧。

能力目标

● 能熟练运用 WPS 并独立完成调研报告撰写、成绩分析表格制作、毕业论文排版等常见文档的编辑与排版任务。

● 具备查找与替换文本、调整表格结构、设置复杂文档格式等操作的能力。

● 能够将多种文档元素（文字、图片、表格、公式等）进行排版，形成标准的通知文档格式。

● 能选择合适的 AIGC 工具辅助写作，并根据需求设计提示词，利用 AIGC 工具生成、优化文本内容，并对其输出结果进行合理调整。

● 能够主动探索 AIGC 工具的新功能，结合自身需求创造性地解决问题。

素质目标

● 培养严谨细致的工作态度，注意文档编写的细节，注重文档撰写的逻辑结构。

● 增强团队协作与沟通能力，能够与他人合作完成文档编辑任务，并培养创新能力和协同能力。

● 树立终身学习的意识：在人工智能技术应用的今天，新一代信息技术快速发展的背景下，树立正确的学习意识、创新意识、研究意识，保持对新技术、新工具的学习热情，不断提升自身的信息化素养和人工智能素养。

3.1　AIGC 在文本写作中的应用

【任务描述】

任务 3.1　编辑人工智能技术发展调研报告

人工智能技术快速发展，正在改变我们的生活和工作方式。本任务通过 WPS Office 软件，利用 AIGC 工具，完成一份关于人工智能技术发展调研报告的文档编辑与排版制作。

【任务准备】

3.1.1　写作类 AIGC 工具介绍

AIGC 是一种基于自然语言处理（NLP）和深度学习技术的智能写作辅助工具。它通过大语言模型对海量数据进行学习与分析，能够根据用户输入的提示信息，自动生成论文研究、新闻稿件、总结报告、公文拟定等各类文本的初稿内容。该技术通过人工智能实现了对部分人类写作工作的辅助或替代。

常用的写作类 AIGC 工具如文心一言、Kimi、通义千问、讯飞星火、豆包等，这类工具在写作方面具有较强的文字创作、文本总结、文本生成的能力。在文字创作方面这类工具的对比情况如表 3-1 所示。

表 3-1　AIGC 工具平台对比介绍

工具平台名称	开发公司	主要特点	相对优势
DeepSeek	杭州深度求索	软件开发、数据分析、自然语言处理	文献写作、长文献语言处理与分析等
Kimi	月之暗面	长文档总结处理、信息检索	长文档创作与总结、信息检索与分析、知识截取分析等
通义千问	阿里云	超大规模、多轮交互、多模态理解	程序代码编写、多元语言翻译、逻辑推理、文案创作等
讯飞星火	科大讯飞	语言交互、语言文字处理	语言输入转换、语音交互 AI 生成、文献创作编写等
豆包	字节跳动	语言对话、自定智能体、图文生产功能	文献写作、图转文或文转图、智能语音交互等

写作类 AIGC 工具的主要特点：

智能性：模仿人类语言和思维方式，具备一定的自我学习、环境适应、知识拓展能力，能够根据用户反馈持续优化输出效果。

实时性：具有实时响应、动态更新、响应迅速（一般控制在 10 秒以内）特点，能够在第一时间让用户得到所申请的结果。

更新性：具有持续更新学习知识库资源、最新研究成果、行业新技术、专业术语、社会文化的能力。

高效性：能够总结整理数据资料，提炼关键信息并根据资料在短时间内产生高质量的总结内容。

3.1.2　写作类 AIGC 工具常见应用场景

1. 媒体行业

写作类 AIGC 工具可以辅助进行新闻稿件的撰写、作为采访助手的辅助记录、视频字幕的自动生成等。目前最为广泛的 AIGC 写作大部分为结构化写作，以客服聊天、新闻撰写、知识问答等应用场景进行，如新闻报道、通知公告、事件简讯等内容写作。

例如，在 DeepSeek 中输入提示词：“根据某企业入驻外卖行业，撰写 3 篇新闻报道，企业名字全部用 XX 表示。”AIGC 生成的新闻报道如图 3-2 所示。

图 3-2　AICG 生成新闻报道

（资料来源：AIGC 平台——DeepSeek）

2. 电商行业

AIGC 工具可以应用于商品描述、广告文案的自动生成，以及虚拟主播、虚拟货场的创建等。这些工具可以根据商品的特性、目标受众等信息，自动生成具有吸引力的文案和宣传内容，提升商品的曝光率和销售量。

例如，在豆包中输入提示词“帮我制作一个，四川安岳柠檬的商品宣传文案”，AIGC 生成的产品宣传文案如图 3-3 所示。

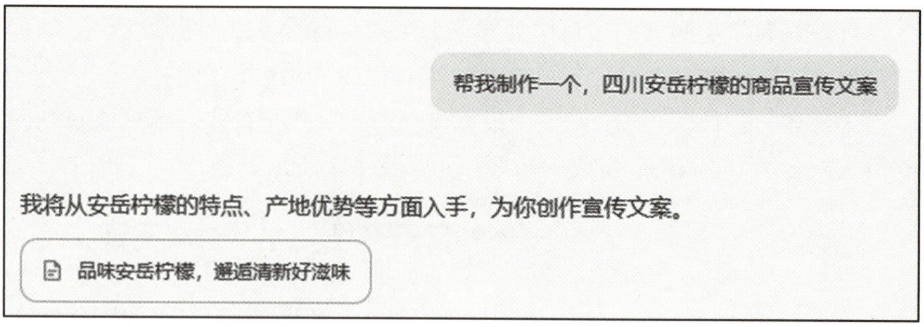

帮我制作一个，四川安岳柠檬的商品宣传文案

我将从安岳柠檬的特点、产地优势等方面入手，为你创作宣传文案。

📄 品味安岳柠檬，邂逅清新好滋味

品味安岳柠檬，邂逅清新好滋味

在四川盆地中部，有一片神奇的土地——安岳，这里是"中国柠檬之都"，孕育着一颗颗令人心醉的柠檬。

安岳柠檬，果形修长优美，宛如精心雕琢的艺术品。其果皮色泽鲜亮，散发着清新的柠檬香气，瞬间就能唤醒你的感官。当你轻轻切开，饱满的果汁如清泉般涌出，溅起晶莹的水花，那浓郁的果香更是扑鼻而来，令人垂涎欲滴。

咬上一口，鲜嫩多汁的果肉在齿间迸裂，先是一丝恰到好处的酸爽，瞬间刺激着味蕾，让舌尖沉浸在一场狂欢之中，随后，清甜的回甘悠悠袭来，两者完美交织，带来层次丰富的味觉享受。

安岳独特的自然环境，为柠檬生长提供了得天独厚的条件。充足的光照、适宜的温度和肥沃的土壤，成就了安岳柠檬无与伦比的品质。这里的每一颗柠檬都饱含着大自然的馈赠和果农们辛勤的汗水。

无论是将安岳柠檬切片泡入水中，享受一杯清新的柠檬水，为忙碌的生活增添一抹清爽；还是用它来制作甜点、饮品，为美食增添独特风味；亦或是将其作为天然的美容佳品，呵护肌肤，安岳柠檬都能满足你的需求。

选择安岳柠檬，就是选择一份源自大自然的清新与健康。快来品尝这来自安岳的甜蜜诱惑，让味蕾踏上一场美妙的旅程！

图 3-3　AIGC 生成产品宣传文案

（资料来源：AIGC 平台——豆包）

3．教育行业

AIGC 工具可以帮助教育工作者快速生成教学资源，如教学课件、教案等。此外，AI 还可以作为虚拟教师，进行在线授课和答疑，为学生提供更加便捷和个性化的学习体验；进行一对一的教师辅导，就像给学生请了专属教师，激发学习兴趣，提升学习效果和学习质量。

例如，在豆包中输入的提示词类别为某考试题图片，如图 3-4 所示。

6. 已知函数为 $f(x)=\begin{cases} -x^2-2ax-a, x<0 \\ e^x+\ln(x+1), x\geq 0 \end{cases}$ 在 R 上单调递增，则 a 取值的范围是（　　）

A. $(-\infty, 0]$　　　　B. $[-1, 0]$　　　　C. $[-1, 1]$　　　　D. $[0, +\infty)$

图 3-4　某考试题图片

输出的结果如图 3-5 所示。

识别题目

已知函数 $f(x) = \begin{cases} -x^2 - 2ax - a, x < 0, \\ e^x + \ln(x+1), x \geq 0 \end{cases}$ 在 R 上单调递增，则 a 的取值范围是 0

A.$(-\infty, 0]$

B.$[-1, 0]$

C.$[-1, 1]$

D.$[0, +\infty)$

答案

B

💡 **解析**

分析

对于分段函数的单调性，需要保证每一段函数都是单调递增的，并且在分段点处左边函数的最大值小于等于右边函数的最小值。这里分别根据二次函数对称轴与单调性的关系以及对数函数和指数函数的性质列出不等式求解。

详解

1. 对于 $x < 0$ 时的函数 $y = -x^2 - 2ax - a$：

  ○ 这是一个二次函数，其二次项系数 $-1 < 0$，图象开口向下，对称轴为 $x = -\dfrac{-2a}{2 \times (-1)} = -a$。

  ○ 因为函数 $f(x)$ 在 R 上单调递增，所以在 $x < 0$ 这一段函数也单调递增，那么对称轴 $x = -a$ 需要满足 $-a \geq 0$，即 $a \leq 0$。

2. 对于 $x = 0$ 这个分段点：

  ○ 当 $x = 0$ 时，$y = -x^2 - 2ax - a$ 的值为 $-a$。

  ○ 对于 $x \geq 0$ 时的函数 $y = e^x + \ln(x+1)$，当 $x = 0$ 时，$y = e^0 + \ln(0+1) = 1 + 0 = 1$。

  ○ 因为函数 $f(x)$ 在 R 上单调递增，所以在分段点处 $-a \leq 1$，即 $a \geq -1$。

综合以上两个条件，可得 $-1 \leq a \leq 0$。

总结

a 的取值范围是 $[-1, 0]$，所以答案选 B。

图 3-5　AIGC 图片提示词识别解答某考试题

（资料来源：AIGC 平台——豆包）

4. 法律咨询

AIGC 工具可以通过大语言模型的训练构建专属的法律助手。在阿里的通义法睿中输入提示词："在专利发表中如何确保我的专利得到全面的法律保护？帮我制定一套方案。"方案如图 3-6 所示。

图 3-6　AIGC 法律助手

（资料来源：AIGC 平台——通义法睿）

5. 短视频制作行业

AIGC 工具可以应用于剧本创作、视频拍摄等方面。例如，一些 AI 剧本创作工具可以根据故事情节、角色设定等信息自动生成剧本大纲或剧本内容，为宣传片、动画、电影、电视剧等影视作品提供创作支持。

例如，在 Kimi 中输入的提示词："帮我写一个视频拍摄的脚本，时间 20 秒，主题是高速公路 ETC 工作原理。" AIGC 编写的脚本结果如图 3-7 所示。

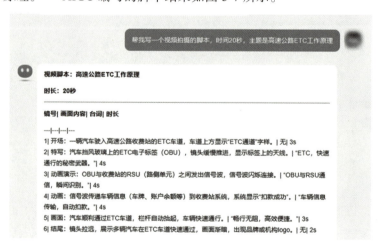

图 3-7　AIGC 视频拍摄脚本编写

（资料来源：AIGC 平台——Kimi）

6. 公文写作

AIGC 工具可以提供写作灵感、语法检查、文章润色等辅助功能。一些 AI 写作助手可以根据用户提供的主题和关键词，生成文章的大纲或部分内容，帮助用户快速搭建文章框架并填充内容。一部分 AI 工具如 OfficeAI 插件的校对功能，能有效进行文字的语法检查、拼写纠错等，强化公文写作的规范性，如图 3-8 所示。

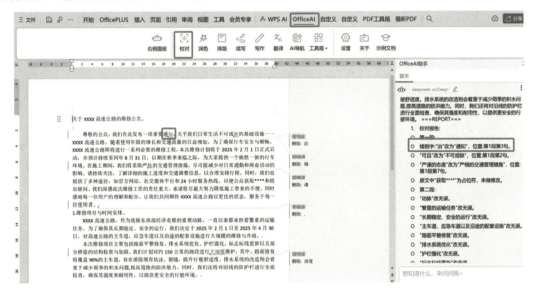

图 3-8　WPS 公文语法校对

AIGC 工具还可以应用于法律、科研、技术等多个领域。例如，在法律领域，AI 可以辅助律师进行法律文书的撰写和审查；在科研领域，AI 可以辅助科研人员撰写科研论文和报告；在技术领域，AI 可以自动生成技术文档和代码注释等。

3.1.3　写作类 AIGC 工具提示词主要形式

在 AIGC 工具使用过程中，提示词是非常重要的，代表用户对 AIGC 工具下发的指令。只有在正确使用提示词的情况下，用户才能够得到需要的输出结果。写作类常见提示主要形式如表 3-2 所示。

表 3-2　写作类常见提示词主要形式

主要形式	表现形式	举例	应用场景	备注
通用	关键词	采访某人、某次竞赛、人工智能、AI 算法	拥有明确的主题，根据主题写作内容	
文本分析类	统计规律	对文献中的关键词、词频、字数、情感分析等进行统计	论文统计，文章统计	
	总结摘要	内容总结、内容报告、主要信息、数据汇总	文章总结，论文总结、数据总结	

续表

主要形式	表现形式	举例	应用场景	备注
	整理清单	文字整理为列表、树状图、逻辑图、思维导图	文章提炼关键点、文献知识整理，数据整理	
	套用模板	文献格式应用、模板套用等	按照固定模板或写作风格套用模板文献	
文本润色	文字错误检查	拼写、标点错误检查等	文本文字纠错，标点符号纠错	
	语法检查	语顺、优化句型等	符合不同语言体系的语法规范（中文、英文、俄文等）	
	格式转换	标题设置、段落划分、格式引用等	公文格式调整、论文格式调整	
	模仿改写	模仿作家、名人风格等	模仿特定的写作风格或语言习惯	
文本生成	文笔仿写	诗歌、小说、剧本、童话等	论文风格、短视频风格、微博风格等	
	内容扩写	关键词、句子、段落扩写等	根据主题扩写段落，优化表达形式	
	内容简写	段落总结，数据分析，文字分析	不改变主题意思限定字数写作内容	
	字数控制	关键字、句子等撰写时字数控制	写作时限定文献字数	

【任务实施】

1. 任务分析

任务涉及文档的创建、格式设置、内容调整、文本替换、页面布局设置以及最终转换为 PDF 格式并打印提交的全过程。要求按照指定的格式和逻辑顺序，对调研内容进行排版和美化，确保文档的专业性和可读性。

2. 任务要求

（1）打开 WPS Office，新建一个名为"人工智能技术发展.docx"的文档。在文档首行输入标题"人工智能技术发展"，并将其字体格式设置为"黑体、二号、加粗、居中对齐"。

（2）将正文部分的中文字体设置为"宋体、四号"，西文字体设置为"Times New Roman、四号"。设置正文段落首行缩进 2 个字符，行距为 1.25 倍。

（3）将正文中第 3 段文本移动到第 2 段文本之前，确保文本逻辑顺序正确。

（4）使用"查找和替换"功能，将全文中的"技能"替换为"技术"。将替换后的"技术"字体颜色设置为红色。

（5）点击"页面布局"选项卡，设置上、下、左、右页边距均为 2.5 厘米。选择纸张大小为"16 开"，设置文档方向为纵向。

（6）将文档转成 PDF，并打印提交。

最终示例如图 3-9 所示。

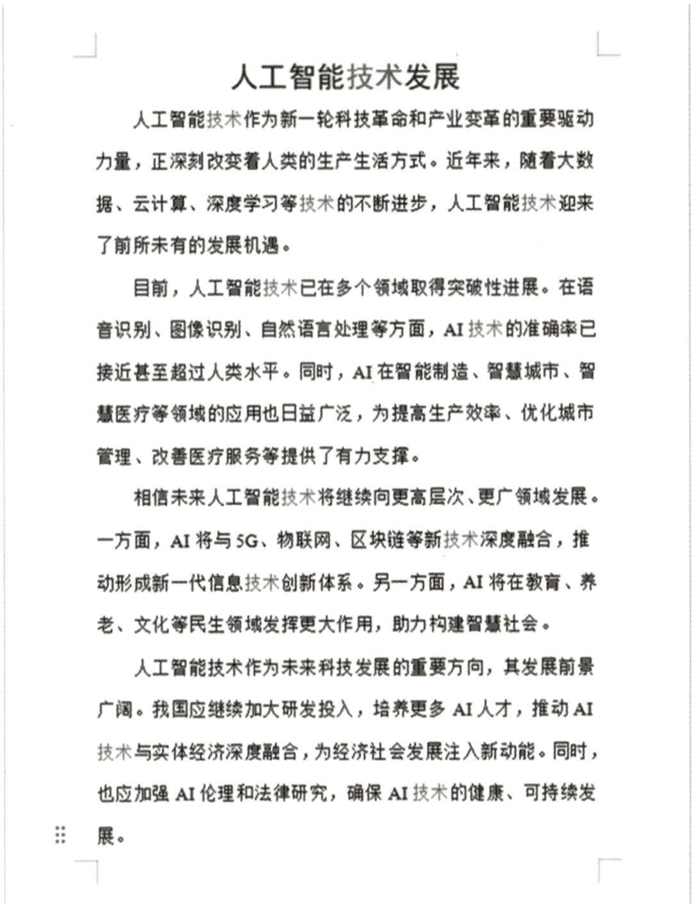

人工智能技术发展

人工智能技术作为新一轮科技革命和产业变革的重要驱动力量，正深刻改变着人类的生产生活方式。近年来，随着大数据、云计算、深度学习等技术的不断进步，人工智能技术迎来了前所未有的发展机遇。

目前，人工智能技术已在多个领域取得突破性进展。在语音识别、图像识别、自然语言处理等方面，AI 技术的准确率已接近甚至超过人类水平。同时，AI 在智能制造、智慧城市、智慧医疗等领域的应用也日益广泛，为提高生产效率、优化城市管理、改善医疗服务等提供了有力支撑。

相信未来人工智能技术将继续向更高层次、更广领域发展。一方面，AI 将与 5G、物联网、区块链等新技术深度融合，推动形成新一代信息技术创新体系。另一方面，AI 将在教育、养老、文化等民生领域发挥更大作用，助力构建智慧社会。

人工智能技术作为未来科技发展的重要方向，其发展前景广阔。我国应继续加大研发投入，培养更多 AI 人才，推动 AI 技术与实体经济深度融合，为经济社会发展注入新动能。同时，也应加强 AI 伦理和法律研究，确保 AI 技术的健康、可持续发展。

图 3-9　文档格式呈现效果

3.2　AIGC 接入 WPS

【任务描述】

任务 3.2　使用 WPS 接入的插件完成策划方案设计

随着 AIGC 技术的成熟，用户期望在办公场景中快速生成专业内容（如报告、数据分析、演示素材）。WPS 作为国内主流办公软件，需通过集成 AIGC 能力，实现"输入指令→自动生成→编辑优化"的闭环，覆盖文档创作、数据处理、演示设计等高频场景。AIGC 技术集成至 WPS 办公软件，能够通过自然语言指令直接生成高质量内容（如文本、图表、设计素材等），提升办公效率与创造力。

AIGC 与 WPS 的结合，标志着办公软件从"工具"向"智能助手"的进化。AI 通过智能文档创作、图文创作等场景赋能用户，用户无须掌握 AI 原理就可以直接使用大模型帮助人们更加高效地办公。

本任务要求通过 WPS Office 软件接入 AI 插件，利用 AIGC 技术辅助完成活动策划方案设计。需先完成工具准备与配置，包括下载安装适配 WPS 的 AI 插件、注册 AIGC 服务商账号并获取 API 密钥，在 WPS 中绑定大模型服务。随后基于插件的"方案策划"功能，以"简历制作大赛"为主题，针对大二学生群体设计活动方案，输入提示词并补充关键信息（如企业评委参与、就业指导课宣传、初赛与决赛流程等）。最终需按规范调整格式，包括标题命名、字体字号设置及段落缩进，输出一份结构完整、格式规范、体现创意与实操性的策划书文档，字数控制在 800~1 000 字。

【任务准备】

3.2.1　OfficeAI 下载和安装

3.2.1 小节内容　　3.2.2 小节内容

3.2.2　DeepSeek API_Key 获取

3.2.3　配置 OfficeAI

在 WPS 中打开或者新建一个 Word 文档，在顶部的菜单栏中会出现 OfficeAI 的插件，如图 3-19 所示。点击"OfficeAI"，会出现相关的功能版面，点击版面左边位置的"右侧版面"，OfficeAI 会出现在文档右侧，只需登录，就可以进行后续使用了。

图 3-19　在 WPS 中打开 OfficeAI 插件

如果打开 WPS 后，顶部的菜单栏中并未出现 OfficeAI 的插件，那么需要进行手动配置。点击菜单栏的"文件"中的"选项"的一栏，在"选项"对话框中点击左侧"信任中心"，将"受信任的加载项"栏目下的复选框勾选上，点击"确定"按钮，如图 3-20 所示。

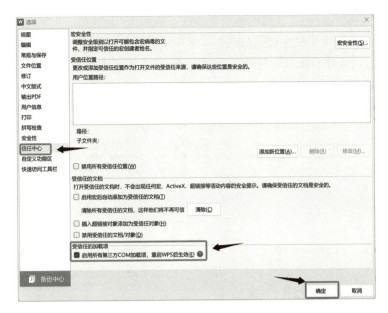

图 3-20　进入 API 开放平台

如图 3-21 所示，在"工具"选项卡中点击"COM 加载项"，在弹出的"COM 加载项"对话框中勾选"HyWordAI"加载项，点击"确定"按钮，完成配置。重新启动 WPS 后会在顶部菜单栏中看到 OfficeAI 插件已经接入。

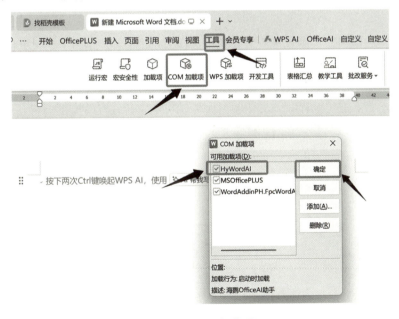

图 3-21　配置加载项

3.2.4　使用 OfficeAI

在使用 OfficeAI 插件前，用户需要先登录，然后进行大模型的设置。如图 3-22 所示，首先点击菜单栏的"OfiiceAI"，在其功能面板中选择"设置"。在弹出的"设置"对话框中左侧点击"大模型设置"，选择"ApiKey"选项，就可以在模型平台处选择我们想接入的大模型平台了。这里"模型平台"选择的是"硅基流动"，"模型名"处选择"deepseek-R1"版本，在"API_KEY"处将我们从 DeepSeek 官网获得的 API Key 复制进去，点击"保存"按钮，完成大模型的接入。

图 3-22　接入大模型

完成后，在右侧的助手中就可以直接使用选择的 DeepSeek 模型了。这里也可以直接使用 OfficeAI 中内置的模型，如图 3-23 所示，在"设置"对话框中的左侧面板点击"大模型设置"，选择"内置模型"，"模型平台"这里可以下拉选择我们需要的大模型平台，"模型名"处选对应的模型版本，点击"保存"，右侧聊天面板就切换为新设置的模型。

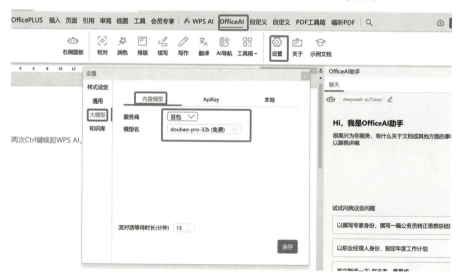

图 3-23　接入大模型

用户在写文档的时候就可以直接在右侧用大模型进行询问，对文档进行优化，免去了从网页进入模型的步骤，提高了效率。比如，此处直接在文档右侧让大模型对"有志者，事竟成"进行翻译，并且可以将 AI 回答的答案直接导出到文档中，免去了复制、粘贴过程，如图 3-24 所示。

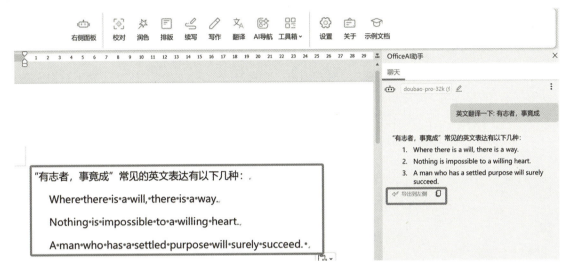

图 3-24　在 WPS 文档中使用大模型

【任务实施】

1. 任务分析

（1）下载并安装相关插件：从官方渠道（如 WPS 插件市场或 AIGC 服务商官网）下载适配 WPS 的 AI 插件安装包。

（2）获取大模型的 API：注册 AIGC 服务商平台账号，在控制台创建应用，获取 API 密钥（Key）。

（3）配置插件：打开 WPS，进入插件菜单，找到 AIGC 工具入口，输入 API 密钥信息，绑定大模型服务。

（4）使用插件完成文案设计：使用插件完成一个活动的方案策划。

2. 任务要求

（1）插件的下载与安装：在 OfficeAI 官网中下载插件进行安装。

（2）API 接入：获取 API Key 后将其配置到 OfficeAI 的插件中，在 WPS 的 OfficeAI 模块中配置好要用到的大模型。

（3）使用插件：完成一个简历制作大赛活动方案的策划，在右侧的对话框中点击"创作"按钮，选择"方案策划"。

（4）提示词填写：你是一名经验丰富的策划师，请根据以下要求制定一个活动策划方案。

（5）活动主题：简历制作大赛。

（6）内容要点：

目标受众：大二的学生。

主题：简历制作大赛。

主要内容：邀请相关企业的 HR（人力资源）来当比赛的评委。

传播落地方式：在就业指导课上由就业指导老师对学生进行宣传，分为初赛和决赛；

时间：初赛在 5 月末，作为课程作业交上来，每个班选 3 名同学进入决赛；初赛结果通知一周后的某一天时间在报告厅进行决赛。（内容要点根据自己的实际情况填写）。

（7）策划要求：确保符合价值观，创意独特且操作可学。

（8）最后将生成的策划方案进行格式调整：题目修改为“XXX 系 XXX 届简历制作大赛活动策划书”，字体为“方正小标宋_GBK”，字体大小为“二号”。一级标题为“黑体、小三号”字体。正文内容为“仿宋三号”字体，首行缩进两个字符。

（9）提交一份策划方案，示例如图 3-25 所示。

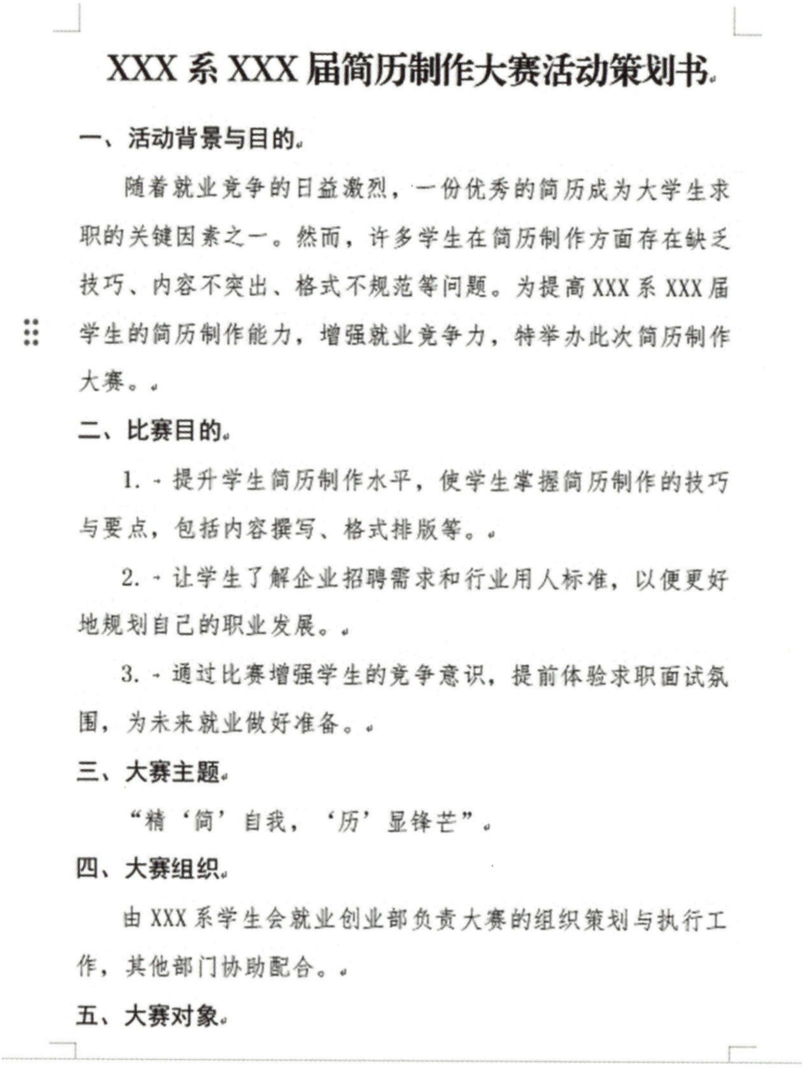

XXX 系 XXX 届简历制作大赛活动策划书

一、活动背景与目的

随着就业竞争的日益激烈，一份优秀的简历成为大学生求职的关键因素之一。然而，许多学生在简历制作方面存在缺乏技巧、内容不突出、格式不规范等问题。为提高 XXX 系 XXX 届学生的简历制作能力，增强就业竞争力，特举办此次简历制作大赛。

二、比赛目的

1. 提升学生简历制作水平，使学生掌握简历制作的技巧与要点，包括内容撰写、格式排版等。

2. 让学生了解企业招聘需求和行业用人标准，以便更好地规划自己的职业发展。

3. 通过比赛增强学生的竞争意识，提前体验求职面试氛围，为未来就业做好准备。

三、大赛主题

“精‘简’自我，‘历’显锋芒”

四、大赛组织

由 XXX 系学生会就业创业部负责大赛的组织策划与执行工作，其他部门协助配合。

五、大赛对象

图 3-25 策划方案示例

3.3　AIGC 在文档图文、文档表格中的应用

【任务描述】

任务 3.3　编辑人工智能平台调研报告

人工智能技术快速发展，正在改变我们的生活和工作方式，本任务旨在通过 WPS Office 软件，利用任意一种 AIGC 工具，撰写一篇主题为《生成式人工智能技术发展调研报告》的文章，字数约为 600 字，并利用 WPS 文字的图文编辑功能完成调研报告的编辑与排版制作。此外，为了拓展对人工智能领域的认知，还需要将了解到的当前国内主流的人工智能平台，如 DeepSeek、讯飞星火等进行整理，以表格的形式展示其平台简介、技术特点、应用场景等信息，如表 3-3 所示。

表 3-3　人工智能平台调研表

国内生成式人工智能平台调研表			
平台名称	平台简介	技术特点	应用场景

任务 3.4　公司联合行文通知

本任务要求撰写五家网约车运营平台联合发布的《关于加强网约车联盟监督的联合通知》，通过规范资质核验、信息公示、投诉处理、价格监管及数据安全等核心环节，推动行业合规化发展。需基于平台联合声明的核心内容，明确要求网约车聚合平台及运营商严格遵守法律法规，强化入驻资质审核，保障车辆与司机合法合规，同时加强用户信息安全保护。通知需以正式公文形式呈现，标题为"关于加强网约车联盟监督的联合通知"，正文结构包含背景目的、具体要求、实施措施及联合署名部分，格式需符合公文规范（如方正小标宋 GBK 二号字体、分条列项、落款盖章等），最终输出一份结构严谨、表述准确的正式文件，确保内容清晰传达监管要求与行业责任，助力优化网约车服务环境。

【任务准备】

3.3.1　文档图文的操作

1. 熟悉和认识 WPS

WPS 全称为 WPS Office，是一款由中国金山软件公司开发的办公软件套装。它最初发布于 1988 年，经过多年的发展和更新，已经成为一个功能强大、兼容性好的办公软件，广泛用于

个人和企业用户。WPS Office 包括了文字处理工具、表格处理工具和演示制作工具等组件，满足了用户在不同场景下的办公需求。其中 WPS 文字是最基本的部分，负责文字文档的处理。

1）启动和关闭 WPS

WPS 的启动是指用户通过双击 WPS 程序的图标或在开始菜单中选择 WPS 程序等方式，使 WPS 软件从硬盘加载到计算机的内存中并开始运行的过程。而 WPS 的关闭则是指用户通过点击 WPS 界面上的关闭按钮、使用快捷键或选择系统菜单中的退出选项等方式，来终止 WPS 程序的运行，并释放其占用的系统资源的过程。

如果桌面上有 WPS Office 的快捷方式图标，可以双击该图标启动 WPS。

关闭 WPS 可以单击标题栏的"关闭"按钮 ×。或者按"Ctrl+W"组合键。

2）WPS 工作界面

启动 WPS 后进入如图 3-26 所示主界面。点击右上角"立即登录"按钮，可登录个人账号，确保文档使用的安全性。主界面主要包括标签列表、功能列表、功能推荐几个部分。

图 3-26   WPS Office 主界面

（1）标签列表。标签列表位于 WPS Office 主界面的最上方，可以点击"找稻壳模板"进入"稻壳"商城使用 WPS Office 各类模板。

（2）功能列表。功能列表位于 WPS Office 主界面的左上方。选择"新建"按钮，可以新建文档、表格、演示文稿等；选择"打开"按钮，可以打开当前计算机内已有的 Office 文档。

（3）功能推荐。功能推荐位于 WPS Office 主界面的右侧，对 WPS 的功能进行了推荐，例如论文查重、全文翻译等。

2. 新建与保存文档

1）新建 WPS 空白文档

启动 WPS Office 后，单击 WPS Office 首页功能列表的"新建"按钮，在"新建"窗格单击"Office 文档"区域的"文字"按钮，出现如图 3-27 所示界面。

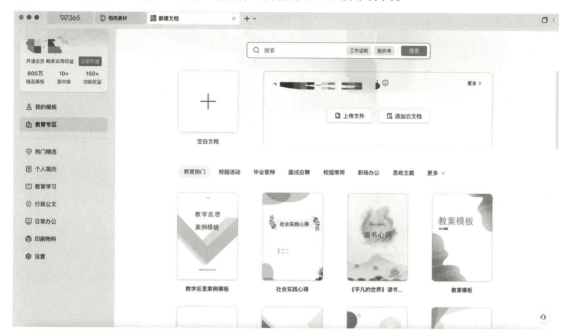

图 3-27　"新建"工作台界面

再选择"空白文档"，即可以完成一个文字文档的创建，出现如图 3-28 所示界面。

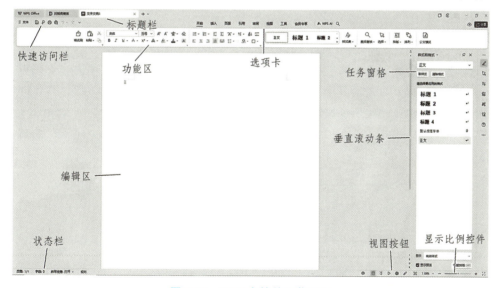

图 3-28　WPS 文档的工作界面

（1）快速访问栏。快速访问栏包括"保存"按钮 、"输出为 PDF"按钮 、"打印"按钮 、"打印预览"按钮 、"撤销"按钮 和"恢复撤销"按钮 ，用户也可以选择自定义快速访问栏的内容。

（2）选项卡。选择任意选项卡可以打开相应的功能区，再选择其他选项卡可以切换到其他功能区。

（3）功能区。功能区用于放置常用的功能按钮。

（4）编辑区。编辑区是 WPS 窗口的主题部分，可以在编辑区进行文本的显示和编写。

（5）状态栏。状态栏统计了本文档的页面、字数等信息。

2）保存 WPS 文档

为了避免文档信息丢失，文档编辑完成后需要将其保存到计算机上。

（1）保存新文件：可以单击快速访问栏的"保存"按钮 ⊟，或者按"Ctrl+S"组合键，修改文件名，选择文件保存路径，再单击"保存"，实现文档保存。

（2）保存已存盘的文件：可以按照（1）中的方法操作，实现原路径保存；也可以点击左上角的"文件"，选择"另存为"命令，在出现的"另存为"对话框中重新设置保存的路径及文件名。

3. 输入文档内容

在 WPS Office 中进行文字录入是文档编辑的基础。为了高效地完成这一任务，用户需要熟悉并掌握一系列文字录入的技巧。

1）输入文字

用户再调整好输入法之后，待光标出现在 WPS 文档的工作界面的编辑区时，即可进行文字的输入。

2）输入符号

一些常见的中英文符号可以利用键盘进行输入，无法在键盘中直接输入的符号可以在 WPS 符号集中选择。点击选项卡中的"插入"，选择"符号"按钮 Ω 符号，出现"符号"对话框，如图 3-29 所示。用户可以在该对话框中选择所需符号，选中相应符号后，选择"插入"，即可实现符号的输入，最后单击"关闭"按钮，关闭 WPS 符号界面。

图 3-29　WPS 符号界面

3）输入图片

用户可以直接将想要输入的图片粘贴到编辑区，或者点击选项卡中的"插入"，选择"图片"按钮 ，可以输入"本地图片""来自扫描仪""手机图片/拍照"以及 WPS 图片库内的其他图片。

4. 移动、复制与删除文本

1）移动文本

（1）使用鼠标移动文本。若选择移动某自然段中的某句话，可以将光标移动至该段话的前方，按住鼠标左键，拖拽鼠标至全选该句话，再点击鼠标右键选择"剪切"或按"Ctrl+X"组合键，最后在目标位置点击鼠标右键选择"粘贴"或按"Ctrl+V"组合键；若选择移动某自然段，可以选中要移动的文本，按住鼠标左键和"Ctrl"键，再松开"Ctrl"键，将该文本拖拽至需要的位置，先松开鼠标。

（2）使用剪贴板移动文本。首先选中需要移动的文本，切换到"开始"选项卡，在"剪贴板"选项组中单击"剪切"按钮 ，再单击目标位置。然后单击"粘贴"按钮 。

2）复制文本

（1）使用鼠标复制文本。若选择复制某自然段中的某句话，可以将光标移动至该段话的前方，按住鼠标左键，拖拽鼠标至全选该句话，再点击鼠标右键选择"复制"或按"Ctrl+C"组合键，最后在目标位置点击鼠标右键选择"粘贴"或按"Ctrl+V"组合键；若选择复制某自然段，可以选中要复制的文本，按住鼠标左键，同时按住"Ctrl"键，将该文本拖拽至需要的位置，先松开鼠标左键再放开"Ctrl"键。

（2）使用剪贴板复制文本。首先选中需要复制的文本，切换到"开始"选项卡，在"剪贴板"选项组中单击"复制"按钮 ，再单击目标位置。然后单击"粘贴"按钮 。

3）删除文本

（1）删除少量文本。按"Backspace"键可以删除光标左侧的内容；按"Delete"键可以删除光标右侧的内容。

（2）删除大块文本。先将文本选中，然后按"Backspace"键或"Delete"键将它们一次全部删除。

5. 查找与替换文本

查找与替换文本功能是一项强大且方便的工具，能够帮助用户快速定位并处理文档中的特定文本内容。

1）打开"查找和替换"对话框

（1）快捷键方式。用户可以通过按下"Ctrl+F"组合键快速弹出查找对话框，按下"Ctrl+H"组合键则可以切换到替换对话框。

（2）菜单导航方式。用户可以点击顶部"选项卡"的"开始"选项卡，然后在"功能区"

中找到并点击"查找替换"按钮 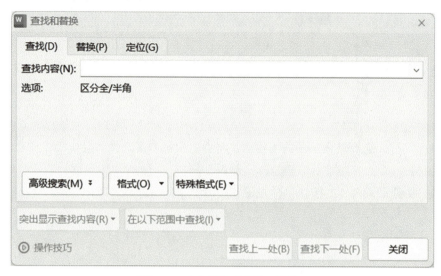，打开"查找替换"对话框，如图 3-30 所示，再根据需要选择"查找"或"替换"选项。

图 3-30 "查找和替换"对话框

2）查找文本

（1）输入查找内容。在"查找和替换"对话框中点击"查找"选项卡，然后在"查找内容"框中输入需要查找的词汇或短语。

（2）高级查找选项。点击"高级搜索"按钮，可以展开更多的查找选项，比如区分大小写，查找全字匹配，使用通配符等。这些选项可以帮助用户更精准地找到所需内容。例如，使用"*"可以匹配任意多个字符，使用"？"可以匹配单个字符。

（3）执行查找操作。点击"查找下一处"按钮，WPS 会自动定位到文档中第一个匹配的内容。用户可以反复点击此按钮，逐一查找下一个匹配项。此外，用户还可以点击"突出显示查找内容"来高亮显示所有匹配的内容，便于快速浏览，最后点击"关闭"完成文本查找。

3）替换文本

（1）输入替换内容。在"查找和替换"对话框中点击"替换"选项卡，在"查找内容"框中输入要查找的词汇或短语，然后在"替换为"框中输入希望替换成的新内容，此外可以点击"格式"来设置替换的新内容的字体段落等。

（2）执行替换操作。用户可以选择"替换"按钮来逐个替换当前查找到的内容，或者选择"全部替换"按钮一次性替换文档中的所有匹配内容，最后点击"关闭"完成文本替换。

6. 设置字体格式

WPS 字体格式设置功能十分丰富和便捷，用户可以通过该功能对文档中的字体进行个性化设置，以提升文档的专业性和可读性。

1）字体设置

（1）选择字体。用户可以通过"开始"选项卡下的"字体"组进行设置（见图 3-31），或点击鼠标右键，在弹出的快捷菜单中选择"字体"命令，打开"字体"对话框，如图 3-32 所示。在这个对话框中，用户可以选择自己喜欢的或符合文档需求的字体类型，如宋体、仿宋_GB2312、微软雅黑等。同时，WPS 也支持用户安装并使用系统中未自带的特殊字体，以满足特定的设计需求。

图 3-31　字体基本设置

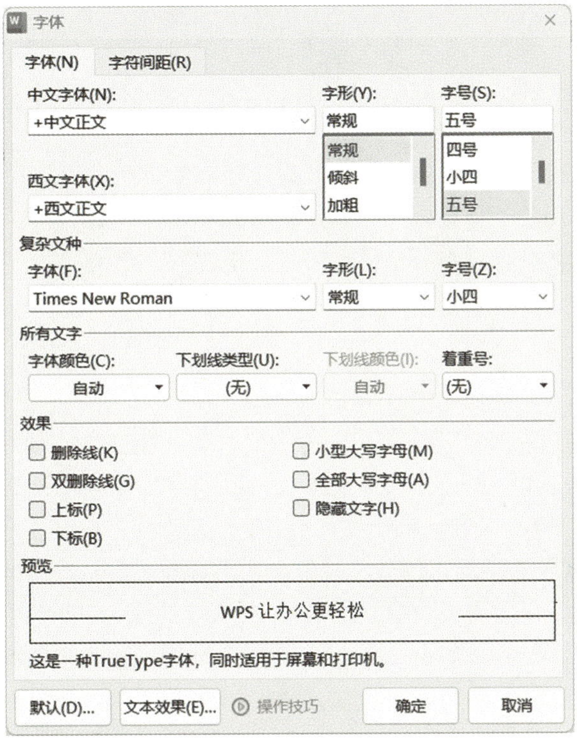

图 3-32　"字体"对话框

（2）设置字号。WPS 提供了多种字号选择方式，包括中文表达方式（如"五号""小四""三号"等）和西文习惯的"磅值"表示方式。用户可以根据需要选择合适的字号大小。

2）字体修饰

（1）加粗和倾斜。单击"开始"选项卡中的"加粗"按钮 **B** 和"倾斜"按钮 _I_ 或按组合键"Ctrl+B"和"Ctrl+I"来实现。

（2）删除线和着重号。单击"开始"选项卡中的"删除线"按钮 $^\frown$ 和下拉列表中的"着重号"命令来设置删除线和着重号。

（3）上标和下标。单击"开始"选项卡中的"上标"按钮 x^2 和下拉列表中的"下标"按钮

X_2 即可；按组合键"Ctrl+Shift+="或"Ctrl+="也能实现功能。

（4）下划线。单击"开始"选项卡中的"下划线"按钮 ∪ 或按组合键"Ctrl+U"来实现这一效果。同时点击下拉按钮，可以发现 WPS 还支持自定义下划线的线形和颜色。

3）字体颜色和背景色

（1）字体颜色。用户可以通过"开始"选项卡中的"字体颜色"按钮 **A** 来选择并设置文字的颜色，如图 3-33 所示。WPS 提供了多种颜色供用户选择，同时用户也可以自定义颜色。

（2）背景色。通过"突出显示"按钮 ，用户可以为选中的文字或段落设置背景色，以使其在众多信息中凸显出来。

4）其他高级设置

（1）字符间距。为了调整文字的紧凑程度，用户可以设置字符间距。在图 3-32 所示的"字体"对话框中，切换到"字符间距"选项卡，然后选择合适的间距类型和值即可。

（2）默认字体格式设置。为了避免每次新建文档都要重新设置字体格式，用户可以将常用的字体格式设置为默认格式。在"开始"选项卡中打开"字体"对话框，设置好字体、字号等格式后，单击"默认"按钮即可。

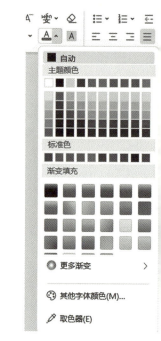

7. 设置段落格式

WPS 提供了丰富的段落格式设置功能，使得用户能够轻松地调整文档的排版和样式。

图 3-33 "字体颜色"下拉菜~

1）段落对齐方式

WPS 支持多种段落对齐方式，包括左对齐、居中对齐、右对齐、两端对齐等。

（1）使用功能区工具。单击"开始"选项卡，在图 3-34 所示的"段落"选项组中选择"左对齐"按钮 、"居中对齐"按钮 、"右对齐"按钮 、"两端对齐"按钮 或"分散对齐"按钮 来实现要求的对齐方式。

图 3-34 "段落"选项组

（2）使用快捷键。按下组合键"Ctrl+L""Ctrl+E""Ctrl+R""Ctrl+J""Ctrl+Shift+J"来分别实现左对齐、居中对齐、右对齐、两端对齐以及分散对齐。

（3）使用"段落"对话框。右击鼠标，选中"段落"，打开"段落"对话框，在"缩进和间距"选项卡的"常规"栏中将"对齐方式"下拉列表框设置为适当的选项，如图 3-35 所示。

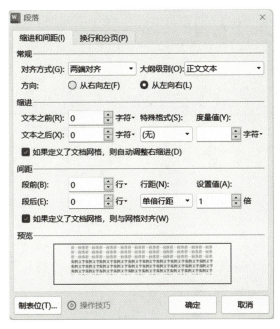

图 3-35　"段落"对话框

2）段落缩进

WPS 提供了首行缩进、悬挂缩进、左缩进和右缩进等多种缩进方式。

（1）使用功能区工具。单击"开始"选项卡，在图 3-34 所示的"段落"选项组中单击"减少缩进量"按钮 ← 或"增加缩进量"按钮 →。

（2）使用快捷键。按下组合键"Shift+Alt+，"或"Shift+Alt+."来分别实现减少缩进量或增加缩进量。

（3）使用"段落"对话框。右击鼠标，选中"段落"，打开"段落"对话框，在"缩进和间距"选项卡的"缩进"栏中，有"文本之前"和"文本之后"微调框，可以设置段落的相应边缘与页面边界的距离，如图 3-35 所示。

3）行间距和段间距

行间距和段间距是指段落中各行之间的距离和段落与段落之间的距离。合理的行间距和段间距能够提高文章的可读性，使文档显得更加专业。

（1）使用功能区工具。单击"开始"选项卡，在图 3-34 所示的"段落"选项组中下拉"行距"按钮 ≡ ▾设置行间距。

（2）使用"段落"对话框。右击鼠标，选中"段落"，打开"段落"对话框，在"缩进和间距"选项卡的"间距"栏中，通过"段前"和"段后"微调框可以设置段落的段前和段后间距，通过"行距"下拉列表框可以设置段落的行距，如图 3-35 所示。

4）项目符号和编号

项目符号和编号能够帮助用户更好地组织和展示内容。WPS 支持多种项目符号和编号样式，用户可以根据需要选择合适的样式。

（1）创建项目符号。在"段落"选项组中单击"项目符号"下拉按钮 ，出现如图 3-36 所示下拉列表，选择需要的项目符号。如果对系统提供的项目符号不满意，可以在下拉列表中单击"自定义项目符号"。

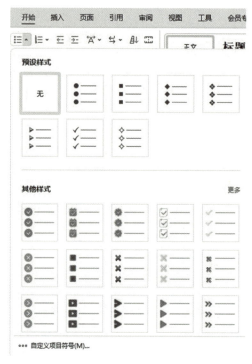

图 3-36 "项目符号"下拉列表

（2）创建编号。在"段落"选项组中单击"编号"下拉按钮 ，选择需要的编号。如果对系统提供的编号不满意，可以在下拉列表中单击"自定义编号"。

8. 打印预览和输出文件

1）打印预览

（1）进入方式。用户可以通过点击界面左上角"文件"选项 ，并在下拉菜单中选择"打印"→"打印预览"来进入打印预览模式；也可以通过快速访问栏上的"打印预览"按钮 直接进入。"打印预览"界面如图 3-37 所示。

（2）预览效果。在打印预览模式下，用户可以清晰地看到文档的布局、格式和内容在纸张上的显示效果。这有助于用户发现潜在的排版问题、页眉页脚的设置错误或内容超出打印范围等。

（3）调整设置。如果用户在预览过程中发现问题，可以返回编辑模式进行相应的调整。例如，调整纸张大小、方向、页边距或缩放比例等，以确保文档在打印时能够呈现出最佳效果。

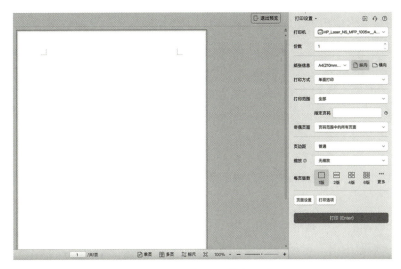

图 3-37　"打印预览"界面

关键调整选项：

.纸张设置：用户可以选择不同的纸张大小和方向以适应不同的打印需求。

页边距调整：适当调整页边距可以避免内容超出打印范围，确保文档美观。

缩放比例：通过调整缩放比例，用户可以将文档内容按比例缩放至合适的大小。

页码和页眉页脚：用户可以在打印预览中检查页码和页眉页脚的显示情况，确保其符合文档要求。

（4）退出预览。用户可以通过点击"关闭"按钮或按"Esc"键来退出打印预览模式。

2）输出文件

（1）输出为 PDF。单击"文件"选项 ☰ 文件 中的"输出为 PDF"选项来将文件转换为 PDF 格式，也可以通过快速访问栏上的"输出为 PDF"按钮 ⅌ 直接进入"输出为 PDF"界面，如图 3-38 所示。

图 3-38　"输出为 PDF"界面

（2）输出设置。在输出为 PDF 时，用户可以对输出范围（如全部页面、当前页面等）进行调整，有助于用户根据实际需求定制 PDF 文件的输出效果。

（3）使用快捷键。为了提高效率，WPS 还提供了将文档输出为 PDF 的快捷键操作。用户只需按"F12"键，然后在弹出的"另存为"窗口中选择 PDF 格式即可快速保存为 PDF文件。

3.3.2　文档表格的操作

1. 创建表格

在 WPS 中有多种创建表格的方法，以下列出了五种创建表格的方法，其中最为常用的是第一种方法。

1）快速插入表格

（1）在文档中确定好要插入表格的位置，将光标移动到该位置。

（2）单击"插入"工具栏下的"表格"按钮，如图 3-39 所示。

（3）如图 3-40 所示，在"插入表格"这个表格区域移动鼠标，将光标移动到需要的行数和列数的单元格中（图中为 5 行 6 列），此时光标之前的区域会显示为橙色，并在上方显示相应的提示文字"5 行*6 列表格"。单击鼠标左键，即可在文档中插入一个 5 行 6 列的表格。但应注意，使用快速表格只能创建最大 10 行 10 列的表格。

图 3-39　"插入表格"表格区

图 3-40　创建 5×6 的表格

2）通过"插入表格"对话框插入表格

（1）在文档中确定好要插入表格的位置，将光标移动到该位置。

（2）如图 3-41 所示，单击"插入"工具栏下的"表格"按钮，点击"插入表格"按钮，弹出"插入表格"对话框，如图 3-42 所示。

（3）在对话框中设置表格的行数和列数，然后单击"确定"按钮，即可完成表格的创建。这种方法可以创建任意大小的表格。

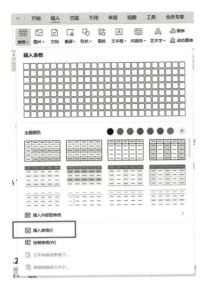

图 3-41　点击"插入表格"选项

图 3-42　表格设置对话框

3）绘制表格

（1）在文档中确定好要插入表格的位置，将光标移动到该位置。

（2）如图 3-43 所示，单击"插入"工具栏下的"表格"按钮 ，点击"绘制表格"选项，此时鼠标指针会变成一个铅笔形状。

（3）在文档中，按住鼠标左键并拖动，即可绘制出表格的边框和线条，如图 3-44 所示。通过这种方法，可以创建出任意形状和大小的表格。绘制完成后，可以对表格进行进一步的调整和完善，以满足具体的需求。

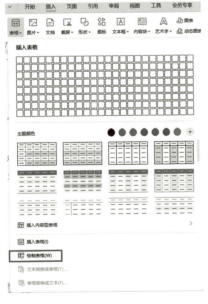

图 3-43　点击"绘制表格"选项

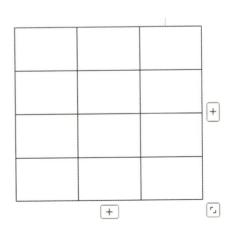

图 3-44　绘制出的表格展示

4）文本转换为表格

（1）输入文字内容。在文档中输入需要转换成表格的文字内容，文字内容之间可以用空格、逗号、句号等符号隔开。例如，以姓名、班级、学号这三个为列绘制表格。

（2）选择文字。框选所有需要转换成表格的文字。

（3）转换成表格。点击"插入"工具栏下的"表格"按钮 ⊞，点击下面的"文本转换成表格"选项，如图 3-45 所示。

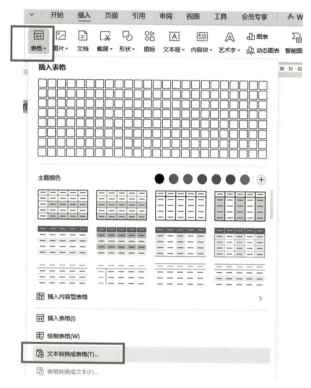

图 3-45　"文本转换成表格"选项

（4）在弹出的对话框中，WPS 会自动识别出列数和行数，也可以手动进行设置。如果文字分隔符不在预设的选项中，可以勾选"其他"，并在编辑框中输入相应的分隔符（例如顿号"、"），如图 3-46 所示。

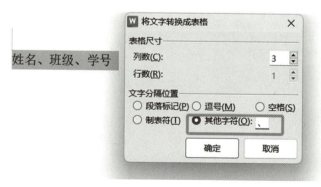

图 3-46　"文本转换成表格"设置对话框

（5）设置完成后，点击"确定"按钮，即可将文字转换成表格，如图 3-47 所示。

姓名	班级	学号

图 3-47　文本转换成表格效果图

5）插入 Excel 电子表格

（1）插入电子表格。点击"插入"工具栏下的"附件"按钮 📎 附件 ∨ ，在下拉菜单中选择"对象"，如图 3-48 所示。

（2）完成表格创建。在弹出的"插入对象"对话框中，选择"由文件创建"，点击"浏览"按钮，选择自己想插入的 Excel 表格，如图 3-49 所示。点击"确定"按钮，完成表格插入，可以在该电子表格区域中输入文字、公式等内容，如图 3-50 所示。

图 3-48　"附件"下的"对象"选项

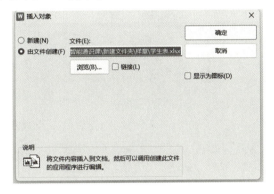

图 3-49　"插入对象"对话框

序号	姓名	班级	学号
1	张三	22-1	20220301
2	王五	22-2	20220302
3	小明	22-3	20220303

图 3-50　插入 Excel 电子表格效果图

（3）调整表格。可以双击鼠标左键进入 Excel 表格中进行编辑，这里的操作方法跟 Excel 表格是一样的。

（4）退出编辑。编辑完成后，保存 Excel 表中的编辑内容，再关闭 Excel 表页面，那么文档中插入的表格也将随之改变。

2. 绘制与擦除表格线

1）添加内外边框线

（1）选择单元格或区域。在 WPS 文档中插入一个表格，或者选中你想要添加线条的现有表格单元格或单元格区域。

（2）打开边框设置。在 WPS 表格的菜单栏上，找到"开始"选项卡，然后点击"边框"按钮 ⊞˅ 。该按钮旁边通常有一个下拉箭头，点击它会展开一系列边框样式选项，如图 3-51 所示。

图 3-51　"边框"样式选项

（3）选择线条样式。在边框样式列表中，用户可以选择不同的线条类型（如实线、虚线等）以及线条的粗细。这些选项允许用户根据需求自定义表格线的外观。

（4）应用边框。选择好线条样式后，用户可以通过点击"所有框线""外侧框线"等预设选项来快速应用线条到整个表格或表格的特定部分。例如将图 3-52 中的表格中的内框线去掉，就选择"内部框线"，就会去掉表格中的内部框线，如图 3-53 所示。

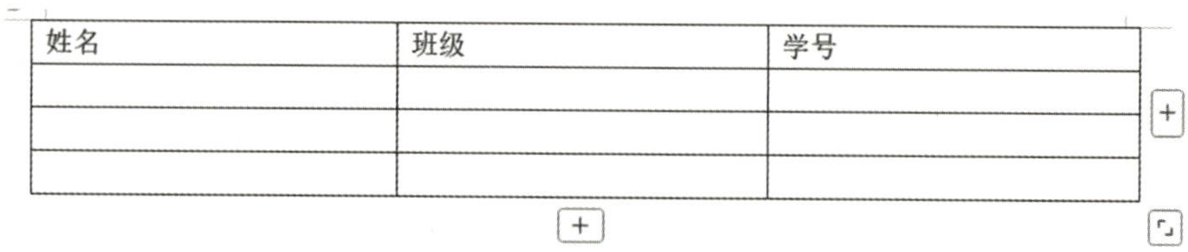

姓名	班级	学号

图 3-52　添加所有框线效果图

姓名	班级	学号

图 3-53　去掉内部框线效果图

2）自定义表格线条

（1）在文档中，找到并选中需要自定义线条的表格区域。如果需要对整个表格进行操作，可以直接点击表格左上角的表格控制柄（通常是一个小方框）▦ 来选中整个表格。

（2）在菜单栏中，点击"开始"选项卡，找到并点击"边框"按钮 ▦ ▾ 。点击旁边的下拉箭头展开边框样式选项，选择"边框和底纹"，如图 3-54 所示。在弹出的"边框和底纹"对话框中，找到"线型"选项，如图 3-55 所示。这里可以选择边框的线条类型（如实线、虚线、点线等）、线条粗细以及线条的样式（如直线、箭头等）。

图 3-54　"边框和底纹"选项

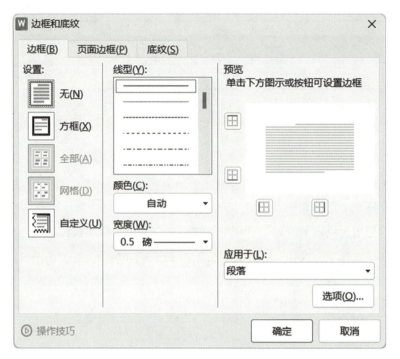

图 3-55　"边框和底纹"对话框

（3）设置线条颜色。点击"颜色"按钮的下拉框，会弹出一个颜色选择器，如图 3-56 所示。在颜色选择器中，用户可以选择 WPS 提供的多种预设颜色，或者点"更多颜色"按钮，会弹出一个"颜色"对话框，通过输入 RGB 值或选择自定义颜色来创建独特的边框颜色，如图 3-57 所示。

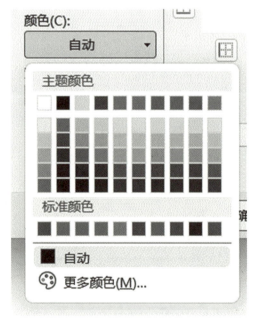

图 3-56　"颜色"选项

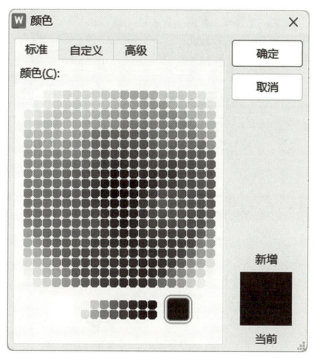

图 3-57　颜色选择器

（4）设置边框应用范围。"边框"选项中可以设置边框的应用范围。

可以选择为选中的单元格设置上边框、下边框、左边框、右边框或全部边框，同时还可以预览设置的边框效果。

3）绘制斜线表头

（1）点击想要添加斜线表头的单元格，再点击"表格样式"菜单栏，选择"绘制斜线表头"选项，如图 3-58 所示。

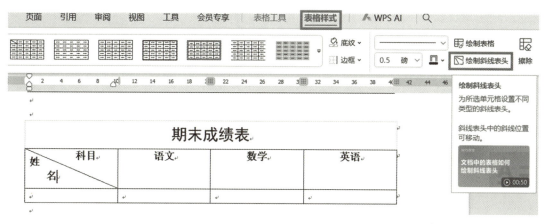

图 3-58　"绘制斜线表头"选项

（2）在弹出的"斜线单元格类型"对话框中，选择所需的斜线表头类型，点击"确定"完成设置，如图 3-59 所示。

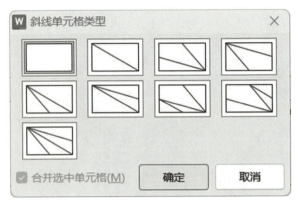

图 3-59　"斜线单元格类型"对话框

（3）在斜线表头单元格中输入需要显示的文本，并调整文本位置，确保文本显示在斜线的正确位置，如图 3-60 所示。

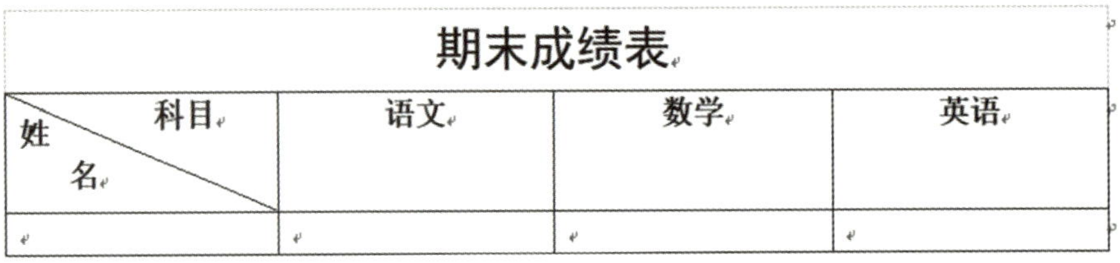

期末成绩表			
姓 名　　科目	语文	数学	英语

图 3-60　斜线表头演示图

3. 移动与缩放表格

1）移动表格

（1）拖放法：定位到要移动的表格，可以直接左键点击表格左上角的表格控制柄（通常是一个小方框）⊞ 来选中整个表格；按住鼠标左键并拖动表格到文档中所需的位置；释放鼠标按钮，表格即被移动到新位置。

（2）剪切粘贴法：定位到要移动的表格，点击表格左上角的移动手柄（小正方形）选择整个表格；按"Ctrl+X"或点击鼠标右键选择"剪切"来剪切表格；将光标移动到文档中所需的位置，并单击以放置光标；按"Ctrl+V"或点击鼠标右键选择"粘贴"来粘贴表格。

2）缩放表格

定位到要移动的表格，左键按住右下角的缩放图标 ⌐┘ 进行缩放，如图 3-61 所示。

图 3-61　表格缩放图标

4. 表格中的选定、插入、删除操作

1）选定表格

选定表格是进行后续编辑的基础。WPS 文档提供了多种选定方式以满足用户的不同需求。

（1）选定单个单元格：将鼠标指针移动到目标单元格的左下角会出现一个小箭头，单击鼠标左键即可选定，并且会有编辑栏出现，如图 3-62 所示。

宋体 (正文)
五号
班级
学号

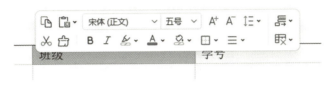

图 3-62　选定单个单元格示意图

（2）选定连续区域：从该区域的起始单元格开始按住左键不放一直拖动到结束单元格然后释放，即可选定由多个单元格组成的连续区域，如图 3-63 所示。

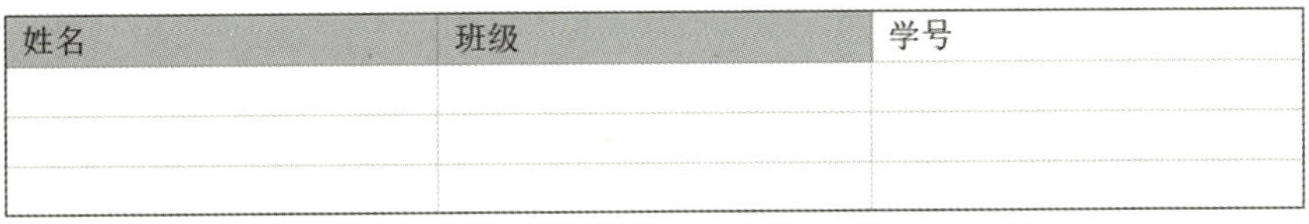
姓名
班级
学号

图 3-63　选定多个连续单元格示意图

（3）选定不连续单元格：按住键盘上的“Ctrl”键，然后依次单击每个想要选定的单元格，即可选定多个不连续的单元格，如图 3-64 所示。

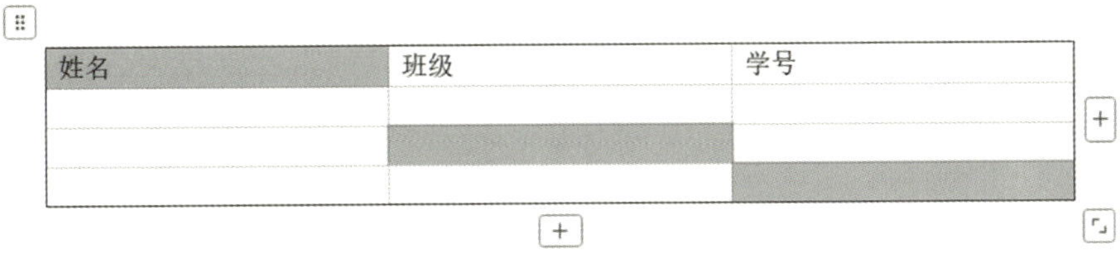
姓名
班级
学号

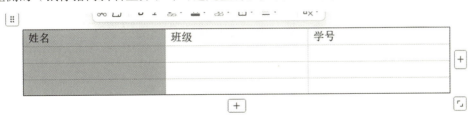

图 3-64　选定多个不连续单元格示意图

（4）选定整列或整行：单击表格上方的列标（字母部分）即可选定整列，单击想要选中的行的左侧的（鼠标指向斜右上方）即可选定整行。如图 3-65 和图 3-66 所示。

姓名
班级
学号

图 3-65　选定整列示意图

姓名	班级	学号

图 3-66　选定整行示意图

2）插入单元格、行、列

（1）选中目标位置：点击要插入行的位置下方的任意一个单元格，或点击行号选择一行或多行（若要多行同时插入，需选中相同数量的行）。

（2）右键弹出菜单：右键点击选中的单元格或行号，在弹出的菜单中，鼠标移动到"插入"选项上，选择插入的类型，如图 3-67 所示。

（3）选择插入类型：可以选择"在左侧插入列""在右侧插入列""在上方插入行""在下方插入行"等命令，即可完成行、列或单元格的插入。

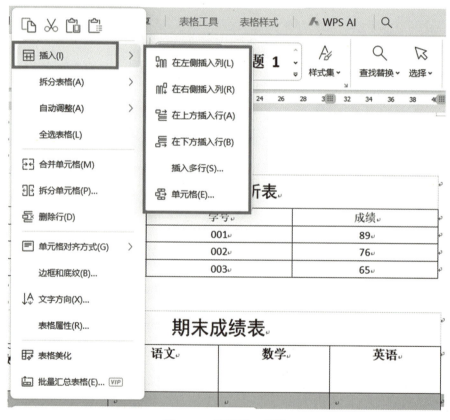

图 3-67　选择插入类型

5. 调整表格的行宽和列高

在 WPS 文档中，调整表格的行宽（列宽）和列高（行高）是常见的操作，有助于更好地展示数据。以下是具体的调整方法。

1）使用鼠标直接调整

（1）调整行高：选中需要调整的行，在菜单栏中选择"表格工具"选项卡，点击"表格行高"选项，直接设置行高 ⯠ 0.55厘米 ⟨⟩，如图 3-68 所示。

图 3-68　设置"表格工具"中的"行高"选项

（2）调整列宽：选中需要调整的列，在菜单栏中选择"表格工具"选项卡，点击"表格列宽"选项，直接设置列宽 ⯠ 4.94厘米 ⟨⟩，如图 3-68 所示。

2）自动调整

选中需要调整的行或列，点击鼠标右键，将鼠标移动到"自动调整"选项，下拉列表中可以选择"根据窗口调整表格""根据内容调整表格""平均分布各行"等，如图 3-69 所示。

图 3-69　"自动调整"选项

6. 合并和拆分单元格

1）合并单元格

（1）直接通过单击鼠标右键实现合并单元格。如果需要合并表格中的部分单元格，可以先选中这些单元格，然后在选中的单元格单击右键，选择"合并单元格"选项，即可将这些单元格合并为一个，如图 3-70 所示。

图 3-70　选择右键菜单的"合并单元格"选项

（2）通过菜单栏上的表格工具进行合并。如果需要合并表格中的部分单元格，可以先选中这些单元格，点击菜单栏中的"表格工具"，再点击"合并单元格"选项，即可将这些单元格合并为一个，如图 3-71 所示。

图 3-71　"表格工具"下的"合并单元格"选项

2）拆分单元格

（1）直接通过鼠标右键拆分单元格。将光标移动到需要拆分的行或者列的位置，单击鼠标右键，选择"拆分单元格"选项，即可将这些单元格拆分开，如图 3-72 所示。

（2）通过菜单栏上的表格工具进行拆分。如果需要拆分表格中的部分单元格，可以先选中需要进行拆分的单元格，点击菜单栏中的"表格工具"，再点击"拆分单元格"的选项，即可将这些单元格拆分开，如图 3-73 所示。

图 3-72　选择右键菜单的"拆分单元格"选项

图 3-73　"表格工具"下的"拆分单元格"选项

7. 表格内容格式的设置

1）字体设置

（1）选中需要调整的单元格或单元格区域。

（2）在"开始"选项卡中，通过设置"字体""字号"的下拉列表框中直接设置字体、字号等，如图 3-74 所示。或者点击"字体""字号"功能区右下角的图标 ⌐，会弹出"字体"详细设置框，能在其中进行更多的设置，如图 3-75 所示。

图 3-74　"开始"选项卡下的"字体"设置

2）对齐方式设置

（1）通过"开始"选项卡设置：点击"开始"选项卡，可在"段落对齐"选项中设置对齐方式，如图 3-76 所示。

（2）通过"表格属性"进行设置：选中表格，点击鼠标右键选择"表格属性"（见图 3-77），弹出"表格属性"对话框进行设置，如图 3-78 所示。

图 3-75　字体的详细设置对话框

图 3-76　"开始"选项卡下的对齐方式

图 3-77　选择"表格属性"选项

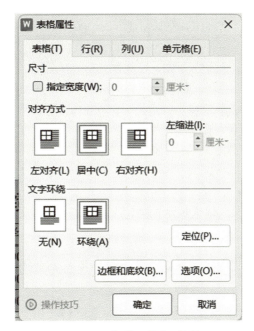

图 3-78　"表格属性"对话框

【任务实施】

任务 3.3　编辑人工智能平台调研报告

1. 任务分析

该任务涉及文档的创建、格式设置、内容调整、文本复制、页面布局设置、文档表格编辑以及最终转换为 PDF 格式并打印提交的全过程。要求按照指定的格式和逻辑顺序，对调研内容进行排版和美化，确保文档的专业性和可读性。

2. 任务要求

（1）利用任意一类 AIGC 工具生成《生成式人工智能技术发展调研报告》，字数约为 600 字，同时生成国内生成式人工智能平台调研表。

（2）打开 WPS Office，新建一个名为"生成式人工智能技术发展调研报告.docx"的文档。在文档首行输入标题"生成式人工智能技术发展调研报告"，并将其字体格式设置为"黑体、二号、加粗、居中对齐"。

（3）将正文部分的中文字体设置为"宋体、四号"，西文字体设置为"Times New Roman、四号"。设置正文段落首行缩进 2 个字符，行距为 1.25 倍。

（4）点击"页面布局"选项卡，设置上、下、左、右页边距均为 2.5 厘米。选择纸张大小为"A4"，设置文档方向为纵向。

（5）将 AIGC 工具生成的《生成式人工智能技术发展调研报告》文本复制到 Word 文档中。

（6）调研表格标题：国内生成式人工智能平台调研表；列标题：平台名称、平台简介、技术特点、应用场景；行数据：每行数据对应一个调研的人工智能平台，确保信息完整、准确。

（7）表格格式设置。

表格标题应使用"黑体、三号"字体，合并单元格居中显示，标题行高为 1.20 厘米。列标题字体使用"加粗、宋体、四号"，行高设置为 0.66 厘米，居中显示，以区分于内容。内容字体统一使用"宋体、五号"，居中显示。边框为网格。

（8）将文档转成 PDF，并打印提交。

3. 任务实现

1）利用 AIGC 工具生成文本

（1）选择 DeepSeek 工具，输入提示词"请帮我生成一篇主题为生成式人工智能技术发展调研报告"，如图 3-79 所示。

图 3-79　在对话框输入提示词

（2）DeepSeek 输出的文本内容较多，不满足文档要求的 600 字左右，如图 3-80 所示。因此需要追加提示词"内容要求在 600 字左右"，如图 3-81 所示。

图 3-80　生成的《生成式人工智能技术发展调研报告》内容

（资料来源：AIGC 平台——DeepSeek）

图 3-81　在对话框输入追加提示词

此时 AIGC 工具就会生成一篇满足要求的内容。但应注意，它生成的内容只能起到参考的作用，用户还需对生成的内容进一步修改。

（3）输入提示词"以三个平台为例，帮我制作一个国内生成式人工智能平台调研表，并以表格的形式展示其平台简介、技术特点、应用场景"，如图 3-82 所示。

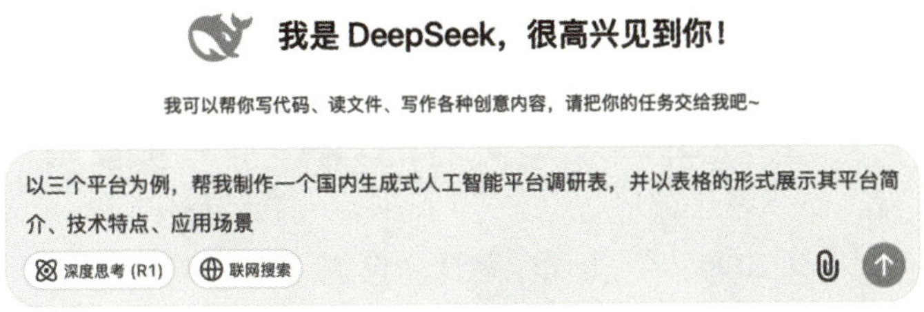

我是 DeepSeek，很高兴见到你！

我可以帮你写代码、读文件、写作各种创意内容，请把你的任务交给我吧~

以三个平台为例，帮我制作一个国内生成式人工智能平台调研表，并以表格的形式展示其平台简介、技术特点、应用场景

⊠ 深度思考 (R1)　⊕ 联网搜索　　　　　　　　　　⟟ ↑

图 3-82　在对话框输入生成国内生成式人工智能平台调研提示词

2）创建 Word 文档并设置标题

（1）打开 WPS Office，新建一个 Word 文档。双击 WPS Office 图标，点击右上角"新建"按钮，在 Office 文档模块单击选择"文字"，点击"空白文档"，创建 Word 文档。

（2）点击左上角"保存"按钮，选择文档保存位置，并将文件名称命名为"生成式人工智能技术发展调研报告.docx"，点击"保存"按钮。

（3）在文档首行输入标题"生成式人工智能技术发展调研报告"。选中该题目，切换到"开始"选项卡，并设置标题字体为"黑体、二号、加粗、居中对齐"。

3）设置正文格式

（1）设置字体字号。将光标挪动到空白区域，右击鼠标，选择"字体"，打开"字体"对话框，将中文字体设置为"宋体"，字号设为"四号"。西文字体设置为"Times New Roman"。

（2）设置段落。将光标挪动到空白区域，右击鼠标，选择"段落"，打开"段落"对话框；在"对齐方式"目录下选择"左对齐"，在"特殊格式"目录下选择"首行缩进"，"度量值"设为 2 个字符；在行距目录下选择"多倍行距"，设置值为 1.25 倍。

4）设置页面布局

点击"页面"选项卡，设置上、下、左、右页边距均为 2.5 厘米；点击"纸张大小"下拉按钮，选择纸张大小为"A4"；点击"纸张方向"，选择"纵向"，设置文档方向为纵向。

5）复制 AIGC 生成的文本

打开 DeepSeek 生成的《生成式人工智能技术发展调研报告》文本，点击对话框左下角复制按钮，实现文本内容的复制；将光标挪到 Word 文档的空白处，右击鼠标，选择"只粘贴文本"选项，将复制的文本粘贴到 Word 文档中；检查生成内容是否正确，且符合逻辑，对生成的内容进行修改与更正。

6）设计表格标题结构

（1）新建表格。将光标挪到报告文本的末尾空白处，点击"插入"选项卡，在文档中插入一个五行四列的表格。

（2）设置标题。在第一行第一列单元格中输入"国内生成式人工智能平台调研表"，实现表格标题的设置。

（3）设计列标题。在表格的第二行依次输入平台名称、平台简介、技术特点、应用场景，实现表格列标题设计。

7）设置表格格式

（1）设置标题。选中标题"国内生成式人工智能平台调研表"，切换到"开始"选项卡，设置表格标题字体为"黑体"，字号为"三号"。全选第一列单元格，右击鼠标，单击"合并单元格"，点击"开始"选项卡中的"居中对齐"，实现标题的居中显示。切换到"表格工具"选项卡，设置表格行高为 1.20 厘米，实现标题行高设置。

（2）设置列标题。选中第二列文字，切换到"开始"选项卡，选择"加粗"实现列标题字体加粗，在字体栏中选择"宋体"，字号栏中选择"四号"，再点击"居中对齐"使得列标题居中。切换到"表格工具"选项卡，设置表格行高为 0.66 厘米，实现标题行高设置。

（3）设置正文。选中第三行、第四行、第五行所有单元格，切换到"开始"选项卡，设置字体为"宋体"，字号为"五号"，再点击"居中对齐"使得列正文居中。

（4）设置边框。点击表格右上角 ⠿ 图标，实现表格全选。切换到"表格样式"选项卡，点击"边框"旁边的下拉键，选择"边框和底纹"，打开"边框和底纹对话框"对话框，在"设置"栏下选择"网格"实现边框设置。

8）转换为 PDF 并打印提交

点击"文件"菜单，选择"另存为"，选择"文件类型"为 PDF 格式，保存文档。打开生成的 PDF 文件，进行打印并提交。

任务 3.4　任务实施

3.4　AIGC 毕业论文编排应用

【任务描述】

任务 3.5　长文档编排

随着学术规范要求的不断提高，毕业论文的质量标准和格式规范日益严格。本任务需借助 WPS 软件，对"毕业论文.docx"文档进行全方位编辑与排版，涵盖调整页面布局、设计封面、运用分隔符、设置页眉页脚、生成优化目录以及输出加密 PDF 文档等操作，从而完成一份符合规范的毕业论文文档制作。

【任务准备】

3.4.1　AIGC 辅助资料检索与整理

在毕业论文的撰写过程中，资料检索与整理是至关重要的一环。它不仅决定了论文内容的丰富度和准确性，还直接影响到论文的逻辑结构和学术价值。传统的资料检索与整理方式往往耗时费力，且容易遗漏重要信息。而 AIGC 技术的出现，为这一环节带来了革命性的变革。本节将详细介绍如何利用 AIGC 技术辅助毕业论文的资料检索与整理工作。

1. AIGC 在资料检索中的应用

1）智能搜索与推荐

AIGC 技术能够基于自然语言处理技术，理解用户的搜索意图，并智能推荐相关文献资源。用户只需输入关键词或短语，AIGC 系统就能迅速从海量数据库中筛选出与主题紧密相关的文献，大大节省了搜索时间。此外，AIGC 还能根据用户的搜索历史和偏好，提供个性化的文献推荐，帮助用户发现更多有价值的资料。

2）跨语言检索

对于需要查阅外文文献的毕业论文来说，跨语言检索是一个难题。AIGC 技术具备强大的语言翻译和识别能力，能够支持多语言检索。用户可以用母语输入搜索词，AIGC 系统则能自动将其翻译成目标语言进行检索，并返回相关文献。这极大地拓宽了资料检索的范围，提高了检索效率。

3）语义理解与深度搜索

AIGC 技术能够深入理解搜索词的语义，进行深度搜索。它不仅能找到包含搜索词的直接相关文献，还能挖掘出与搜索词在概念上、逻辑上相关联的文献。这种深度搜索能力有助于用户发现更多潜在的有价值资料，丰富论文内容。

2. AIGC 在资料整理中的应用

1）文献分类与标签化

AIGC 技术能够自动对检索到的文献进行分类和标签化。它可以根据文献的主题、关键词、作者等信息，将文献归类到不同的文件夹或标签下，方便用户快速查找和管理。同时，AIGC 还能为每篇文献生成摘要和关键词，帮助用户快速了解文献的主要内容。

2）知识图谱构建

AIGC 技术能够基于检索到的文献，构建知识图谱。知识图谱是一种将实体、概念及其关系以图形化方式展示的技术，它有助于用户直观地理解文献之间的关联和逻辑结构。通过知识图谱，用户可以清晰地看到某个主题下的研究热点、发展趋势以及不同研究之间的关联，为论文的撰写提供有力的支持。

3）自动摘要与总结

对于长篇文献，AIGC 技术能够自动生成摘要和总结。它可以从文献中提取出关键信息，用简洁明了的语言概括文献的主要内容。这有助于用户快速了解文献的核心观点，节省阅读时间。同时，自动摘要和总结还可以作为论文中引用文献的简要介绍，提高论文的可读性。

3. AIGC 辅助资料检索与整理的实践建议

1）合理利用 AIGC 工具

目前市面上已经有许多成熟的 AIGC 工具可供使用，如智能搜索引擎、文献管理软件等。用户应根据自己的需求选择合适的工具，并熟练掌握其使用方法。同时，也要注意保护个人隐私和数据安全，避免在使用 AIGC 工具时泄露敏感信息。

2）结合人工审核与判断

虽然 AIGC 技术在资料检索与整理方面表现出色，但它仍然存在一定的局限性。例如，对于某些复杂或模糊的问题，AIGC 可能无法给出准确的答案。因此，在使用 AIGC 技术时，用户应结合人工审核与判断，确保检索到的资料准确可靠。

3）持续学习与更新

AIGC 技术是一个不断发展的领域，新的算法和模型不断涌现。用户应持续关注 AIGC 技术的最新动态，学习新的方法和技巧，以便更好地利用 AIGC 技术辅助毕业论文的资料检索与整理工作。

4. 典型案例分析

例如，用户想要获取 2019—2024 年与智能交通信号优化相关的且影响因子≥3.0 的文献数据，可以在 AIGC 工具对话框中输入提示词：“找出符合以下条件的文献。领域：智能交通信号优化；关键词：强化学习、拥堵预测、边缘计算；限制：2019—2024 年；影响因子≥3.0。”返回结果如图 3-89 所示。

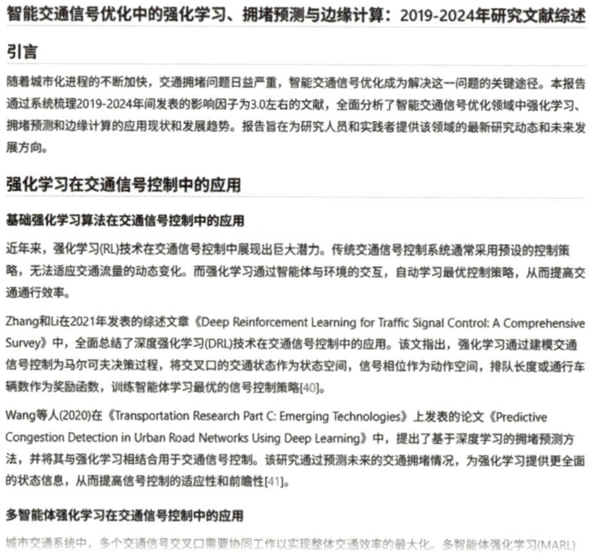

智能交通信号优化中的强化学习、拥堵预测与边缘计算：2019-2024年研究文献综述

引言

随着城市化进程的不断加快，交通拥堵问题日益严重，智能交通信号优化成为解决这一问题的关键途径。本报告通过系统梳理2019-2024年间发表的影响因子为3.0左右的文献，全面分析了智能交通信号优化领域中强化学习、拥堵预测和边缘计算的应用现状和发展趋势。报告旨在为研究人员和实践者提供该领域的最新研究动态和未来发展方向。

强化学习在交通信号控制中的应用

基础强化学习算法在交通信号控制中的应用

近年来，强化学习(RL)技术在交通信号控制中展现出巨大潜力。传统交通信号控制系统通常采用预设的控制策略，无法适应交通流量的动态变化。而强化学习通过智能体与环境的交互，自动学习最优控制策略，从而提高交通通行效率。

Zhang和Li在2021年发表的综述文章《Deep Reinforcement Learning for Traffic Signal Control: A Comprehensive Survey》中，全面总结了深度强化学习(DRL)技术在交通信号控制中的应用。该文指出，强化学习通过建模交通信号控制为马尔可夫决策过程，将交叉口的交通状态作为状态空间，信号相位作为动作空间，排队长度或通行车辆数作为奖励函数，训练智能体学习最优的信号控制策略[40]。

Wang等人(2020)在《Transportation Research Part C: Emerging Technologies》上发表的论文《Predictive Congestion Detection in Urban Road Networks Using Deep Learning》中，提出了基于深度学习的拥堵预测方法，并将其与强化学习相结合用于交通信号控制。该研究通过预测未来的交通拥堵情况，为强化学习提供更全面的状态信息，从而提高信号控制的适应性和前瞻性[41]。

多智能体强化学习在交通信号控制中的应用

城市交通系统中，多个交通信号交叉口需要协同工作以实现整体交通效率的最大化。多智能体强化学习(MARL)

图 3-89 利用 AIGC 平台进行文献检索

（资料来源：AIGC 平台——智谱清言）

3.4.2　论文格式编排与优化

在完成一篇文字文稿的编辑工作后，通常需要将其打印出来，以便于审阅、存档或分享。然而，仅仅完成文字内容的编辑是不够的，为了确保打印出来的文档能够达到美观、实用且符合需求的效果，在打印之前还需要进行一系列的版式设置。例如，选择合适的纸型，设置清晰的页眉和页脚，以及调整页面的边距和排版布局等。这些细节的处理能够使文档在视觉上更加整洁、规范，同时也能提升其整体的专业性。

单击"页面"选项卡右下角的箭头按钮（见图 3-90），可以打开"页面设置"对话框，如图 3-91 所示。

图 3-90　单击右下角的箭头按钮

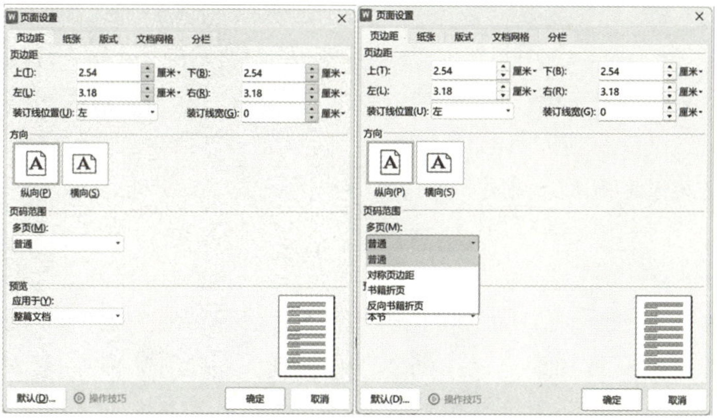

图 3-91　"页面设置"对话框

对话框中又包含了五个选项卡，从左到右分别是页边距、纸张、版式、文档网格和分栏，下面分别进行介绍。

1. 页边距

1）页边距

页边距用于设定文档内容与纸张上、下、左、右边缘之间的空白距离。通过调整这些数值，用户可以控制页面正文部分的位置和大小。例如，较大的页边距能使文档看起来更宽松，适合排版较重要、需保留较多空白用于批注的文档；较小页边距可容纳更多内容，但可能会显得拥挤。

2）装订线

装订线用于设置装订文档时预留的装订位置宽度。若文档需要装订成册，合理设置装订线能避免因装订导致内容被遮挡。比如胶装书籍，装订线通常设置在左侧；骑马钉装订，装订线可能在页面上方或中间。装订线位置提供"上"和"左"两个选项，决定装订线在纸张上的具体位置，与装订线宽配合，满足不同装订方式的需求。

3）方向

方向分为"纵向"与"横向"。"纵向"是默认页面方向，纸张高度大于宽度，契合常规文档如普通文章、报告、信件等以文字叙述为主且行数较多的排版需求，符合日常阅读习惯。"横向"则是纸张宽度大于高度，适用于宽表格较多的财务报表（因列数多纵向难以完整呈现，横向可清晰展示），同时也适用于包含宽幅图片、大型图表的文档，能避免因页面限制造成图表截断或过度缩放而影响清晰度。

4）页码范围

对称页边距：适用于双面打印文档，如书籍排版。选择此选项后，页面会呈现内侧和外侧页边距设置，内侧页边距宽度一致，外侧页边距宽度一致，使双面打印时页面装订后看起来更加对称、美观。

书籍折页：专门为书籍排版设计，它会根据纸张大小和页数自动计算并排列页面顺序，便于打印后直接装订成书。常用于页数较多的文档，如书籍、手册等。

5）应用于

应用于可选择"整篇文档""插入点之后""本节""所选文字"等。若选择"整篇文档"，则页边距设置会应用到整个文档；选择"插入点之后"，仅对插入点后面的内容生效；"本节"适用于分节的文档，仅改变当前节的页边距；"所选文字"会自动将所选文字内容设为新节，并应用该页边距设置。此功能方便用户根据实际需求灵活应用页边距设置。

2. 纸　张

1）纸张大小

在 WPS 软件的"纸张"选项卡中，"纸张大小"提供了多种预设规格，包括常见的 A4、A3、B5 等标准尺寸，能够满足大多数文档排版需求，如图 3-92 所示。如需特殊尺寸，可选择"自定义大小"功能，手动输入宽度和高度数值，支持厘米或英寸单位切换，适用于个性化排版需求，如特殊卡片设计、艺术作品打印等特定场景。

图 3-92　纸张大小设置

2）纸张来源

"纸张来源"用于指定打印纸张获取路径。多纸盒打印机中，不同纸盒可放不同纸张，通过此功能可按需选择，如打印封面用彩色纸，内页用普通纸。另外还能选择手动送纸通道，放入特殊纸张，满足特殊打印需求。

3. 版　式

在 WPS 软件的"页面设置-版式"选项卡中，可以对节、页眉和页脚、常规选项等进行设置，如图 3-93 所示。

1）节

"节"相关的设置会影响文档结构。"节的起始位置"有多种选择，如"新建页"会让新节从新页面开始，便于区分不同内容板块。"分节符类型"丰富，"下一页"强制分页开启新节；"连续"则使新节与前节同页，适用于同页内不同排版设置，满足多样化排版需求。

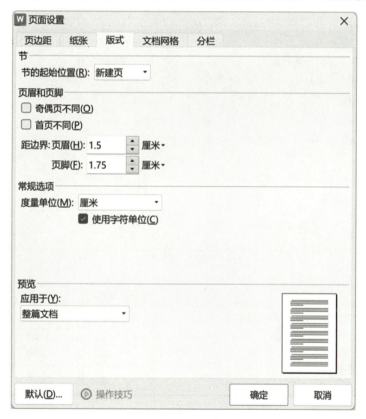

图 3-93　页面版式设置

2）页眉和页脚

"页眉和页脚"设置能优化文档细节。"奇偶页不同"可分别设计奇偶页页眉页脚，如书籍奇数页设章节标题，偶数页设书名。"首页不同"允许单独处理首页页眉页脚，打造独特封面。"距边界"可调整页眉页脚与页面边缘距离，通过设置不同度量单位，精准控制布局，使页面更美观。

3）常规选项

"常规选项"中的度量单位很实用，下拉菜单提供英寸、厘米、毫米、磅可选。英寸常用于美式排版习惯；厘米和毫米在日常办公、工程制图等广泛应用，方便直观度量；磅主要用于衡量字体大小及行间距等，调节更加精细。不同场景可按需选择，让排版数值设置更符合需求与习惯。

4. 文档网格

在 WPS 软件的"页面设置-文档网格"选项卡中，可以对文字排列、网格、字符数、行数等进行设置，如图 3-94 所示。

图 3-94　文档网格设置

1）文字排列

"文字排列"包含方向设置。方向有水平和垂直两种。水平是常见排版，符合大众阅读习惯，广泛用于普通文档。垂直排版独具特色，文字自上而下、从右至左，常营造传统中式风格，适用于古籍等。

2）网格

"网格"提供多种模式。"无网格" 下，排版自由，适合创意文档。"只指定行网格" 可设定每行字符数与每页行数，保证行间距一致，适用于诗歌等。"指定行和字符网格" 能精准控制字符、行跨度，用于格式要求严的文档。"文字对齐字符网格"能让文字对齐网格，使排版规整，常用于古籍或特殊格式文档。

3）字符数 / 行数

"字符数 / 行数" 可精确调控文档布局。"每行"设置决定每行容纳字符量，数值影响行宽与页面疏密，多则信息量大但可能拥挤，少则页面宽松。"每页"设定决定每页行数，结合"每行"设置，能预估页数，合理规划文档结构，确保内容分布合理。

5. 分　栏

在 WPS 软件的"页面设置-分栏"选项卡中，可以对预设、栏数、宽度和间距、分隔线等进行设置，如图 3-95 所示。

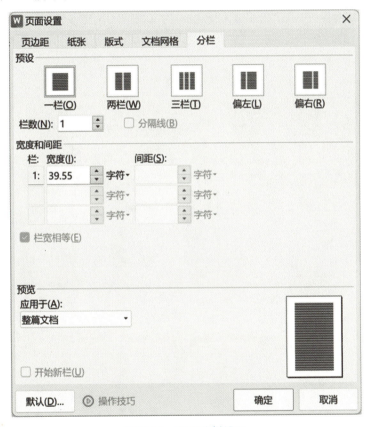

图 3-95　页面分栏设置

1）预设样式

"预设"样式丰富多样。"一栏"是常规单栏，适合普通报告、论文，方便连贯阅读。"两栏"将内容均分到两列，常见于报纸杂志，能增加信息展示。"三栏"把内容分布在三列，适用于宣传册等需展示更多信息的场景。"偏左""偏右"为两栏且侧重不同，可突出主次内容。这些预设满足多种排版需求。

2）栏数及宽度和间距

"栏数"设置灵活，除预设外，能手动输入具体数字，满足特殊分栏需求。"宽度和间距"调整则是优化布局关键。"宽度"决定每栏宽窄，"间距"控制栏间空白。通过合理设置，可让内容多的栏宽些，还能避免栏间过密或过疏，使页面内容展示更合理，提升阅读体验。

3）分隔线

"分隔线"功能实用。勾选后，每栏间会出现垂直线条。在分栏多或内容关联性弱时，"分隔线"能清晰区分各栏内容。比如在多栏排版的资料文档中，分隔线让各部分内容独立呈现，便于读者识别与阅读，增强页面排版清晰度与条理性。

6. 封面设计

在使用WPS编辑文字文稿的过程中，为文字文稿添加一个美观的封面是一个常见的需求。WPS提供了多种封面样式，使得用户能够轻松地为文稿插入风格各异的封面。无论当前的光标位置在哪里，插入的封面总是会位于文字文稿的首页。以下是在WPS文字文稿中插入封面的详细步骤。

（1）单击"插入"选项卡的"封面"按钮，弹出"封面"下拉列表，如图3-96所示。

图3-96　封面格式套用列表

（2）从"封面"下拉列表里挑选适宜的封面样式，此封面便会自动插入至文字文稿首页，原有的文字文稿内容将依次向后推移。

（3）若需删除该封面，可再次点击"插入"选项卡中的"封面"按钮，在弹出的"封面"下拉列表里，点击"删除封面页"选项就能完成操作。

7. 插入分隔符

在 WPS 中，分隔符具有多种实用功能，可有效优化文档排版，如图 3-97 所示。

图 3-97　页面分隔符选项卡

1）分页符

分页符强制文档在插入位置分页，使后续内容从新的一页开始。比如在撰写长篇报告时，不同章节间使用分页符，能确保各章节起始页清晰，方便阅读与管理。

2）分栏符

分栏符用于分栏排版时，在插入点强制分栏，使后面内容从下一栏起始。例如，在制作报纸风格的文档时，如果需要让某部分内容从新的一栏开始展示，就可以插入分栏符。

3）换行符

换行符实现文本在插入位置换行，但不产生新段落。像诗歌、地址等内容，需保持特定格式换行时，换行符可满足需求，避免段间距变化影响格式。

4）下一页分节符

插入后，新节从下一页开始，可在新节设置不同页面格式，如不同的页眉页脚、页边距等。例如文档封面与正文，可通过此分节符区分，为正文设置不同格式。

5）连续分节符

连续分节符使新节与前节在同一页开始，主要用于同一页内不同部分需设置不同排版格式的情况。如同一页中不同内容区域，设置不同的栏数、行距等。

6）偶数页分节符

偶数页分节符保证新节从偶数页起排，常用于书籍排版，使特定章节固定从偶数页开始，符合书籍排版习惯，如章节开头在偶数页。

7）奇数页分节符

奇数页分节符与偶数页分节符类似，使新节从奇数页起排，满足一些文档对特定章节起始页奇偶性的要求，如书籍中重要章节从奇数页开始。

8. 设置页眉、页脚

页眉和页脚是文档中位于页面顶部和底部的区域，用于添加重复性内容，如页码、日期、文档标题或公司名称等。页眉位于页面上方，页脚位于页面下方。它们可以增强文档的专业性和可读性，方便读者快速获取信息。在 WPS 文字中，用户可以通过"插入"选项卡中的"页眉"和"页脚"按钮进行设置，其支持多种样式和自定义内容；还可以设置不同的奇偶页显示，甚至能针对文档的不同节进行独立设计。这些功能在长文档、报告或书籍排版中尤为重要，有助于实现统一且美观的页面布局。接下来将分别介绍 WPS 中页眉、页脚的设置方法。

1）页眉设置

（1）打开需要设置页眉的 WPS 文档，在菜单栏中单击"插入"选项卡，并单击"页眉页脚"按钮，将自动弹出"页眉页脚"选项卡，如图 3-98 所示。

图 3-98　打开"页眉页脚"选项卡

（2）在 WPS 的"页眉页脚"选项卡中，用户可以通过点击"页眉"下拉按钮来浏览多种预设的页眉样式，如图 3-99 所示。这些样式包括空白的页眉以及内置的各种标题样式等，为用户提供了丰富的选择。根据具体文档的需求，用户可以轻松地从中挑选出最适合的页眉样式进行应用。

（3）选择页眉样式后，用户可以在此区域输入所需的页眉内容。同时，用户还可以对页眉内容的字体、大小、颜色等进行自定义设置，以增加文档的多样性。

（4）根据需要，用户还可以勾选"奇偶页不同"复选框，则可以分别设置奇数页、偶数页的页眉和页脚，以及设置页眉与页面边缘的距离等。

（5）完成页眉的编辑工作后，双击页眉编辑区域之外的任意位置，或单击"页眉页脚"选项卡右边的"关闭"按钮，便可退出页眉编辑模式，并保存所做的修改。

（6）如需删除文档中的页眉，可以在"页眉"下拉菜单中点击"删除页眉"按钮。

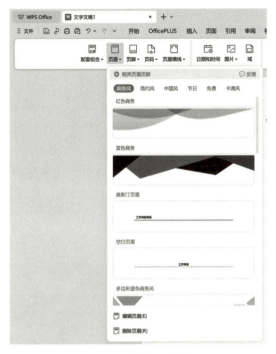

图 3-99　编辑页眉设置

2）页脚设置

（1）在"插入"选项卡中，单击"页眉页脚"按钮。点击"页脚"下拉按钮。与页眉设置类似，WPS 也提供了多种预设的页脚样式供用户选择。用户可根据需求选择合适的样式，并进入页脚编辑状态。

（2）在页脚编辑区域，用户可以输入页脚内容，如页码、版权声明等。WPS 还提供插入页码、当前日期等快捷功能，方便用户快速添加常用信息。

（3）如果需要设置页码格式（如数字格式、位置等），可在页脚编辑区域中找到页码设置选项进行调整。用户还可以进行是否在首页显示页码、是否区分奇偶页等高级设置。

（4）完成页脚内容编辑和格式设置后，双击页脚区域外的任意位置或点击"页眉页脚"选项卡右侧的"关闭"按钮，即可退出页脚编辑模式并应用更改。

9. 插入公式

在学术论文撰写以及数学试卷编写过程中，用户常常需在文字文稿里编写各类公式。然而，诸多符号难以通过键盘直接输入。WPS 自带丰富常用公式，用户可依据自身需求，直接插入这些内置公式，有效提升工作效率。

1）插入数学公式

将插入点置于需要插入公式的位置，单击"插入"选项卡中的"公式"下拉按钮，会弹出内置公式下拉列表，从中选择需要的公式，单击即可插入，如图 3-100 所示。

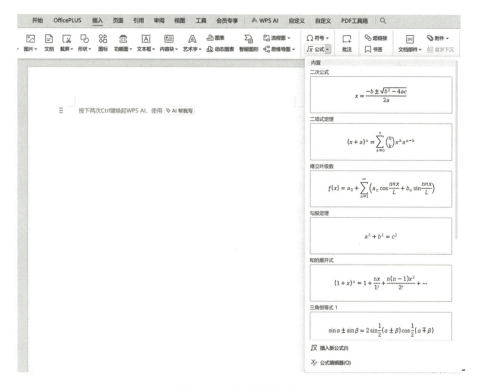

图 3-100　公式编辑插入

如果需要插入内置模板中未提供的新公式，可在内置公式列表中选择"插入新公式"选项。此时，功能区会显示"公式工具"选项卡。该选项卡包含上下两排按钮，分别是符号按钮和结构模板按钮。点击结构模板按钮，会弹出下拉列表，其中提供多种公式结构模板供用户选择。此外，通过点击"插入"选项卡中"符号"组的"公式"按钮，同样可以调出"公式工具"选项卡，如图 3-101 所示。

图 3-101　自定义公式工具选项卡

利用"公式工具"选项卡创建新公式时，用户只需挑选合适的公式输入模板，并在模板的各个预留位置填入变量名和常量。在此过程中，用户可通过移动鼠标指针来定位插入点，或使用"Tab"键在模板的不同插槽间切换。完成公式编辑后，只需在公式输入框之外的任意位置点击，公式就会自动嵌入到文字文稿当中。

2）修改数学公式

若需修改已输入的公式，只需点击该公式，在"公式工具"选项卡中可对公式内容进行编辑和调整。

3.4.3　论文目录生成

对于篇幅较长的文字文稿而言，目录有着不可或缺的作用。如学生在撰写毕业论文时，必定会用到目录功能。目录不仅能让人快速定位所需内容在文稿中的位置，还能清晰呈现文稿内容的分布与结构。借助 AIGC 工具，用户可快速生成目录。另外在 WPS Office 文字处理软件中，借助 "目录" 功能，系统可自动将文字文稿里应用的内部标题样式提取并生成目录。

1. AIGC 工具生成目录

当用户输入文档的标题、主要章节或大致内容时，AIGC 工具可以通过大语言模型迅速识别出文档的核心主题和关键信息点，从而自动生成一个符合逻辑的目录框架。这个框架能够体现文档的整体结构，为后续内容的填充提供清晰的指引。例如，在撰写学术论文时，用户仅需提供论文主题和大致内容方向，AIGC 工具即可输出包含摘要、引言、方法、结果、讨论、结论、参考文献等标准章节的目录框架，为论文撰写奠定基础，如图 3-102 所示。

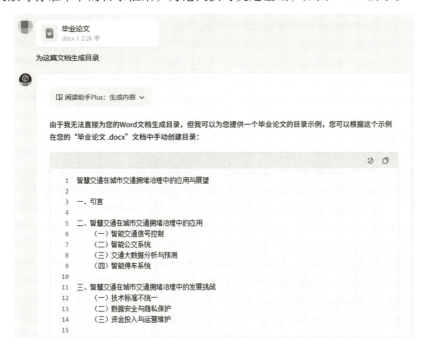

图 3-102　AIGC 工具为文档生成目录

（资料来源：文心一言）

2. WPS 自动生成、更新或删除目录

1）生成目录

（1）对文字文稿的各级标题进行格式化，可以使用系统预设的标题样式，也可以根据用户需求进行修改。

（2）将插入点置于要插入目录的位置。

（3）单击"引用"选项卡的"目录"按钮，在弹出的下拉列表框中选择所需的插入目录的样式，如图3-103（a）所示。单击"自定义目录"选项，打开"目录"对话框，如图3-103（b）所示。

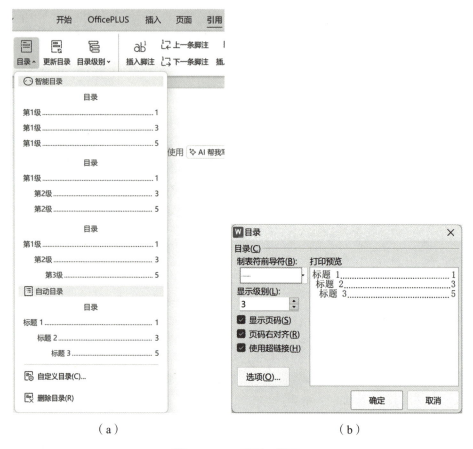

（a）　　　　　　　　　　　　（b）

图 3-103　目录引入设置

（4）在"目录"话框中，若选中"显示页码"和"页码右对齐"选项，生成的目录将自动标注各级标题对应的页码，并将页码对齐到右侧。

（5）在"制表符前导符"下拉列表框中选择一种制表符前导字符，即生成目录标题与页码之间的符号样式。

（6）在"显示级别"文本框中设置显示标题的级别，这里根据文本文档的目录级别来进行选择。

（7）单击"选项"按钮，打开"目录选项"对话框。"目录选项"对话框中可设置目录的样式，如图3-104所示。在该对话框的"有效样式"选项区域，前面带有 ✓ 的标题样式表示文字文稿中排版的标题将以该目录形式提取出来。

图 3-104　目录样式及大纲级别设置

（8）单击"确定"按钮，即可自动生成目录。

2）更新目录

当文档中的标题或内容发生变化时，用户需要手动更新目录以保持其准确性。点击目录任意位置，接着点击工具栏中的"更新目录"下拉按钮，选择"更新整个目录"或"仅更新页码"，如图 3-105 所示。虽然在某些情况下，WPS 可以自动识别标题变化并自动更新目录，但为了确保目录的准确性，建议定期手动检查并更新目录。

图 3-105　目录更新设置

3）删除目录

如需删除文档中的目录，用户只需要用鼠标左键选中待删除的目录，按"Del"或"Backspace"键即可。

3.4.4　编辑脚注和尾注与文档输出

1. 编辑脚注和尾注

脚注和尾注在文字文稿中扮演着为文本提供补充信息的重要角色，它们能够为文稿中的内容提供详细的解释、精准的批注以及相关的参考资料。具体而言，脚注常用于对文字文稿的具体内容进行针对性地注释说明，方便读者在阅读过程中及时了解相关信息。而尾注则主要用于说明引用的文献，清晰地呈现信息来源。从位置上看，脚注的注释部分会出现在该页的底部，读者翻阅到对应脚注号时就能快速看到相关注释。尾注的注释部分则会出现在整篇文字文稿的最后，这种设置有助于在不影响正文连贯性的前提下，集中展示引用文献等信息。

在 WPS 中加入脚注或尾注的方法如下：

（1）将插入点放置到要插入脚注或尾注的文字后面。

（2）单击"引用"选项卡"插入脚注"或"插入尾注"按钮，如图 3-106 所示。

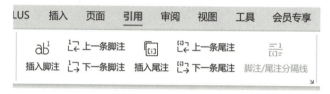

图 3-106　"插入脚注"与"插入尾注"按钮

（3）在文字所在页底部或尾部输入注释的内容。

注意，在被插入脚注的文字的右上角会出现上标"1""2""3"的阿拉伯数字，并以此类推；而尾注是使用罗马数字"Ⅰ""Ⅱ""Ⅲ"来进行标记的。当将鼠标悬停在脚注和尾注的上标时，能够快速查看到该标号对应的脚注或尾注的文本内容。

2. 文档输出

WPS 文字的文档输出功能丰富多样，能够满足用户在不同场景下的需求。它支持将文档输出为 PDF 格式，便于跨平台分享和防止内容被编辑；还可输出为 OFD 格式，符合国内电子文件标准，适用于电子公文和档案管理。此外，用户可以将文档页面输出为图片，方便嵌入其他设计中；或转换为脑图，快速梳理思路和提取关键信息。WPS 文字还能将文档内容一键生成 PPT 幻灯片，简化演示文稿的制作流程。这些功能不仅提升了文档的灵活性和可用性，还为用户提供了高效、便捷的文件处理体验。

1）输出为 PDF

WPS Office 具备将文档转换为 PDF 格式的功能。这一功能非常实用，因为它确保了文档的排版和格式在不同设备和平台上都能保持一致。用户只需在 WPS 中打开想要转换的文档，然后通过菜单栏的"文件"选项，选择"输出为 PDF"，即可轻松完成转换。此外，WPS 还提供了丰富的 PDF 设置选项，如添加水印、设置密码等，以满足用户的个性化需求。

2）输出为 OFD

除了 PDF 格式外，WPS 还支持将文档输出为 OFD 格式。OFD 是一种开放的固定版面文档格式标准，由中国自主开发，具有高度的兼容性和安全性。通过 WPS 的"输出为 OFD"功能，用户可以轻松地将文档转换为 OFD 格式，以便在不同设备和平台上进行分享和查阅。这一功能特别适用于需要长期保存或广泛传播的文档。

3）输出为图片

WPS 还提供了将文档内容输出为图片的功能。用户可以选择将整个文档或文档中的特定页面转换为图片格式。这一功能在需要将文档内容以图像形式展示或分享时非常有用。通过

WPS 的"输出为图片"选项，用户可以轻松地将文档内容转换为 JPEG、PNG 等常见图片格式，并保存在本地或分享给他人。

4）输出为脑图

WPS 的文档输出功能还包括将文档内容转换为脑图（思维导图）的选项。这一功能特别适用于需要将文档中的信息以结构化的方式展示或分析时。用户可以选择将文档中的标题、段落或列表等内容转换为脑图节点，并通过 WPS 的脑图编辑功能进行进一步的调整和美化。转换后的脑图可以清晰地展示文档中的信息层次和逻辑关系。

5）输出为 PPT

最后，WPS 还支持将文档内容输出为 PPT（PowerPoint 演示文稿）格式，如图 3-107 所示。这一功能对于需要将文档内容以演示形式展示的用户来说非常实用。用户可以选择将文档中的特定页面或整个文档转换为 PPT 幻灯片，并通过 WPS 的 PPT 编辑功能进行进一步的排版和设计。转换后的 PPT 文件可以在任何支持 PowerPoint 的设备上进行播放和展示。

图 3-107　Word 文档输出为演示文稿格式

【任务实施】

1. 任务分析

任务包含打开已有文档"毕业论文.docx"，在页面布局方面精确设置页边距、装订线、页面方向等参数，同时确定文字排列和网格模式；封面设计要挑选合适样式并准确填写信息；分隔符的使用需要区分章节和封面正文；页眉、页脚要依规定设置内容、格式及页码；目录应按标题层级生成并优化；最后输出为加密 PDF 格式。任务需要严格依照给定格式和逻辑流程处理，通过对各部分排版优化，提升文档专业性与可读性，使其达到毕业论文的标准。

2. 任务要求

1）页面布局调整

（1）打开"毕业论文.docx"文档，上、下、左、右页边距分别设置为 2.5 厘米、2 厘米、3 厘米、2 厘米；装订线选择"左"，宽度设为 0.8 厘米；页面方向设置为"纵向"；"纸张大小"下拉菜单中选择"A4"；页眉距边界设置为 1.2 厘米，页脚距边界设置为 1 厘米，度量单位选择"厘米"。

（2）文字排列方向选择"水平"，"网格"区域选择"指定行和字符网格"模式，"每行"设为 39 个字符，"每页"设为 42 行。

2）封面个性化设计

（1）选择契合毕业论文风格的封面样式，如学术风封面模板。

（2）在封面的相应位置，依次填写论文题目、作者姓名、专业、指导教师、提交日期等信息。

3）分隔符合理运用

（1）论文不同章节（如摘要、绪论、正文、结论等）之间应插入"分页符"，使各章节从新的一页开始。

（2）由于封面与正文格式差异较大，将光标定位在封面内容之后，点击"页面"选项卡中的"分隔符"按钮，在下拉菜单中选择"下一页分节符"，方便后续对正文单独进行格式设置。

4）页眉页脚设置

（1）"页眉页脚"选项卡中点击"页眉"下拉按钮，选择一种合适的样式。在奇数页页眉处输入"四川交通职业技术学院毕业论文"，在偶数页页眉处输入当前章节标题。设置字体为"宋体"，字号为"10 磅"，颜色为深灰色，页眉与页面边缘距离为 1 厘米。

（2）插入页码，在"页码"设置中，选择页码格式为阿拉伯数字，位置设置在页面底部靠右。取消首页页码勾选，使首页不显示页码。

5）目录自动生成与优化

根据论文标题的层级结构，合理设置"显示级别"，一般毕业论文可设置为 3 级。

6）输出为 PDF

将文档输出为"毕业论文.pdf"，并在"输出设置"中为文档加密，密码设置为"svtcc2025"。

【项目训练】

一、单选题

1. 在 WPS 文字处理中，以下哪个快捷键可以快速保存文档？（   ）

A. Ctrl + S   B. Ctrl + C   C. Ctrl + V   D. Ctrl + Z

2. 在 WPS 中，如何设置文档的页面边距？（   ）

A. 通过"插入"菜单   B. 通过"页面布局"菜单

C. 通过"审阅"菜单   D. 通过"视图"菜单

3. 在 WPS 表格中，如何快速调整行高和列宽？（   ）

A. 右键点击表格，选择"表格属性"　　　B. 拖动表格线

C. 使用"格式刷"工具　　　　　　　　D. 使用"查找与替换"功能

4. 以下哪项是 AIGC 工具的主要功能？（　　　）

A. 生成图片　　　　　B. 生成文本　　　　C. 编辑视频　　　　　D. 制作表格

5. 在 WPS 中，如何为文档生成目录？（　　　）

A. 通过"插入"菜单中的"目录"选项

B. 通过"页面布局"菜单中的"分隔符"选项

C. 通过"审阅"菜单中的"批注"选项

D. 通过"视图"菜单中的"导航窗格"选项

二、多选题

1. 在 WPS 文字处理中，以下哪些操作可以通过"开始"菜单完成？（　　　）

A. 设置字体格式　　　　　　　　　　B. 设置段落格式

C. 插入图片　　　　　　　　　　　　D. 插入表格

2. 在 WPS 中，以下哪些功能可以用于优化文档排版？（　　　）

A. 设置页眉页脚　　　　　　　　　　B. 插入分隔符

C. 设置样式和格式　　　　　　　　　D. 使用 AIGC 工具生成文本

3. 在 WPS 表格中，以下哪些操作可以调整表格结构？（　　　）

A. 合并单元格　　　B. 拆分单元格　　　C. 调整行高和列宽　　D. 插入公式

4. 以下哪些是写作类 AIGC 工具的常见应用场景？（　　　）

A. 生成创意文案　　　B. 优化文章结构　　　C. 翻译文本　　　　D. 制作演示文稿

5. 在 WPS 中，以下哪些操作可以用于编辑毕业论文？（　　　）

A. 设置页面布局　　　　　　　　　　B. 插入脚注和尾注

C. 生成目录　　　　　　　　　　　　D. 使用 AIGC 工具生成内容

三、判断题

1. 在 WPS 中，可以通过"查找与替换"功能批量修改文档中的特定文本。（　　　）

2. AIGC 工具只能生成文本内容，无法对现有文本进行优化。（　　　）

3. 在 WPS 表格中，合并单元格后，原有单元格的内容会被删除。（　　　）

4. 在 WPS 中，页眉页脚的设置只会影响当前页面，不会影响整个文档。（　　　）

5. 在 WPS 中，插入的分隔符可以用于控制文档的分页、分节等排版效果。（　　　）

6. AIGC 工具的提示词设计对生成内容的质量没有影响。（　　　）

7. 在 WPS 中，可以通过"样式和格式"功能快速统一文档的标题、正文等格式。（　　　）

8. 在 WPS 表格中，调整行高和列宽只能通过手动拖动表格线完成。（　　　）

项目 4
AIGC 在 WPS 表格处理中的应用

 **知识图谱**

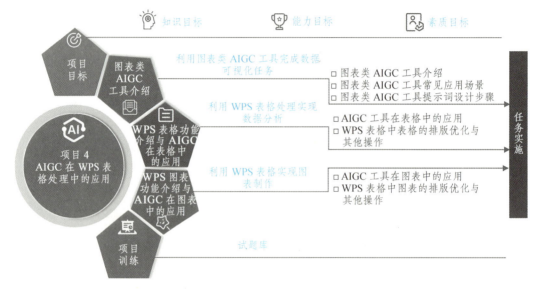

图 4-1　项目 4 知识图谱

✎ **知识目标**

- 掌握 Excel 窗口的基本组成及功能。
- 熟悉工作簿的打开、关闭、新建、保存、共享操作。
- 掌握工作表的重命名、复制、移动、隐藏、显示技能。
- 理解工作表窗口的拆分、冻结窗格功能。
- 学会行列的插入、删除、调整大小及格式设置。
- 精通单元格的选定、编辑、格式化及数据验证操作。
- 了解 AIGC 平台表格处理功能。

能力目标

- 能够准确输入文本和数字，并设置格式。
- 熟练使用公式进行计算，包括基础运算和函数应用。
- 掌握数据分析统计方法，如排序、筛选、条件格式等。
- 学会数据的高级筛选、分类与汇总。
- 能够建立和管理数据透视表格。
- 能够利用 AIGC 平台实现表格的简单处理。

素质目标

- 培养细致耐心的数据处理态度。
- 提升逻辑思维和数据分析能力。
- 增强团队协作和信息共享意识。

4.1　图表类 AIGC 工具介绍

【任务描述】

任务 4.1　利用图表类 AIGC 工具完成数据可视化任务

在当今数据驱动的时代，高效、准确地呈现数据是各行各业的核心需求之一。本任务利用图表类 AIGC 工具（如 WPS AI、GitMind 等），完成从原始数据到可视化图表的全流程操作。学生需根据给定的数据或场景，选择合适的工具，设计并生成符合需求的图表，最终提交可视化成果及操作说明。

【任务准备】

4.1.1　图表类 AIGC 工具介绍

图表类 AIGC 的核心技术包括深度学习、自然语言处理、计算机视觉等。这些技术使机器能够理解数据、分析数据，并基于数据生成图表。例如，深度学习模型可以通过训练数据学习图表的生成规则，然后基于这些规则生成新的图表。自然语言处理技术可以帮助机器理解用户的输入指令，从而生成符合用户需求的图表。计算机视觉技术则可以用于图像图表的生成与处理，如自动调整图表布局、优化图表视觉效果等。

常用的图表类 AIGC 工具如文心一言、WPS AI、墨刀、亿图脑图、GitMind 等，这类工具在协作方面具有较强的生成或辅助生成图表的能力。这类工具关于图表生成方面的对比情况如表 4-1 所示。

表 4-1　图表类 AIGC 工具对比

工具名称	主要特点	相对优势
文心一言	利用强大的自然语言处理技术，生成多种类型的图表，同时支持智能化的编辑与便捷的分享功能	上手简单；无须安装软件，随时随地访问
WPS AI	WPS Office 办公软件内置的一款人工智能助手，它不仅能够轻松创建基础图表，还具备执行复杂数据分析任务的能力	与金山文档其他产品无缝集成，适合金山软件生态内的用户；界面友好，适合初学者
墨刀	AI 功能覆盖广，可生成多种可交互高级组件、流程图、思维导图等；AI 助手能根据简单描述生成组件并支持复杂交互；集成 AI 对话能力，可辅助学习使用技巧	AI 生成组件功能强大且支持交互，能大幅提升原型设计效率，适用于产品设计等多种场景
亿图脑图	与多种系统兼容，可创建思维导图、流程图等多种图表；支持实时协作	兼容性强，功能综合，适合团队协作创建多种类型的图表
TreeMind 树图	操作简单，易于上手；有丰富主题和模板；支持跨平台文件同步、多人管理团队文件和多人同时编辑；有 AI 智能助手	操作流畅，免费版基本功能够用，适合低频使用者，付费版无节点和字数限制，素材丰富
GitMind 思乎	全平台免费在线思维导图软件，有 AI 一键生成思维导图功能，还支持多人协作、实时同步编辑及演说模式等	功能全面，AI 辅助与协作功能出色，全平台免费，适合团队协作和演示
boardmix 博思白板	集成 AIGC、一键 PPT、思维导图、笔记文档等功能；有 AI 智能助手，提供无限画布创作空间；支持多人实时协作、多格式导入导出和历史版本管理	AI 能力多样，无限画布利于创意发挥，多人协作功能强大，适用于团队头脑风暴和项目规划等

图表类 AIGC 工具具有以下特点：

高效性：相比传统手工绘制图表，AIGC 可以在短时间内生成大量图表，提高生产效率。

准确性：AIGC 能够基于数据自动生成准确的图表，减少人为错误。

个性化：根据用户需求和偏好，生成高度个性化的图表，提升用户体验。

创新性：通过机器学习和数据分析，AIGC 能够发现和创造出新的图表形式和创意。

4.1.2　图表类 AIGC 工具常见应用场景

1. 文字表格转换

日常撰写文档时经常会出现数据齐全，但需要画图以直观展示成果的情况。此时，可以利用 AIGC 图表类工具快速实现文字到表格的转换。

例如，利用文心一言可以快速地将这段话转换成表格：

姓名 性别 班级 语文成绩 数学成绩 英语成绩

李浩然 男 初一一班 90 92 83

李明 男 初一一班 86 74 79

王煜祺 男 初一一班 81 89 76

只需要在文心一言对话框输入上述内容（见图 4-2），即可出现结果表格，如图 4-3 所示。

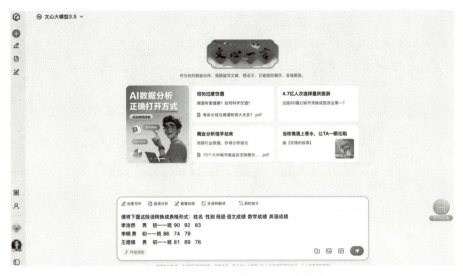

图 4-2　文心一言对话框中输入文字内容

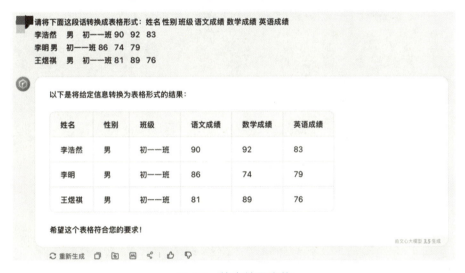

图 4-3　输出结果表格

注：图表中涉及的人名及其相关信息皆为虚构，后同。

2. 学术研究与报告

在撰写学术论文、研究报告时，作者常常需要将大量的数据、理论和研究思路以清晰的图表形式呈现，方便读者理解。图表类 AIGC 工具可以根据研究数据和分析结果，快速生成准确、规范的图表，如柱状图、折线图、饼图、思维导图等，用于展示研究方法、实验数据、理论框架等内容。

例如：在进行一项关于不同教育方法对学生成绩影响的研究时，研究者可以使用 GitMind 思乎生成思维导图。

（1）在文本对话框中输入提示词："以'不同教育方法对学生成绩的影响'为中心主题，然后添加分支，分别阐述不同的教育方法（如传统讲授法、小组合作学习法、项目式学习法等）。

在每个分支下，可以进一步细分，如该教育方法的具体实施步骤、适用的学科领域、对学生成绩提升的具体表现等。"如图 4-4 所示。

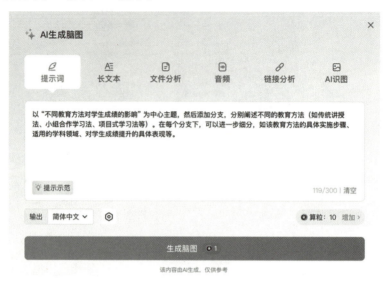

图 4-4　GitMind 思乎对话框输入提示词

（2）小思助理就会根据要求生成脑图大纲，如图 4-5 所示。此时用户可以检查脑图大纲，并按照自身需求对大纲进行调整。

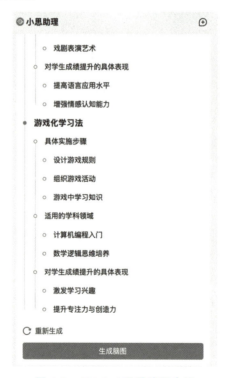

图 4-5　GitMind 思乎脑图大纲

（资料来源：AIGC 平台——GitMind 思乎）

（3）点击生成脑图，得到最终的结果，如图 4-6 所示。当然，若生成的脑图不能完全表达出用户的想法，用户可以在生成的脑图上进行修改，还可以通过插入图片、链接等方式，将相关的研究文献、实验数据等资料添加到思维导图中，使整个研究思路更加清晰、直观。

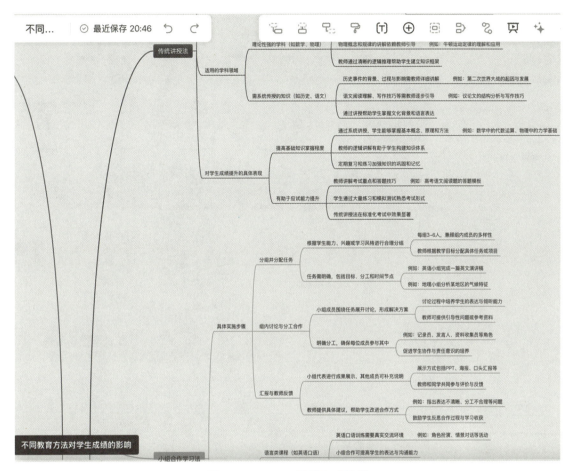

图 4-6　GitMind 思乎生成脑图

（资料来源：AIGC 平台——GitMind 思乎）

3. 商业分析与决策

企业在进行市场调研、竞品分析、销售数据分析等商业活动时，需要对大量的数据进行整理和分析，以便做出正确的决策。图表类 AIGC 工具可以将复杂的数据转化为直观的图表，如柱状图、折线图、饼图、漏斗图等，帮助企业管理者快速了解市场趋势、产品销售情况、客户需求等信息，从而制定合理的商业策略。

例如：某家用电器销售公司可以利用使用 boardmix 博思白板分析不同月份的销售额变化。

（1）打开 boardmix 博思白板界面（见图 4-7），选择"新建白板"，弹出工作界面（见图 4-8），点击红色方框按钮，选择图表，出现图表界面，如图 4-9 所示。

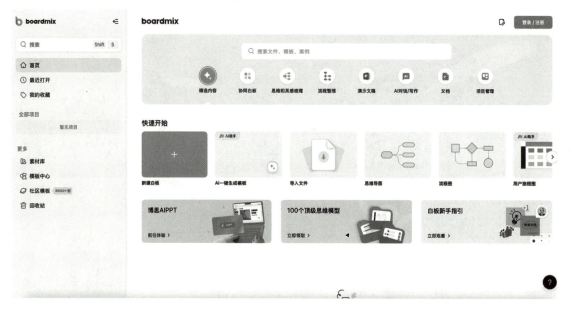

图 4-7　boardmix 博思白板主界面

图 4-8　boardmix 博思白板工作界面

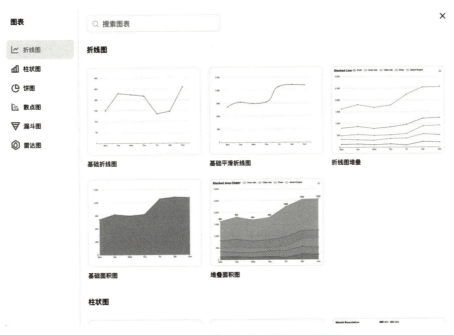

图 4-9　boardmix 博思白板 "图表" 子菜单

（2）点击 "折线图"，选择 "基础折线图"，出现如图 4-10 所示界面。点击右上角的 "编辑数据"，将整理好的数据输入，然后点击 "添加到画布"，快速生成折线图展示各季度销售额的变化趋势。

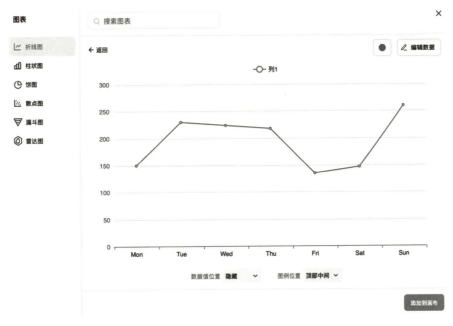

图 4-10　boardmix 博思白板 "基础折线图" 界面

同时，团队成员可以在白板上进行实时协作，添加注释、评论和分析意见，共同探讨销售数据背后的原因，如市场推广活动的效果、产品竞争力的变化等，从而为公司的产品策略和市场推广策略提供决策依据。

4. 教学与培训

在教育领域，教师可以使用图表类 AIGC 工具制作教学课件、教案，将抽象的知识以直观的图表形式呈现给学生，帮助学生更好地理解和掌握知识。同时，学生也可以使用这些工具进行学习总结、知识梳理，提高学习效率。

例如：在历史教学中，教师要讲解中国古代朝代的更替和发展脉络，可以使用 TreeMind 树图制作思维导图课件。

打开 TreeMind 树图主界面，并在红色方块内输入"中国古代朝代的更替和发展脉络"，如图 4-11 所示。

图 4-11　TreeMind 树图主界面

接下来需要对生成的脉络图进一步调整。因此，教师可以在生成的脉络图基础上，以"古代朝代更替"为中心主题，然后依次添加各个朝代的分支，在每个朝代分支下，进一步细分该朝代的重要事件、政治制度、文化成就等内容。通过这种方式，学生可以更清晰地了解中国古代朝代的发展脉络和各个朝代的特点，提高学习效果。学生在复习时，也可以使用 TreeMind 树图对所学的历史知识进行梳理和总结，形成自己的知识体系。

5. 创意设计与头脑风暴

广告设计、产品设计、品牌策划等创意领域，常常需要设计人员进行头脑风暴，激发创意灵感。图表类 AIGC 工具可以生成思维导图、概念图等，帮助设计师和创意人员整理思路，将各种创意想法以可视化的形式呈现出来，促进创意的碰撞和融合。

例如：一家广告公司为某品牌策划广告活动，使用亿图脑图进行头脑风暴。团队以"某品牌广告活动策划"为中心主题，然后让团队成员自由发挥，添加各种创意想法的分支，如广告主题、目标受众、传播渠道、广告形式等。在每个分支下，团队成员进一步细化具体的创意内容，如广告主题可以是"创新科技，引领未来"，目标受众可以是年轻的科技爱好者等。通过亿图脑图的思维导图功能，团队成员可以快速地将自己的想法记录下来，并与其他成员进行分享和讨论，激发更多的创意灵感，最终形成一个完整的广告活动策划方案。

4.1.3 图表类 AIGC 工具提示词设计步骤

1. 明确图表目标与需求

设计提示词首先需要用户明确图表的制作目的和需求。这包括确定图表的类型（如柱状图、折线图、饼图等）、主题、所需展示的数据及其关系，以及图表的预期用途和受众。明确需求后，再选择合适的 AIGC 工具可以使创作达到事半功倍的效果。

2. 细化图表描述

在明确了图表目标与需求后，接下来用户需要细化图表的描述。这包括：

数据描述：详细列出图表中需要展示的数据项，包括数据的名称、数值及其可能的单位。

图表风格：根据图表的用途和受众，确定图表的风格，如颜色、字体、线条粗细等。

图表布局：考虑图表的布局结构，包括数据的排列方式、图例的位置、标题和轴标签的样式等。

3. 设计提示词

基于以上细化的图表描述，开始设计提示词。在设计过程中，需要注意以下几点：

简洁明了：提示词应简洁明了，避免使用复杂的语言结构或术语，以便于 AI 理解和执行。

具体详细：提示词应尽可能详细，包括数据的具体名称、数值、单位以及图表的布局和风格要求。

上下文关联：如果图表与特定的上下文相关，如某个项目、报告或分析，应在提示词中提供这些信息，以帮助 AI 更好地理解图表的背景。

4. 调整与优化

在设计完提示词后，需要进行调整与优化。这包括：

权重调整：根据图表中各项数据的重要性，调整提示词中各项数据的权重，以确保 AI 在生成图表时能够准确反映数据的优先级。

顺序调整：考虑提示词中各项内容的顺序，以确保 AI 在生成图表时能够按照预期的顺序进行。

反馈与迭代：根据 AI 生成的初步图表结果，收集反馈并进行迭代优化。可能需要调整提示词中的某些细节或增加额外的信息以提高图表的准确性和可读性。

【任务实施】

1. 任务分析

（1）工具选择：根据任务需求（如数据复杂度、图表类型、协作需求等），从提供的工具列表中（见表 4-1）选择最合适的 AIGC 工具。

例如：简单表格转换可选文心一言，复杂数据分析可选 WPS AI，团队协作脑图可选 GitMind 思乎。

（2）数据理解：分析给定数据的结构和关系（如数值对比、趋势变化、分类占比等），确定图表类型（柱状图、折线图、思维导图等）。

（3）提示词设计：遵循"明确目标→细化描述→设计提示词→优化反馈"的步骤，确保 AI 生成结果符合预期。

（4）场景适配：根据应用场景（如学术报告、商业决策、教学课件等）调整图表风格和细节（如颜色、标题、图例）。

2. 任务要求

将以下学生成绩数据转换为表格更清晰地展示，并使用柱状图展示各科平均分。

姓名 性别 班级 语文成绩 数学成绩 英语成绩

李浩然 男 初一一班 90 92 83

张小雨 女 初一一班 88 85 90

王磊 男 初一一班 78 89 82

3. 任务实现

1）利用 AIGC 工具生成表格

打开文心一言网页版，在对话框中输入学生成绩文本（见图 4-12），点击发送图标，输出表格内容，如图 4-13 所示。点击表格右下角"下载链接"按钮，可以将表格保存为 CSV 文件，如图 4-14 所示。

图 4-12 "文心一言"对话框中输入提示词

姓名	性别	班级	语文成绩	数学成绩	英语成绩
李浩然	男	初一一班	90	92	83
张小雨	女	初一一班	88	85	90
王磊	男	初一一班	78	89	82

同时，我已将表格保存为CSV文件，您可以随时查看和使用：下载链接

图 4-13 "文心一言"输出表格内容

W365
稻壳素材
学生成绩表格.csv
文件
开始
插入
页面
格式刷
粘贴
宋体
11
A1
姓名
姓名	性别	班级	语文成绩	数学成绩	英语成绩
李浩然	男	初一一班	90	92	83
张小雨	女	初一一班	88	85	90
王磊	男	初一一班	78	89	82

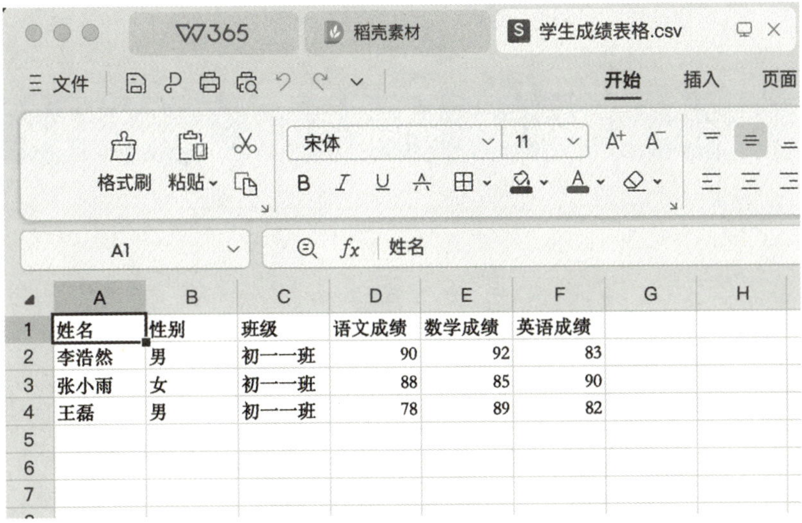

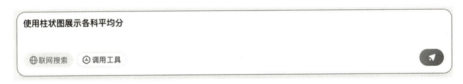

图 4-14　“文心一言”输出 CVS 文件

2）利用 AIGC 工具生成柱状图

在输出表格的基础上，在对话框中输入提示词“使用柱状图展示各科平均分”（见图 4-15），点击发送图标，输出结果，如图 4-16 所示。图中首先介绍了计算出的各科平均分，再输出柱状图的 PNG 文件，便于用户对计算结果的核对与保存。

使用柱状图展示各科平均分
联网搜索
调用工具

图 4-15　“文心一言”对话框中输入提示词

我已经计算了各科平均分，并生成了展示这些平均分的柱状图。以下是各科平均分的计算结果：
• 语文成绩平均分：85.33分
• 数学成绩平均分：88.67分
• 英语成绩平均分：85.00分
同时，我已将柱状图保存为PNG文件，以方便您随时查看和使用：
在这个柱状图中，横轴展示了不同的科目（语文、数学、英语），纵轴则代表了平均分数。通过直观的柱状图，您可以清晰地比较各科目的平均成绩。

图 4-16　“文心一言”输出柱状图内容

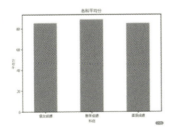

4.2 WPS 表格功能介绍与 AIGC 在表格中的应用

【任务描述】

任务 4.2　利用 WPS 表格处理实现数据分析

假设你是一位学校的教务管理员，需要对学生的考试成绩进行管理并分析。你收到了一份包含学生基本信息和各科成绩的 Excel 数据文件（命名为“学生成绩数据.xlsx”）。该文件数据包含以下列：学号、姓名、性别、班级、语文成绩、数学成绩、英语成绩、总分（初始为空）、平均分（初始为空）、年级排名（初始为空）。你的任务是使用 WPS 表格完成以下操作：

（1）检查并清理数据，确保没有错误或遗漏的信息。

（2）为每位学生计算总分（语文+数学+英语）和平均分。

（3）根据学生的总分进行降序排序，并填充年级排名。

（4）平均分为 90 分及其以上的学生标记为“优秀”，80~89 分的标记为“良好”，60~79 分的标记为“及格”，低于 60 分的标记为“不及格”。

（5）创建筛选条件，能够快速筛选出特定班级、性别或成绩段的学生。

（6）为保护数据不被随意修改，设置工作表的保护密码（密码自设，但需记录）。

【任务准备】

4.2.1　AIGC 工具在表格中的应用

日常处理 Excel 表格时，用户除了能使用 WPS 自带的公式计算表格数据外，也可以选用 AIGC 工具进行处理和计算。

例如：现在有两个表格（见图 4-17），用户可以直接将其输入到文心一言中，并输入相应的提示词，实现两张表格的合并与平均分数计算，如图 4-18 所示。

	A	B
1	姓名	数学成绩
2	李浩然	92
3	李明	74
4	王煜祺	89

	A	B
1	姓名	语文成绩
2	李浩然	90
3	李明	86
4	王煜祺	81

图 4-17　成绩表 1 和成绩表 2

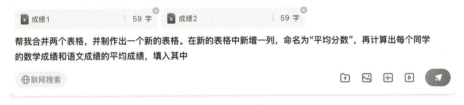

图 4-18　"文心一言"对话框中输入提示词

文心一言最终输出结果如图 4-19 所示，实现了两个成绩表格的合并，并输出了新的成绩表格，点击"下载链接"可以下载合并后的成绩表文件。

图 4-19　"文心一言"输出表格合并结果

4.2.2　WPS 表格中表格的排版优化与其他操作

虽然 AIGC 工具功能强大，能够实现对表格计算处理，但涉及个性化表格处理时，AIGC 工具表现还是不如 WPS 的表格处理模块。因此，我们需要进一步了解 WPS 表格处理的具体方法。

1. 启动 WPS 表格与窗口的基本组成及其主要功能

1）启动 WPS 表格

WPS 电子表格是金山办公软件公司开发的一款电子表格处理软件，它提供了丰富的数据处理功能和直观的操作界面，让用户可以轻松地进行数据整理、分析和可视化。其打开方式与 WPS 文字打开方式相似，启动 WPS Office 后，单击 WPS Office 首页功能列表的"新建"按钮，在"新建"窗格单击"Office 文档"区域的"表格"按钮，出现如图 4-20 所示界面。

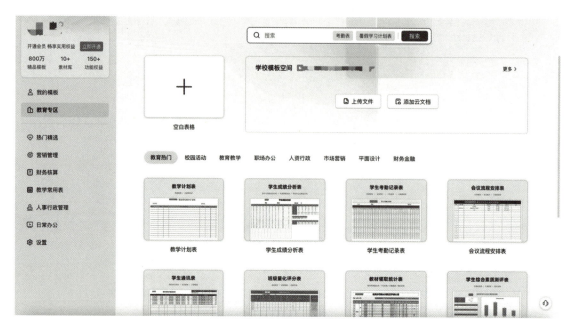

图 4-20 "新建表格"工作台界面

2）WPS 表格窗口的基本组成及其主要功能介绍

在图 4-20 所示界面上选择"空白表格"，即可以完成一个表格文档的新建，出现如图 4-21 所示界面。

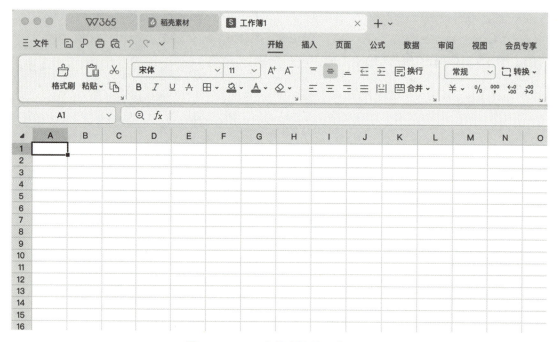

图 4-21 WPS 表格文档的工作界面

（1）快速访问栏：包括"保存"按钮 🖫 、"输出为 PDF"按钮 🗗 、"打印"按钮 🖨 、"打印预览"按钮 🖨 、"撤销"按钮 🔄 和"恢复撤销"按钮 🔄 ，用户也可以选择自定义快速访问栏的内容。

（2）选项卡：选择任意选项卡可以打开相应的功能区，选择其他选项卡可以切换到其他功能区。

（3）功能区：用于放置常用的功能按钮。

（4）编辑栏：包括名称框和编辑区域。名称框显示当前选中单元格的地址，编辑区域则用于输入或编辑单元格内容。

（5）编辑区：WPS 表格处理数据的主要区域，用于显示和编辑数据。包括单元 格、行号、列表、工作表标签及滚动条等。

（6）状态栏：位于界面底部，显示当前单元格的位置、数据格式、求和、计数等基本信息。

2. 工作簿的基本操作

工作簿、工作表和单元格是 WPS 的基本元素。工作簿由一个或多个工作表组成，工作表由一个或多个单元格组成，单元格是组成工作簿的最小单位。

WPS 工作簿是 WPS 表格软件中用于存储和处理数据的一个文件，其基本操作包括新建、打开、保存、关闭工作簿以及对工作表进行管理等多个方面。默认情况下，新建的工作簿以"工作簿 1"命名，包含一个工作表"Sheet1"，若继续新建工作簿，则将以"工作簿 2""工作簿 3"……命名。

1）新建工作簿

新建工作簿是开始数据处理的第一步，WPS 表格提供了多种新建工作簿的方法：

（1）通过主界面新建：在 WPS Office 的主界面，单击左侧的"新建"按钮或顶端的"新建标签"按钮，单击"Office 文档格式"区域的"表格"按钮，即可快速新建一个工作簿。

（2）通过文件菜单新建：已打开工作簿时，单击"文件" ☰ 文件 菜单，选择"新建"选项，在扩展菜单中选择"新建"选项；或者使用组合键"Ctrl+N"也可以快速新建一个工作簿。

（3）从模板新建：WPS 表格提供了丰富的模板库，用户可以在模板库中选择需要的表格模板，根据提示完成新建，以便更快速地创建专业的表格。

2）打开工作簿

打开已存在的工作簿是继续编辑或查看数据的前提，可以通过以下方法打开工作簿：

（1）通过主界面打开：在 WPS Office 的主界面，单击左侧的"打开"按钮，选择需要打开的工作簿即可。

（2）通过文件菜单打开：单击"文件" ☰ 文件 菜单，选择"打开"选项，在弹出的"打开"对话框中选择驱动器或文件夹，找到并选中要打开的文件，单击"打开"按钮。

3）保存工作簿

保存工作簿是确保数据安全、避免数据丢失的重要步骤，WPS 表格提供了多种保存方法。

（1）保存当前工作簿：保存当前工作簿方法有多种，可以单击快速访问工具栏的"保存"

按钮  实现保存；可以单击"文件"菜单 ☰文件，选择"保存"选项实现保存；还可以鼠标右键单击工作簿标签，在弹出的菜单中选择"保存"（见图4-22）实现工作簿保存。但是需要注意，首次保存时会弹出"另存为"对话框，应选择保存位置、命名工作簿后，再点击"保存"按钮。

图 4-22　右键单击工作簿标签菜单

（2）另存工作簿：单击"文件"菜单 ☰文件，选择"另存为"选项，在扩展菜单中选择一种文件格式，弹出"另存为"对话框，选择保存位置、命名工作簿后，点击"保存"按钮。

4）关闭工作簿

关闭工作簿是退出当前编辑状态、释放系统资源的重要操作，可以通过以下方法关闭工作簿。

（1）关闭当前工作簿：单击工作簿标签上的"关闭"按钮；鼠标右键单击工作簿标签，在弹出的菜单中选择"关闭"；单击"文件" ☰ 文件 菜单，选择"关闭"选项。

（2）关闭其他工作簿：鼠标右键单击工作簿标签，在弹出的菜单中选择"关闭其他"，则只保留所选工作簿，关闭其他所有已打开的工作簿。

（3）关闭右侧工作簿：鼠标右键单击工作簿标签，在弹出的菜单中选择"右侧"，则关闭所选工作簿右侧已打开的所有工作簿。

（4）关闭所有工作簿：鼠标右键单击任意工作簿标签，在弹出的菜单中选择"全部"；单击"文件" ☰文件 菜单，选择"关闭所有文档"选项。

（5）退出WPS表格程序：单击主程序窗口右上角的"关闭"按钮；单击"文件"菜单，选择"退出"选项。

3. 工作表的基本操作

1）插入工作表

（1）鼠标右键点击工作表名称，弹出快捷菜单（见图4-23），再选择"插入工作表"，弹出"插入工作表"对话框，设定插入工作表数量后点击"确定"，如图4-24所示。

（2）点击工作表右边的"+"按钮 ➕ 实现插入工作表。

（3）点击选项卡中的"开始"按钮，选择"工作表"按钮 ▦工作表˅，再点击"插入工作表"，设定插入数量后确定。

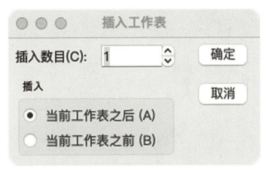

图 4-23 右键菜单中选择"插入工作表"   图 4-24 "插入工作表"对话框

2）删除工作表

（1）删除一个工作表：直接鼠标右键点击工作表名称，选择"删除工作表"。

（2）删除多个工作表：选中第一个工作表，按住"Ctrl"键，再分别单击其他工作表分别选中，利用鼠标右键点击工作表名称，再选择"删除工作表"，实现多个非连续工作表快速删除；或者选中第一个工作表，按住"Shift"键，再选中最后一个工作表全部选中，利用鼠标右键点击工作表名称，再选择"删除工作表"。实现多个连续的工作表快速删除。

3）移动工作表

（1）同一工作簿内移动：按住鼠标左键，直接拖动工作表到目标位置。

（2）不同工作簿间移动：鼠标右键点击工作表名称，在弹出菜单中选择"移动"（见图 4-23），出现"移动或复制工作表"对话框（见图 4-25），选择目标工作簿，点击"确定"。

4）复制工作表

（1）同一工作簿内复制：按住"Ctrl+鼠标左键"，直接拖动工作表到目标位置。

（2）不同工作簿间复制：鼠标右键点击工作表名称，在弹出的菜单中选择"移动"，出现"移动或复制工作表"对话框（见图 4-25），选择目标工作簿并勾选"建立副本"，点击"确定"。

图 4-25 "移动或复制工作表"对话框

5）重命名工作表

重命名工作表的方法有两种：一种是双击工作表名称，直接修改；另一种是鼠标右键点击工作表名称，选择"重命名"，然后进行修改。

6）隐藏工作表

（1）隐藏一个工作表：鼠标右键点击工作表名称，选择"隐藏工作表"。

（2）隐藏多个工作表：按住"Ctrl"键，鼠标左键单击选择任意的工作表，然后鼠标右键选择"隐藏工作表"；或者按住"Shift"键，鼠标左键单击要隐藏的工作表范围，然后鼠标右键选择"隐藏工作表"。

7）显示工作表

（1）显示一个工作表：鼠标右键点击任意工作表名称，选择"取消隐藏工作表"，然后确定要显示的工作表。

（2）显示多个工作表：鼠标右键点击任意工作表名称，选择"取消隐藏工作表"，然后按住"Ctrl"键，鼠标左键单击选择任意要显示的工作表，最后"确定"；或者按住"Shift"键，鼠标左键单击要显示的工作表范围，然后"确定"。

8）保护和共享工作表

（1）保护工作表：点击菜单栏上的"审阅"，选择"保护工作表"，在弹出的对话框中设置密码，并选择允许的操作。

（2）共享工作表：点击菜单栏上的"审阅"，选择"共享工作簿"，在弹出的对话框中，勾选"允许多用户同时编辑"，并根据需要设置其他选项。

4. 单元格的基本操作

1）选择单元格

在单元格中输入数据前，通常需要先选择单元格或单元格区域。选择单元格的方法主要如下。

（1）选择单个单元格：单击需要选择的单元格即可。选中单元格后，按下键盘上的方向键，可以选择相邻区域的单元格。

（2）选择连续的多个单元格：选中需要选择的单元格区域的左上角单元格，然后按下鼠标左键，拖到需要选择的单元格区域的右下角单元格后松开鼠标左键；或者选中第一个单元格，在按下"Shift"键的同时单击最后一个单元格。

（3）选择不连续的多个单元格：按下"Ctrl"键，然后使用鼠标分别单击需要选择的单元格。

（4）选择整行或整列：使用鼠标单击需要选择的行或列序号。

（5）选择多个连续的行或列：按住鼠标左键，在行或列序号上拖动，选择完后松开鼠标左键。

（6）选择多个不连续的行或列：在按住"Ctrl"键的同时，用鼠标分别单击行或列序号。

（7）选择所有单元格：单击工作表左上角的行标题和列标题的交叉处，或按下"Ctrl+A"组合键。

2）设置单元格样式

右击选中单元格，选择"设置单元格格式"，打开"单元格格式"对话框，如图 4-26 所示。

（1）设置字体：选择单元格格式中的"字体"选项卡，设置单元格所需字体，如图 4-26 所示。

（2）设置边框：选择单元格格式中的"边框"选项卡，设置单元格所需边框，如图 4-27 所示。

图 4-26　设置字体格式

图 4-27　设置边框样式

（3）设置图案：选择单元格格式中的"图案"选项卡，设置单元格所需图案，如图 4-28 所示。

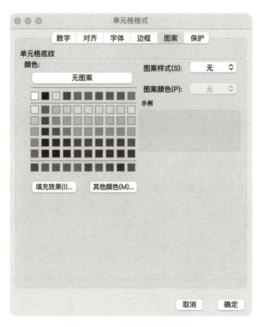

图 4-28　设置图案样式

3）插入单元格

（1）插入行（列）：用鼠标右键单击要插入行所在的行号，在弹出的快捷菜单中选择"在上方插入行"或"在下方插入行"命令，如图 4-29 所示。同理，用鼠标右键单击某个列号，在弹出的快捷菜单中选择"在左侧插入列"或者"在右侧插入列"命令，可以在所选列左侧或右侧插入一整列空白单元格。

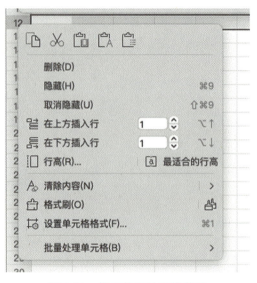

图 4-29　插入整行单元格菜单

如果需要一次性插入多行或多列，可以先在"插入"命令后面的数值框中输入要插入的行数或列数，然后再选择"插入"命令。

（2）通过对话框插入：在要插入的行或列的相邻单元格上单击鼠标右键，在弹出的快捷菜单中选择"插入"命令（见图 4-30），打开"插入"对话框，选择要插入的项目。

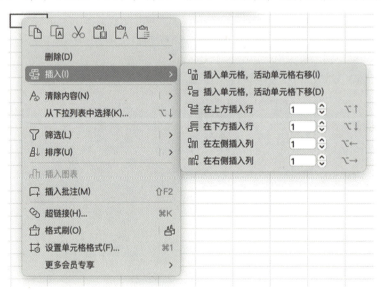

图 4-30　"插入"子菜单

4）删除单元格

（1）删除行（列）：用鼠标右键单击要删除行（列）的行号（列号），在弹出的快捷菜单中选择"删除"命令，如图 4-29 所示。

（2）用鼠标右键单击要删除的行或列中的任意一个单元格，在弹出的快捷菜单中选择"删除"命令，然后在弹出的"删除"对话框中选择要删除的对象，如图 4-31 所示。

图 4-31　"删除"子菜单

5）合并和拆分单元格

（1）合并单元格：选中要合并的单元格区域，单击"开始"选项卡中的"合并"按钮 合并，再选择所需的合并样式，如图 4-32 所示。

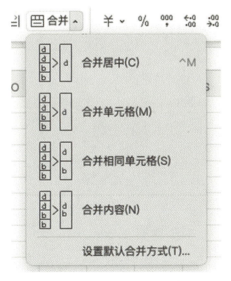

图 4-32　合并单元格样式

（2）拆分单元格：如果要取消单元格的合并，可以单击"合并"下拉按钮，在弹出的下拉列表中选择"取消合并单元格"命令，如图 4-33 所示。

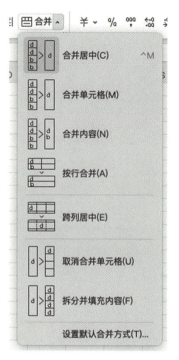

图 4-33　拆分单元格

5. 行列的基本操作

1）调整行高与列宽

（1）拖动调整：点击行号或列号，然后拖动行号下方的双横线或列号左右的滑动条来调整大小。

（2）精确调整：选择"开始"菜单下的"行和列"选项，弹出下拉菜单（见图 4-34），选择"行高"或"列宽"，然后输入具体数值进行调整。

图 4-34　"行和列"子菜单

（3）自动适应行高列宽：选中行号或列号，单击右键，在弹出的菜单中选择"最适合的行高"或"最适合的列宽"，以自动调整单元格大小，使其适应内容的高度或宽度，如图 4-35 所示。

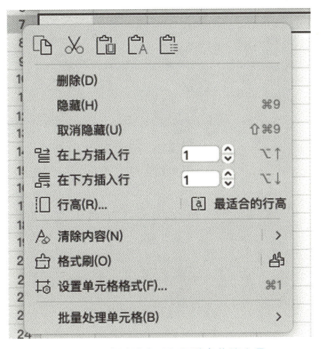

图 4-35　右键单击"行"弹出菜单选项

2）隐藏与显示行列

（1）隐藏行列：选中要隐藏的行号或列号，单击右键，在弹出的菜单中选择"隐藏"，图 4-35 所示。

（2）显示隐藏的行列：要显示隐藏的行列，需要选择靠近的可见行或列，单击右键，在弹出的菜单中选择"取消隐藏"，如图 4-35 所示。

3）移动与复制行列

（1）移动行列：选中要移动的行列，然后拖动到目标位置。

（2）复制行列：选中要复制的行列，按下"Ctrl"键并拖动到目标位置，即可复制行列。

6. 输入文本和数字

1）输入文本

（1）直接输入：双击需要输入文本的单元格，将光标插入到其中，然后直接输入文本内容。

（2）输入长文本或特定格式文本：当需要输入身份证号、手机号等长文本时，为了避免被自动识别为数字格式（如科学记数法或末位数据变为零），可以在输入前加一个英文的单引号（'），这样软件会将输入的数值转变成文本型。

另外，也可以先将单元格格式设置为文本。右键点击目标单元格，选择"设置单元格格式"，在弹出的对话框中选择"数字"选项卡下的"文本"选项，然后单击"确定"按钮，如图 4-36 所示。设置完成后，该单元格中输入的所有数据均会被识别为文本型数据。

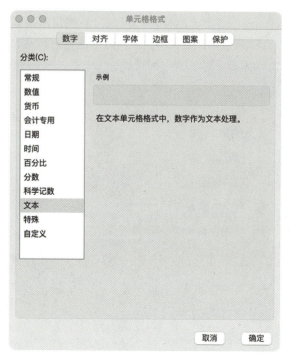

图 4-36　单元格格式菜单

（3）在编辑栏中输入：选择单元格后，可以在编辑栏中输入文本，单元格中也会随之自动显示输入的文本。

2）输入数字

（1）直接输入：选择一个空白单元格，键入想输入的数字，例如"12345"，然后按"Enter"键确认。

（2）使用公式输入：如果需要通过计算得出数字，可以使用公式。例如，在目标单元格中输入"=A1+A2"，然后按"Enter"键确认，如图 4-37 所示。

（3）快速填充数字：可以使用 WPS 表格的快速填充功能来填充序列数字。例如，第一个单元格中输入起始数字 1，第二个单元格中输入下一个数字 2，然后选中这两个单元格，拖动右下角的小方框到需要填充的区域即可实现快速填充。

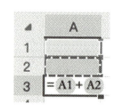

图 4-37　使用公式输入

（4）格式化输入数字：在输入数字之前或之后，可以设置单元格格式来更改数字的显示方式。例如，右键点击目标单元格，选择"设置单元格格式"，在弹出的对话框中选择"数字"选项卡下的"货币"选项，然后设置小数位数和货币符号，完成后单击"确定"按钮即可，如图 4-36 所示。

7. 输入与使用公式

1）公式的基本输入方法

输入公式的步骤大致分为以下几步：

（1）选择单元格：在 WPS 表格中，首先选中想要输入公式的单元格。

（2）输入等号：在选中的单元格中输入等号"="，这表示将要输入一个公式。

（3）输入公式内容：在等号后面输入具体的公式内容，可以使用基本的数学运算符（如加"+"、减"-"、乘"*"、除"/"等），也可以引用其他单元格中的数据（如"A1+B1"）。

（4）确认公式：输入完成后，按"Enter"键确认公式。WPS 表格将自动计算公式的结果，并在单元格中显示。

2）常用公式的使用

（1）求和（SUM）：用于计算一系列数值的总和。例如，=SUM（A1:A10）将计算 A1 到 A10 单元格中所有数值的总和。

（2）条件求和（SUMIF/SUMIFS）：根据一个或多个条件对数值进行求和。例如，=SUMIF（A:A，"苹果"，B:B）将计算 A 列中所有"苹果"对应的 B 列数值的总和。

（3）条件判断（IF）：根据条件返回不同的结果。例如，=IF（A1>60，"及格"，"不及格"）表示如果 A1 的数值大于 60，则返回"及格"，否则返回"不及格"。

（4）平均值（AVERAGE）：用于计算一系列数值的平均值。例如，=AVERAGE（A1:A10）将计算 A1 到 A10 单元格中所有数值的平均值。

（5）计数（COUNTIF/COUNTIFS）：根据条件计算数值或文本的数量。例如，=COUNTIF（A:A，"苹果"）将计算 A 列中"苹果"的数量。

（6）查找与匹配（VLOOKUP/LOOKUP）：在表格中查找特定值并返回相关结果。例如，=VLOOKUP（A1，Sheet2!A:B，2，FALSE）将在 Sheet2 的 A 列中查找 A1 的值，并返回对应行的 B 列值。

当然 WPS 中常用的公式还有很多，具体请参考表 4-2。

表 4-2　常用公式示例

函数名称	功能说明	示例
ABS()	返回给定数字的绝对值	ABS(-5) 返回 5
ROUND()	将数字四舍五入到指定的小数位数	ROUND(3.14159,2) 返回 3.14
INT()	将数字向下舍入到最接近的整数	INT(3.7) 返回 3
MAX()	返回参数列表中的最大值	MAX(1,3,2,5) 返回 5
MIN()	返回参数列表中的最小值	MIN(1,3,2,5) 返回 1
SUM()	计算一系列数值的总和	SUM(A1:A10) 返回 A1 到 A10 单元格的总和
AVERAGE()	计算一系列数值的平均值	AVERAGE(A1:A10) 返回 A1 到 A10 单元格的平均值
COUNT()	统计满足条件的数的个数	COUNT(A1:A10) 返回 A1 到 A10 单元格中非空单元格的数量
COUNTIF()	根据特定条件统计单元格的数量	COUNTIF(A1:A10,">5") 返回 A1 到 A10 中大于 5 的单元格数量
SUMIF()	计算满足条件的数的总和	SUMIF(A1:A10,">5",B1:B10) 返回 A1 到 A10 中大于 5 的对应 B 列单元格的总和

函数名称	功能说明	示例
VLOOKUP()	在表格中查找特定数据并返回相关联的值	VLOOKUP("apple",A1:B10,2,FALSE) 在 A 列查找 "apple",返回对应 B 列的值
IF()	根据条件对数据进行分类和处理	IF(A1>B1,"A 大","B 大") 如果 A1 大于 B1,返回 "A 大",否则返回 "B 大"
LEFT()	从左边截取指定长度的字符串	LEFT("Hello World",5) 返回 "Hello"
RIGHT()	从右边截取指定长度的字符串	RIGHT("Hello World",5) 返回 "World"
MID()	从指定位置开始截取指定长度的字符串	MID("Hello World",7,5) 返回 "World"
FIND()	在一个字符串中查找指定的子串并返回其位置	FIND("World","Hello World") 返回 6
REPLACE()	替换字符串中的指定部分	REPLACE("Hello World","World","Earth") 返回 "Hello Earth"
DATEDIF()	计算两个日期之间的差异	DATEDIF("2023-01-01","2023-12-31","Y") 返回 1,表示年份差异
TEXT()	将数值转换为按指定数字格式表示的文本	TEXT(1234.56,"#,##0.00") 返回 "1,234.56"

3）公式的引用方式

（1）相对引用：公式中的单元格地址是相对当前单元格位置的。例如，如果在 C1 单元格中输入=A1+B1，当你将 C1 复制到 C2 时，公式会自动变为=A2+B2。

（2）绝对引用：在公式中固定单元格的地址，使用$符号表示。例如，=$A$1+B1 中的$A$1表示绝对引用，复制此公式时，$A$1 不会改变。

（3）混合引用：结合了相对引用和绝对引用的特征。例如，=A$1+$B2。在此公式中，行号是固定的，而列号是相对的。

4）公式的编辑与调试

（1）编辑公式：双击包含公式的单元格，即可进入编辑状态，对公式进行修改。

（2）错误检查：如果公式中出现错误，WPS 表格通常会显示一个错误值（如#N/A、#DIV/0!等）。可以通过检查引用的单元格和数据来找出并修正错误。

（3）函数帮助：WPS 表格提供了函数帮助功能，用户可以通过点击函数名称旁边的帮助按钮来获取更多关于该函数的信息和示例。

8. 数据的统计与分析

1）数据排序

数据排序功能主要用于对表格中的数据行按照某一列或多列的值进行升序或降序排列。这有助于用户更直观地查看数据分布，快速定位特定数据，以及为后续的数据分析工作奠定基础。数据排序的具体实施步骤：

（1）选择数据区域：选中包含要排序数据的整个表格区域，或者至少包含要排序的列和相关的数据行。

（2）打开排序对话框：在 WPS 表格的菜单栏中，点击"数据"选项卡，然后找到并点击"排序"按钮，再点击下拉键，打开下拉菜单，这里允许用户设置排序的具体规则，如图 4-38 所示。

图 4-38　"排序"下拉菜单

（3）设置排序条件：在排序下拉菜单中，用户可以选择"升序"或"降序"两种排列方式。当然，用户还可以根据自身需求，选择"自定义排序"，打开"排序"对话框，如图 4-39 所示。

图 4-39　"排序"对话框

该对话框中，需要指定排序的主要关键字（即要依据哪一列的值进行排序）、排序依据（数值或单元格颜色等）、次序（升序或降序），以及是否包含标题行（如果数据区域的第一行是标题，则应勾选此选项以避免标题行被排序）。此外，WPS 表格还支持设置次要关键字，只需点击"添加条件"即可，以实现多重排序。当然，若排序方式涉及笔画数，需要单击"选项"按钮，打开"排序选项"对话框，再按需勾选即可，如图 4-40 所示。

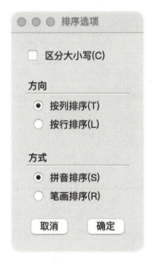

图 4-40　"排序选项"对话框

（4）应用排序：设置好排序条件后，点击对话框中的"确定"按钮，WPS 表格将根据用户指定的规则对选中的数据进行排序，并显示排序后的结果。

2）数据筛选

WPS 表格中的数据筛选功能是一种强大的工具，能够帮助用户快速定位并显示符合特定条件的数据，同时隐藏不符合条件的数据。以下以某班"信息技术基础"课程成绩为例进行展示。

（1）启用筛选功能。

① 打开 WPS 表格：确保已经打开需要筛选数据的 WPS 表格文件。

② 选择数据区域：选中包含数据的单元格区域，或者单击数据区域中的任意一个单元格。

③ 启用筛选：在菜单栏中找到"数据"选项卡，单击"筛选"按钮 🔽 ，此时各列标题旁会出现下拉箭头，表示筛选功能已启用。

（2）基本筛选操作。

① 单击需要筛选的列标题右侧的下拉箭头，会弹出一个筛选子菜单，单击"筛选"，如图4-41 所示。

图 4-41 "筛选"子菜单

此时，表格界面就会发生变化，即数据区域内表头中的每个单元格的右上角都会出现一个筛选按钮，如图 4-42、图 4-43 所示。之后就可以单击感兴趣的列进行筛选。

	A	B	C	D	E	F
1			信息技术基础成绩			
2	序号	姓名	平时	期末	总评	备注
3	1	李浩然	90	92	91	
4	2	张梓涵	86	74	79	
5	3	王煜祺	88	89	89	
6	4	刘思琪	88	93	91	
7	5	陈欣怡	88	91	90	

图 4-42 点击"筛选"前表格

	A	B	C	D	E	F
1			信息技术基础成绩			
2	序号	姓名	平时	期末	总评	备注
3	1	李浩然	90	92	91	
4	2	张梓涵	86	74	79	
5	3	王煜祺	88	89	89	
6	4	刘思琪	88	93	91	
7	5	陈欣怡	88	91	90	

图 4-43 点击"筛选"后表格

②　选择图 4-43"平时"列筛选按钮，打开筛选对话框进行数字筛选，如图 4-44 所示。若想进行更复杂的筛选，可以点击"文本筛选"，打开"自定义自动筛选方式"对话框进行设置，如图 4-45 所示。对于数字型数据，用户可以选择"等于""不等于""大于""小于""大于或等于""小于或等于""介于"等条件，并输入相应的数值。

图 4-44　设置"平时"筛选条件

图 4-45　"自定义自动筛选方式"对话框

③　选择图 4-43"姓名"列筛选按钮，可以进行文本筛选。对于文本型数据，用户可以直接选择想要筛选的文本，或者通过"文本筛选"功能进行模糊筛选，如选择"包含""不包含""开始于"或"结束于"等条件，并输入相应的关键字。图 4-46 所示为筛选出所有姓刘的同学成绩。

④　对于表格中有颜色的数据，用户可以选择图 4-44 中的"颜色筛选"进行选择。

⑤　在设置完筛选条件后，单击"确定"按钮，表格将只显示符合该条件的数据行，其他不符合条件的数据行将被隐藏。

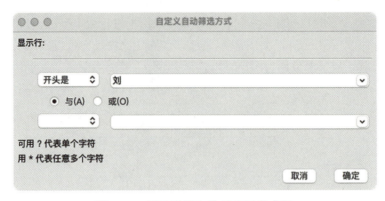

图 4-46　筛选出所有姓刘的同学成绩

（3）高级筛选操作。

① 单击需要筛选的列标题右侧的下拉箭头，会弹出一个筛选下拉菜单（见图 4-41），单击"高级筛选"，打开"高级筛选"对话框，如图 4-47 所示。

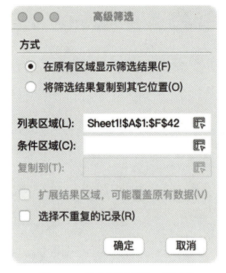

图 4-47　"高级筛选"对话框

② 在弹出的高级筛选对话框中，选择筛选列表区域和条件区域。设置完成后，单击"确定"按钮，表格将根据设置的多个条件筛选出数据。

3）数据分类汇总

数据分类汇总功能主要用于将数据列表中的数据进行分类显示，并分别计算各类数据的汇总值。这一功能使得表格中的数据结构更加清晰，便于用户获取有用的数据信息。WPS 表格提供了诸如 Sum（求和）、Average（平均值）等汇总函数进行分类汇总计算，用户可以根据需要选择合适的汇总方式。具体分类汇总步骤如下。

（1）数据排序。在进行分类汇总之前，通常需要对数据列进行排序，以便将相同类别的数据归置在一起。选中需要排序的列，然后在"开始"选项卡中单击"排序"下拉按钮，在弹出的下拉菜单中选择升序或降序命令进行排序。

（2）开启分类汇总。取消数据列选择，选中数据区域中的任意一个单元格。切换到"数据"选项卡，单击"分类汇总"按钮 分类汇总。

（3）设置分类汇总。在弹出的"分类汇总"对话框中（见图 4-48），设置"分类字段"，即要依据哪一列的值进行分类；设置"汇总方式"，如求和、平均值等；在"选定汇总项"列表框中勾选要汇总的值，如姓名、平时等。最后单击"确定"按钮。

图 4-48　"分类汇总"对话框

（4）查看分类汇总结果。返回表格后，可以看到所有数据已经按照分类字段进行了分类显示，并分别计算出了各类数据的汇总值。

4）建立数据透视表格

WPS 表格中的数据透视表是一种强大的数据分析工具，它能够帮助用户快速地从大量数据中提取有用的信息，进行数据的汇总、分析和探索。在创建数据透视表之前，数据格式需要确保正确。一般来说，数据应当以表格形式呈现，且每一列都应有明确的标题。例如，销售数据表可能包括"销售员""销售额""日期"等列。创建数据透视表具体步骤如下。

（1）准备数据。打开 WPS 表格并确保数据源已经整理好。数据源应该是一个结构化的表格，包含标题行和数据行。

（2）选择数据。在表格中选中要分析的数据区域，可以通过拖动鼠标来选择数据，并确保包括所有相关的列和行。

（3）插入数据透视表。在 WPS 表格的菜单栏中，找到并点击"插入"选项卡。在"插入"选项卡中，点击"数据透视表"按钮 数据透视表，弹出"创建数据透视表"对话框，确认选择的数据区域是否正确，如图 4-49 所示。如果需要，可以手动输入数据范围。

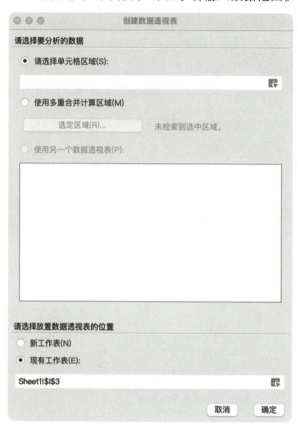

图 4-49 "创建数据透视表"对话框

（4）设置数据透视表。在"创建数据透视表"对话框中，选择数据透视表放置的位置：可以选择在新工作表中创建数据透视表，或者在当前工作表的某个位置创建。点击"确定"按钮后，WPS 表格将自动创建一个空白的数据透视表（见图 4-50），并在右侧显示"数据透视表字段"窗格，如图 4-51 所示。

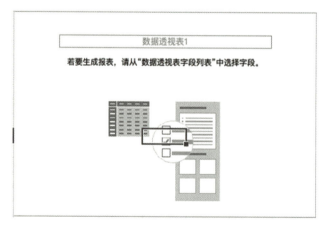

图 4-50 空白的数据透视表

图 4-51　数据透视表字段

（5）添加字段到数据透视表。在"数据透视表字段"窗格中，可以看到原始数据的字段列表。通过拖动字段到"筛选器""列""行"和"值"区域来设置数据透视表的结构。

"筛选器"区域：用于添加筛选条件，以便过滤数据透视表中的数据。

"列"区域：用于放置将作为列标签显示的字段。

"行"区域：用于放置将作为行标签显示的字段。

"值"区域：用于放置要参与汇总计算的字段。默认情况下，WPS 表格对数值型数据进行求和计算。

完成以上操作即可实现数据透视表的制作。

【任务实施】

1. 任务分析

（1）首先需要检查数据文件中的每一列，确保数据的完整性和准确性，比如是否有空值、异常值等。

（2）计算出学生成绩的总分、平均分和年级排名。

（3）利用条件格式功能，根据平均分设置不同的背景色或文本标记，直观展示学生成绩等级。

（4）通过数据筛选功能，设置筛选条件，便于快速定位和分析特定群体学生的成绩情况。

（5）为了防止数据被误操作或恶意修改，需要设置工作表保护，仅允许特定操作（如查看、筛选，但不允许编辑）。

2. 任务要求

（1）完成所有数据处理和分析任务，确保数据的准确性和分析的合理性。

（2）提交一份处理后的 Excel 文件，文件名改为"学生成绩管理分析报告.xlsx"。

（3）撰写一份简短的报告，说明数据处理的主要步骤、使用的关键 WPS 表格功能，以及在处理过程中遇到的问题及解决方案。

（4）在报告中附上数据保护密码，并说明设置密码的目的。

（5）提交时，请将 Excel 文件和报告文档打包为一个压缩文件，文件名格式为"学号_姓名_成绩管理实训作业.zip"。

3. 任务实现

1）数据检查与清理

（1）检查缺失值。打开"学生成绩数据.xlsx"文件，选中学号、姓名、性别、班级、语文成绩、数学成绩、英语成绩 7 列，切换到"开始"选项卡，选中"条件格式"下拉按钮，选中"突出显示单元格规则"，选择"其他规则"，打开"新建格式规则"对话框（见图 4-52），在"编辑规则说明"区域的"单元格值"选中"空值"。再选中"格式"，打开"单元格格式"对话框（见图 4-53），切换到"图案"界面，选中任意颜色，为"空值"设置突出颜色。以上操作实现空值的快速筛选，如有缺失数据，联系相关人员补充或标记为"待补充"。

图 4-52 "新建格式规则"对话框

图 4-53　"单元格格式"对话框

（2）检查异常值。检查各科成绩是否在 0~100 分：切换到"数据"选项卡，点击"筛选"，使用筛选功能检查异常数据，在各科成绩列筛选大于 100，小于 0 的异常值。如有异常值，核实后修正或标记

2）计算总分、平均分和年级排名

将修改好的表格以附件的形式上传到文心一言平台，输入提示词："帮忙计算总分、平均分、年级排名，其中平均分保留整数，去除小数。"输出结果如图 4-54 所示。点击"下载链接"，可以下载处理好的表格。

	学号	姓名	性别	班级	语文成绩	数学成绩	英语成绩
0	20250101	李浩然	男	初一一班	90	92	83
1	20250102	李明	男	初一一班	86	100	79
2	20250103	王煜祺	男	初一一班	81	89	76
3	20250104	张伟	男	初一一班	75	83	91
4	20250105	王强	男	初一一班	88	91	90

同时，生成了新的Excel文件：下载链接

x updated_student_scores

	A	B	C	D	E	F	G	H	I	J	K	L	M
1	学号	姓名	性别	班级	语文成绩	数学成绩	英语成绩	总分	平均分	年级排名			
2	20250101	李浩然	男	初一一班	90	92	83	265	88	9			
3	20250102	李明	男	初一一班	86	74	79	239	79	25			
4	20250103	王煜祺	男	初一一班	81	89	76	246	82	17			
5	20250104	张伟	男	初一一班	75	83	91	249	83	16			
6	20250105	王强	男	初一一班	88	91	90	269	89	5			
7	20250106	赵文轩	男	初一一班	59	79	83	221	73	32			
8	20250107	刘洋	男	初一一班	88	100	58	246	82	17			
9	20250108	周俊杰	男	初一一班	53	77	80	210	70	36			
10	20250109	陈浩	男	初一一班	72	89	58	219	73	33			
11	20250110	徐梓轩	男	初一一班	92	82	86	260	86	11			
12	20250111	李娜	女	初一一班	85	93	91	269	89	5			
13	20250112	张丽	女	初一一班	86	91	89	266	88	8			
14													

图 4-54　文心一言处理并输出表格

3）成绩标注和创建筛选条件

（1）在"K2"列单元格添加新列标题"等级"，在"K3"单元格输入公式=IF（I2>=90，"优秀"，IF（I2>=80，"良好"，IF（I2>=60，"及格"，"不及格"）））），双击填充柄填充整列。当然也可以选择选定的 AIGC 平台，输入提示词"设计 Excel 公式，将平均分高于 90 分的学生标记为"优秀"，80~89 分的标记为"良好"，60~79 分的标记为"及格"，低于 60 分的标记为"不及格"。"将输出的公式输入到"K3"单元格中，也能实现公式的填充。

（2）选中"等级"列，切换到"数据"选项卡，点击"筛选"，依次筛选出"优秀""良好""及格""不及格"，为他们设置红色、黄色、绿色、蓝色不同的填充颜色。此外，还可以通过单击"班级"下拉箭头，选择特定班级；点击"性别"下拉箭头，选择特定性别。

4）设置工作表保护

点击"审阅"选项卡，选择"保护工作表"，在弹出的"保护工作表"对话框中输入密码"School123"，在"允许此工作表的用户进行"中勾选"选定锁定单元格"，点击"确定"，并再次确认密码。

4.3　WPS 图表功能介绍与 AIGC 在图表中的应用

【任务描述】

任务 4.3　利用 WPS 表格实现图表制作

你是某家用电器公司的销售数据分析师，负责整理和分析本季度的销售数据。你收到了一份 Excel 数据文件（命名为"销售数据.xlsx"），其中包含了不同产品在不同月份的销售量、销售额以及销售增长率等信息。本任务是使用 WPS 表格软件或 AIGC 工具，根据这份数据制作一系列图表，以直观展示销售数据的关键信息和趋势，为公司制定下一季度的销售策略提供数据支持。

【任务准备】

4.3.1　AIGC 工具在图表中的应用

在日常处理 Excel 表格时，除了能使用 WPS 自带的方式生成图表，也可以选用 AIGC 工具生成图表。

例如：现在有一个表格（见图 4-55），可以直接将其输入到 AIGC 工具中，实现折线图的生成，如图 4-56 所示。

	A	B	C	D	E	F	G
1	姓名	1月语文成绩	2月语文成绩	3月语文成绩	4月语文成绩	5月语文成绩	6月语文成绩
2	李浩然	90	83	86	89	87	92

图 4-55　李浩然语文成绩表

图 4-56　利用文心一言生成折线图

文心一言最终输出结果如图 4-57 所示，实现了折线图的绘制，双击图片还可以查看图片详情。

图 4-57　文心一言输出折线图结果

4.3.2　WPS 表格中图表的排版优化与其他操作

虽然 AIGC 工具功能强大，能够实现部分图表的绘制，但涉及个性化图表处理时，WPS 的图表处理模块更胜一筹。因此，我们需要了解 WPS 图表处理的具体方法。

1. 图表的分类

在 WPS 表格中，图表是一种非常直观的数据表达方式，它可以帮助用户更好地理解和分析数据。图表的分类主要基于其展示数据的特点和目的，以下是 WPS 表格中常见的图表类型及其主要用途。

（1）柱状图：用柱的高度表示数据的大小，柱越高表示数据越大。其主要用于表示数据的比较，适合展示不同类别之间的数据差异。

（2）折线图：用线条的起伏表示数据随时间或其他连续变量的变化趋势。其主要用于表示数据的变化及趋势，适合展示时间序列数据或连续变量的变化趋势。

（3）饼形图：将数据表示为一个圆饼，每个部分代表一个数据类别，部分的大小表示数据的大小。其主要用于表示数据的占比，适合展示数据的分布和构成情况。

（4）条形图：与柱状图类似，但柱形变为水平排列的条形。其主要用来进行数据的排名或对比，适合在数据标签较长或需要强调数据之间对比时使用。

（5）其他图表类型：除了上述常见的图表类型外，WPS 表格还支持其他多种图表类型，如面积图、散点图、雷达图等。这些图表类型各有特点，适用于不同的数据展示需求。例如，面积图适用于强调数量随时间变化的趋势；散点图适用于展示两个变量之间的关系；雷达图适用于展示多维数据的综合对比。

2. 图表的创建

在 WPS 表格中，图表的创建是一个直观且灵活的过程，它允许用户以图形化的方式展示数据，便于数据的分析和理解。

1）创建图表的基本步骤

（1）选择数据源：打开 WPS 表格，确保数据区域整洁有序，通常包括列标题和行数据，然后选中希望用于创建图表的数据区域。注意，数据应避免有空行或空列，以免影响图表的生成。

（2）插入图表：点击工具栏上的"插入"选项卡，单击"全部图表"按钮，在弹出的"插入图表"对话框中，选择所需的图表类型，如图 4-58 所示。WPS 表格提供了多种图表类型，如柱状图、折线图、饼图、条形图、面积图、XY（散点图）、股价图和雷达图等，以及常用的组合图表。

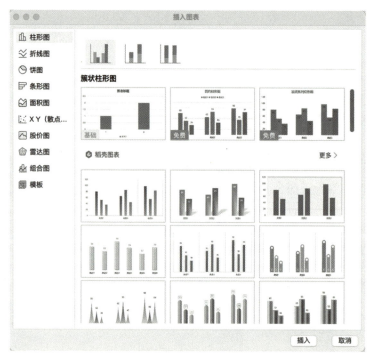

图 4-58 "插入图表"对话框

点击所选图表类型后，WPS 会自动在工作表中插入一个默认样式的图表，并打开"图表工具"功能区。

（3）调整图表：使用"图表工具"功能区中的选项，可以更改图表类型、选择预设的图表样式、调整布局和样式等，以适应不同的数据展示需求。通过"图表元素"按钮，可以添加或删除图表标题、图例、数据标签、网格线等元素。

使用"图表样式"按钮，可以调整图表的颜色、边框样式等。

2）创建图表的快捷方式

使用"插入图表"对话框：选中数据区域后，点击"插入"选项卡中的"图表"按钮，弹出"插入图表"对话框；在对话框中选择所需的图表类型和样式，然后单击"确定"按钮即可。

【任务实施】

1. 任务分析

（1）打开"销售数据.xlsx"文件，检查数据的完整性和准确性，确认数据包含以下关键字段：产品名称、月份、销售量、销售额、销售增长率。

（2）根据数据特点和展示需求，选择合适的图表类型。例如，可以使用柱状图展示洗衣机在不同月份的销售量对比；使用折线图展示销售额随时间的变化趋势；使用饼图展示各产品销售额占总销售额的比例。

（3）WPS 表格中插入所选图表类型，并根据数据调整图表的布局、样式和颜色。确保图表标题、图例、数据标签等元素清晰可读，能够准确传达数据信息。

（4）通过观察图表，分析销售数据的关键信息和趋势。例如，识别销售量最高的产品、销售额增长最快的月份、销售增长率异常的数据点等。

2. 任务要求

（1）制作至少三种不同类型的图表，分别展示销售量的对比、销售额的变化趋势和各产品销售额的占比。图表应清晰、美观，能够准确反映数据信息和趋势。图表标题、图例和数据标签应准确、清晰，易于理解。

（2）将制作好的图表保存为 WPS 表格文件（命名为"销售数据分析报告.xlsx"），并按时提交至指定平台或邮箱。

3. 任务实现

1）利用 AIGC 工具实现图表建立

利用数据生成图表的 AIGC 工具有很多，本任务选用文心一言作为示例展示。打开文心一言网站，在对话框中输入提示词"使用柱状图展示洗衣机在不同月份的销售量对比；使用折线图展示不同产品销售额随时间的变化趋势；使用饼图展示各产品销售额占总销售额的比例。"并以附件的形式上传"销售数据"文档，点击发送按钮，如图 4-59 所示。输出结果的饼状图如图 4-60 所示，点击任意一个图片，可以查看图片详情，点击右上角下载图标，可以实现图表的下载。

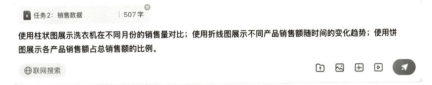

图 4-59　生成图表时"文心一言"对话框输入内容

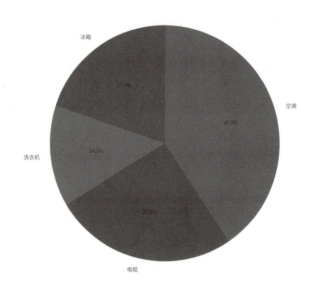

图 4-60　文心一言输出图表

2）利用 Excel 文档实现图表建立

如果想要实现个性化的定制，AIGC 工具就不太能满足用户的需求。例如，如果想将饼状图中的空调部分用粉色表示，文心一言就误将其他模块一并调整颜色，且图中字体过小，不方便读图，如图 4-61 所示。此时，用户就需要用 Excel 表格来满足个性化需求。

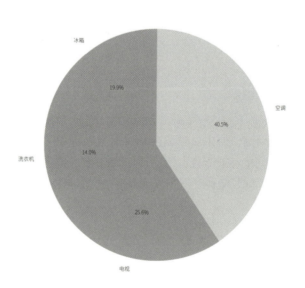

图 4-61　文心一言修改颜色输出结果

（1）双击"销售数据.xlsx"文件，打开原始数据，检查数据完整性，是否存在处理缺失或异常数据。

（2）插入柱状图。选中"销售量"所在单元格，按住"Ctrl"键，再选中"洗衣机"所在的 A、B、C 行，切换到"插入"选项卡，选中"二维柱状图"，选择"簇状柱形图"，实现柱状图插入。选中图片，选择右边的"图表样式"，可以实现颜色与样式的更改。选中任意文本，切换到"开始"选项卡，可以实现文本内容修改、字体修改与字号修改等，实现个性化定制。

（3）插入折线图和饼状图操作与柱状图类似，此处不再赘述。

【项目训练】

一、单选题

1. WPS 表格中用于计算一系列数值总和的函数是（　　）。

A. AVERAGE()　　　　B. SUM()　　　　　C. COUNT()　　　　D. MAX()

2. 以下哪个操作可以快速插入一个新的空白工作表？（　　）

A. 右键点击工作表名称，选择"插入工作表"

B. 按快捷键 Ctrl+N

C. 点击"文件"菜单中的"新建"选项

D. 按快捷键 Shift+F11

3. 在 WPS 表格中，以下哪种图表最适合展示数据随时间的变化趋势？（　　）

A. 柱状图　　　　　　B. 折线图　　　　　C. 饼图　　　　　　D. 条形图

4. 以下哪个功能可以保护工作表不被随意修改？（　　）

A. 数据筛选　　　　　B. 工作表保护　　　C. 分类汇总　　　　D. 数据透视表

5. 在 WPS 表格中，以下哪个公式可以用于根据条件返回不同的结果？（　　）

A. SUM()　　　　　　B. IF()　　　　　　C. VLOOKUP()　　　D. AVERAGE()

6. 以下哪个操作可以快速调整列宽以适应内容？（　　）

A. 双击列标右侧的边界　　　　　　B. 右键点击列标，选择"列宽"

C. 拖动列标左侧的边界　　　　　　D. 按快捷键 Ctrl+Shift+F

7. 在 WPS 表格中，以下哪个功能可以用于对数据进行多重条件筛选？（　　）

A. 排序　　　　　B. 高级筛选　　　　C. 分类汇总　　　　D. 数据透视表

8. 在 WPS 表格中，以下哪个操作可以隐藏工作表？（　　）

A. 右键点击工作表名称，选择"隐藏工作表"

B. 按快捷键 Ctrl+H

C. 点击"视图"菜单中的"隐藏"选项

D. 拖动工作表标签到最左侧

9. 以下哪个功能可以用于快速填充序列数字？（　　）

A. 复制粘贴　　　B. 拖动填充柄　　　C. 使用公式　　　　D. 数据验证

二、多选题

1. 以下哪些是数据透视表的功能？（　　）

A. 数据汇总　　　　B. 数据筛选　　　C. 数据排序　　　　D. 数据可视化

2. 以下哪些操作可以用于保护工作表？（　　）

A. 设置密码保护　　B. 隐藏工作表　　　　C.限制编辑权限　　D. 共享工作簿

3. 以下哪些是 AIGC 工具的特点？（　　　）

A. 高效性　　　　　　B. 准确性　　　　　C. 个性化　　　　　D. 创新性

4. 以下哪些操作可以用于合并单元格？（　　　）

A. 右键点击单元格，选择"合并单元格"

B. 使用"开始"选项卡中的"合并"按钮

C. 按快捷键 Ctrl+M

D. 拖动单元格边框

5. 以下哪些是 WPS 表格中常见的错误值？（　　　）

A. #N/A　　　　　　B. #DIV/0!　　　　　C. #VALUE!　　　　D. #REF!

6. 以下哪些是图表类 AIGC 工具的应用场景？（　　　）

A. 学术研究与报告　　　　　　　　B. 商业分析与决策

C. 教学与培训　　　　　　　　　　D. 创意设计与头脑风暴

项目 5
AIGC 在 WPS 演示文稿
处理中的应用

知识图谱

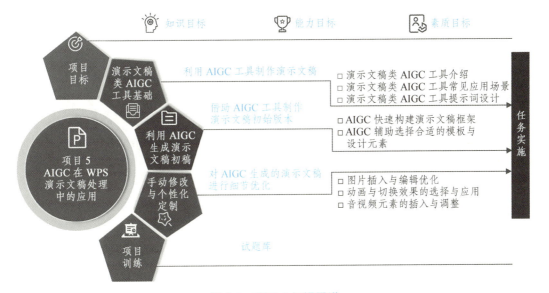

图 5-1　项目 5 知识图谱

知识目标

● 掌握演示文稿类 AIGC 工具的基本概念及其发展趋势，理解 AIGC 工具在演示文稿制作中的重要作用。

● 熟悉三种常见的演示文稿类 AIGC 工具（Kimi PPT 助手、豆包 AI PPT、讯飞智文）的核心功能、适用场景及优劣势分析。

● 理解演示文稿类 AIGC 工具在不同应用场景（如学术报告、工作汇报、教育培训等）中的具体应用方法和技巧。

● 掌握演示文稿类 AIGC 工具提示词设计的方法和技巧，能够根据需要设计合适的提示词以生成高质量的演示文稿内容。

- 了解 WPS 演示文稿的基本操作，包括图片、形状、动画、切换效果、音视频元素的插入与编辑等。

 能力目标

- 能够根据演示文稿的需求选择合适的 AIGC 工具，并熟练操作这些工具生成演示文稿的初稿。
- 能够利用 AIGC 工具快速构建演示文稿框架，并智能生成内容填充，提高演示文稿制作效率。
- 能够手动修改和个性化定制演示文稿，包括图片的编辑与优化、动画与切换效果的选择与应用、音视频元素的插入与调整等，以提升演示文稿的专业性和吸引力。
- 能够分析 AIGC 工具生成的演示文稿内容，并根据需要进行进一步的优化和完善，以满足实际需求。
- 能够将 AIGC 工具与 WPS 演示文稿操作相结合，灵活运用到实际演示文稿制作中，提高工作效率和质量。

 素质目标

- 培养对新技术（如 AIGC 工具）的敏感度和关注度，保持对演示文稿制作技术发展的好奇心和求知欲。
- 增强创新思维和问题解决能力，能够灵活运用 AIGC 工具和 WPS 演示文稿操作解决演示文稿制作中的实际问题。
- 提升职业素养和审美能力，注重演示文稿的专业性和视觉效果，以提升演示效果和观众体验。
- 培养团队合作精神和沟通能力，能够在团队中分享 AIGC 工具和 WPS 演示文稿操作的经验和技巧，共同提高演示文稿制作水平。
- 树立伦理意识和社会责任感，关注 AIGC 工具和演示文稿制作中的伦理问题，如版权保护、隐私保护等，确保演示文稿内容的合法性和合规性。

5.1 演示文稿类 AIGC 工具基础

【任务描述】

任务 5.1 利用 AIGC 工具制作演示文稿

虽然近年来智能交通系统的应用越来越广泛，但部分地区仍存在交通拥堵和效率低下的问题。为系统梳理人工智能技术在交通领域的创新应用，学生需结合演示文稿类 AIGC 工具，提交一份关于"人工智能在交通领域的应用"的演示文稿，对当前智能交通系统的发展现状、存在的问题进行分析，并提出合理的建议和有效的解决方案。

【任务准备】

5.1.1 演示文稿类 AIGC 工具介绍

随着人工智能技术的不断发展，AIGC 工具在演示文稿制作中的应用越来越广泛。这些工具能够帮助用户快速生成高质量的演示文稿，节省时间和精力。本节将介绍三种常见的演示文稿类 AIGC 工具：Kimi PPT 助手、豆包 AI PPT 和讯飞智文。

1. Kimi PPT 助手

1）核心功能

Kimi PPT 助手的核心功能在于其强大的长文本处理能力和多格式文件支持。它能够处理高达 20 万字的文本，支持 PDF、TXT、Word 文档、PPT 幻灯片、Excel 电子表格等多种文件格式。Kimi PPT 助手界面如图 5-2 所示。

图 5-2　Kimi PPT 助手界面

2）适用场景

Kimi PPT 助手适用于需要处理大量数据和长篇内容的场景，如学术报告、技术文档、市场分析等。其多格式文件支持和联网搜索功能使其在需要快速整合信息的场景中尤为实用。

3）优劣分析

Kimi PPT 助手的优势在于其强大的长文本处理能力和多格式文件支持，能够快速生成高质量的演示文稿。然而，其界面设计相对简约，对于追求高度个性化设计的用户来说，可能需要进一步的自定义操作。

2. 豆包 AI PPT

1）核心功能

豆包 AI PPT 的核心功能是其快速生成 PPT 的能力，能够快速完成从主题输入到 PPT 生成的全过程。它利用先进的自然语言处理技术和深度学习算法，自动提取关键信息并生成结构合理、设计美观的 PPT 幻灯片。此外，豆包 AI PPT 还提供丰富的模板设计，用户可以根据不同主题和风格选择合适的模板。豆包 AI PPT 界面如图 5-3 所示。

图 5-3　豆包 AI PPT 界面

2）适用场景

豆包 AI PPT 适用于需要快速生成 PPT 的场景，如职场汇报、会议演讲、教育培训等。其简单易用的操作方式和丰富的模板设计使其成为职场人士和教育工作者的理想选择。

3）优劣分析

豆包 AI PPT 的优势在于其快速生成 PPT 的能力和丰富的模板设计，能够显著提高工作效率。然而，其图像生成风格相对单一，可能需要用户手动调整参数以满足特定的设计需求。

3. 讯飞智文

1）核心功能

讯飞智文的核心功能在于其一键生成 PPT 的能力，支持从一句话主题到超长文本的快速转换。此外，讯飞智文还提供 AI 撰写助手，能够对生成的文案进行润色、扩写、翻译等操作。其创新的 AI 自动配图功能可以根据文本内容生成多张 AI 图片，进一步提升演示文稿的视觉效果。讯飞智文界面如图 5-4 所示。

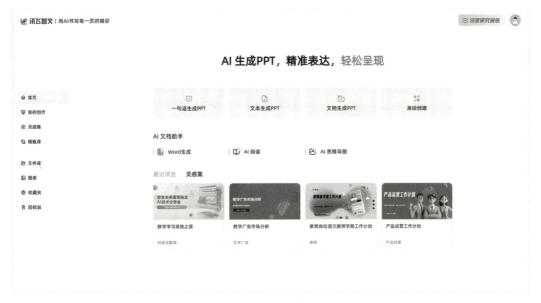

图 5-4　讯飞智文界面

2）适用场景

讯飞智文适用于日常工作汇报、年终总结报告、会议演讲、培训教育等场景。其一键生成 PPT 和 AI 撰写助手功能使其在需要快速准备演示文稿的场景中表现出色。

3）优劣分析

讯飞智文的优势在于其一键生成 PPT 和 AI 撰写助手功能，能够显著提高演示文稿的制作效率。然而，其部分高级功能需要付费订阅，对于预算有限的用户来说可能是一个限制因素。

通过合理利用这些 AIGC 工具，用户可以大大提高制作演示文稿的效率和质量。常见 PPT AIGC 工具对比如表 5-1 所示。

表 5-1　常见 PPT AIGC 工具对比

工具名称	核心优势	最佳适用场景
Kimi PPT 助手	模板海量+免费易用	快速生成基础框架，轻量级修改需求
豆包 AI PPT	教学适配+多模态交互+图像生成	教育领域课件制作，需图文结合展示的场景
讯飞智文	智能润色+多语种支持+高效生成	职场标准化文档，注重文本质量与速度

5.1.2　演示文稿类 AIGC 工具常见应用场景

随着人工智能技术的不断发展，AIGC 工具在演示文稿制作中的应用越来越广泛。这些工具不仅能够显著提高制作效率，还能提升演示文稿的质量和专业性。以下是 AIGC 工具在不同场景中的常见应用。

1. 学术报告与研究展示

在学术领域，研究人员和学生需要频繁地进行报告和研究展示。AIGC 工具能够快速生成高质量的 PPT 大纲和内容,帮助用户高效准备学术汇报。通过输入主题或上传学术论文,AIGC 工具可以提取关键信息,生成结构合理、内容丰富的幻灯片。此外,这些工具还支持互联网搜索功能,能够实时获取最新信息并整合到演示文稿中,确保内容的时效性和准确性。

例如:在准备学术会议的演讲时,用户可以通过 AIGC 工具输入论文摘要或关键词,快速生成包含主要观点和研究方法的 PPT。工具还可以根据内容推荐合适的图表和数据可视化方式,进一步提升演示文稿的专业性。

2. 工作汇报与商务演讲

在职场中,无论是定期的工作汇报还是重要的商务演讲,AIGC 工具都能提供强大的支持。用户可以通过输入主题或文档内容,快速生成工作报告或演讲 PPT。这些工具能够根据输入的内容,自动生成大纲、填充文字,并推荐合适的模板和设计元素,确保演示文稿的视觉效果和内容质量。

例如:在准备季度工作汇报时,用户可以将工作总结文档上传到 AIGC 工具中,工具会自动提取关键信息,生成包含主要成果和未来计划的 PPT。用户还可以根据需要调整内容和设计,确保汇报内容清晰、有条理。

3. 教育培训与在线授课

教育工作者常常需要制作大量的教学课件和讲义,而 AIGC 工具能够快速生成教学 PPT,帮助教师高效备课。通过输入课程主题或教学大纲,AIGC 工具可以生成包含教学要点、示例和练习的幻灯片。此外,这些工具还支持多种模板和设计风格,教师可以根据不同的课程内容选择合适的模板,提升教学效果。

例如:在准备一节历史课的讲义时,教师可以通过 AIGC 工具输入课程主题,如"第一次世界大战",工具会自动生成包含重要事件、关键人物和产生影响的 PPT。教师可以根据需要进一步添加图片、图表和视频,丰富教学内容。

4. 个人学习与项目展示

学生和自由职业者在个人学习和项目展示中,也可以利用 AIGC 工具快速整理笔记和生成汇报材料。通过输入学习笔记或项目描述,AIGC 工具可以生成结构清晰、内容丰富的 PPT,帮助用户更好地展示学习成果或项目进展。

例如:在准备毕业设计展示时,学生可以将项目报告上传到 AIGC 工具中,工具会自动提取关键信息,生成包含项目背景、方法、结果和结论的 PPT。学生还可以根据需要调整内容和设计,确保展示内容的专业性和吸引力。

5. 企业年度总结与活动策划

企业需要定期进行年度总结和活动策划,AIGC 工具能够快速生成高质量的总结报告和活动策划 PPT。通过输入年度总结或活动策划文档,AIGC 工具可以提取关键信息,生成包含主要成就、数据和未来计划的幻灯片。此外,这些工具还支持多种图表和数据可视化功能,能够帮助用户更好地展示年度成果和活动亮点。

例如：在准备企业年度总结报告时，用户可以将年度工作总结文档上传到 AIGC 工具中，工具会自动提取关键数据和成就，生成包含图表和数据可视化的 PPT。用户还可以根据需要调整内容和设计，确保报告内容清晰、有条理。

AIGC 工具在演示文稿制作中的应用非常广泛，涵盖了学术报告、工作汇报、教育培训、个人学习和企业总结等多个领域。通过这些工具，用户可以快速生成高质量的演示文稿，节省大量时间和精力，同时提升内容的专业性和视觉效果。无论是学生、教师、职场人士还是企业用户，都可以通过合理利用 AIGC 工具，提高演示文稿的制作效率和质量。

5.1.3　演示文稿类 AIGC 工具提示词设计

在使用 AIGC 工具生成演示文稿时，提示词的设计至关重要。提示词是用户与 AIGC 工具之间的沟通桥梁，它直接影响生成内容的质量和相关性。通过精心设计提示词，用户可以更有效地引导 AIGC 工具生成符合需求的演示文稿内容。以下是关于演示文稿类 AIGC 工具提示词设计的具体方法和技巧。

1. 明确任务目标

在设计提示词时，用户首先需要明确任务的具体目标。这包括演示文稿的主题、目标受众、内容重点等。明确的目标能够帮助 AIGC 工具更准确地生成相关内容。

错误示例：生成一个 PPT。

正确示例：生成一个关于"人工智能在医疗领域的应用"的 PPT，目标受众是医疗行业的专业人士。

2. 具体化需求

在明确任务目标后，用户需要进一步具体化需求。这包括详细描述演示文稿的内容结构、风格、长度等。具体化需求能够帮助 AIGC 工具生成更符合用户期望的内容。

错误示例：生成一个关于环保的 PPT。

正确示例：生成一个关于"环保生活方式"的 PPT，内容包括环保的重要性、日常环保小贴士、环保案例分析，风格简洁明了，适合课堂教学。

3. 增加限制条件

为了更精准地引导 AIGC 工具生成内容，可以在提示词中增加一些限制条件。这些限制条件有包括相关关键词、避免某些话题、使用特定的语言风格等。

限制条件：避免使用过于技术性的术语，使用通俗易懂的语言，适合大众阅读与理解。

4. 润色提示词

在设计好提示词后，需要对提示词进行润色，确保其清晰、具体。润色提示词能够提高生成内容的质量和相关性。

原始提示词：生成一个关于气候变化的 PPT。

润色后的提示词：生成一个关于"气候变化对全球生态系统的影响"的 PPT，内容包括气候变化的现状、影响范围、应对措施，风格专业且详细，适合学术报告。

5. 分析初步结果并调整

在 AIGC 工具生成初步内容后，用户需要仔细分析结果，并根据需要对提示词进行调整。这一步骤能够帮助用户进一步优化生成内容，使其更符合需求。

初步结果分析：生成的 PPT 内容过于简略，缺乏具体案例分析。

调整后的提示词：生成一个关于"气候变化对全球生态系统的影响"的 PPT，内容包括气候变化的现状、具体案例分析、应对措施，风格专业且详细，适合学术报告。

通过明确任务目标、具体化需求、使用具体指令、增加限制条件、润色提示词以及分析初步结果并调整，用户可以更有效地设计 AIGC 工具的提示词，从而生成高质量的演示文稿内容。掌握这些技巧后，用户将能够更高效地利用 AIGC 工具制作符合需求的演示文稿。

【任务实施】

1. 任务分析

（1）工具选择与功能验证：需确认 Kimi PPT 助手支持智能生成演示文稿的核心功能，包括主题输入、关键词扩展、结构化内容输出及模板匹配。

（2）主题与受众定位：明确以"人工智能在交通领域的应用"为主题，针对交通领域专业人士和决策者设计内容，突出技术落地案例、数据驱动的解决方案及政策建议，避免过度技术化表述。

（3）提示词设计与内容生成：构建分层提示词（主题+场景+受众），通过多轮迭代优化，确保生成内容覆盖智能交通系统、自动驾驶等核心场景并包含具体数据支撑。

2. 任务要求

（1）工具操作与内容生成：提交操作流程截图（含主题输入、生成预览、导出界面），生成内容须包含 5 个以上交通领域 AI 应用场景（如信号优化、车路协同）及对应解决方案。

（2）提示词设计与优化：附初始提示词与 2 次优化记录（如首次生成内容过于技术化后增加"用城市管理者视角描述"限制），优化后内容需包含具体案例。

3. 任务实现

在对演示文稿类 AIGC 工具的基础知识有了全面了解后，小李决定使用 Kimi PPT 助手来实际操作，以生成一个关于"人工智能在交通领域的应用"的演示文稿。他希望通过这次实践，深入体验 AIGC 工具在演示文稿制作中的应用，并掌握其核心功能和操作流程。

1）选择合适的 AIGC 工具

小李打开 Kimi 官方网站，并登录个人账号，在左侧导航栏中单击"Kimi+"按钮（见图 5-5），在 Kimi+页面中找到 PPT 助手功能，如图 5-6 所示。

图 5-5　Kimi+智能工具

图 5-6　点击 PPT 助手功能

2）明确演示文稿的主题和目标受众

小李明确了他的演示文稿主题为"人工智能在交通领域的应用"，目标受众为交通领域的专业人士和决策者。他希望通过这份演示文稿，分析当前智能交通系统的发展现状、存在的问题，并提出合理的建议和有效的解决方案。

3）设计有效的提示词

为了确保 AIGC 工具能够准确理解他的需求并生成高质量的内容，小李精心设计了提示词。他输入的主题是"人工智能在交通领域的应用"，并添加了关键词，如"智能交通系统""自动驾驶""交通流量优化""车联网""数据分析"等。另外他还增加了限制条件，如"避免使用过于技术性的术语，使用通俗易懂的语言，适合大众理解"，如图 5-7 所示。

图 5-7　设计并输入提示词

5.2　利用 AIGC 生成演示文稿初稿

【任务描述】

任务 5.2　借助 AIGC 工具制作演示文稿初始版本

在对演示文稿类 AIGC 工具的应用场景、常见工具以及提示词设计有了全面了解后，便进入了报告制作的关键阶段——利用 AIGC 工具生成演示文稿的初稿。构建一个清晰、逻辑性强的框架是成功展示的基础，而 AIGC 工具能够快速完成这一任务，从而节省时间和精力，让制作者专注于内容的填充和优化。因此，我们决定利用 AIGC 工具快速构建演示文稿的框架，并选择合适的模板与设计元素，以确保演示文稿的视觉效果和专业性。

首先使用 AIGC 工具输入主题和关键词，生成演示文稿的初步框架。这个框架涵盖标题页、目录页、主要内容页和结束页，确保了演示文稿的基本结构清晰、逻辑连贯。借助 AIGC 工具的智能生成功能，能够迅速得到一个高质量的框架，为后续的内容填充和优化筑牢了坚实根基。

在框架构建完成后，再利用 AIGC 工具挑选合适的模板和设计元素。根据演示文稿的主题和目标受众，从 AIGC 工具提供的模板库中挑选出一个与主题相符的模板，并对模板中的设计元素进行适当调整，以确保演示文稿的整体风格统一且符合专业要求。通过 AIGC 工具的辅助，能够快速锁定并应用合适的模板，进一步提升了演示文稿的视觉效果和专业性。

【任务准备】

5.2.1　AIGC 快速构建演示文稿框架

在制作演示文稿时，构建一个清晰、逻辑性强的框架是成功展示的基础。AIGC 工具能够帮助用户快速生成演示文稿的框架，从而节省时间和精力，让用户能够专注于内容的填充和优化。本节将详细介绍如何利用 AIGC 工具快速构建演示文稿的框架。

1. 输入主题与关键词

构建演示文稿框架的第一步是向 AIGC 工具输入主题和关键词。这些信息是生成框架的基础，帮助 AIGC 工具理解演示文稿的核心内容和方向。

操作步骤：

（1）打开 AIGC 工具，选择"生成演示文稿"或类似功能。

（2）在指定的输入框中输入演示文稿的主题，如"人工智能在交通领域的应用"。

（3）添加关键词，如"智能交通系统""自动驾驶""交通流量优化""车联网"等，以进一步细化内容范围。

（4）点击"生成"或"下一步"，AIGC 工具将根据输入的信息生成初步的框架。

2. 生成幻灯片大纲

AIGC 工具会根据输入的主题和关键词，自动生成演示文稿的幻灯片大纲。大纲通常包括标题页、目录页、主要内容页和结束页。用户可以根据需要调整大纲的结构。

操作步骤：

（1）查看 AIGC 工具生成的幻灯片大纲，确保其逻辑清晰、层次分明。

（2）确认大纲后，点击"下一步"或"继续"，进入内容填充阶段。

3. 调整框架结构

生成的框架可能需要进一步调整，以确保其完全符合用户的需求。AIGC 工具通常提供了灵活的编辑功能，允许用户对框架进行修改。

操作步骤：

（1）检查生成的框架，确认每个部分的内容是否完整，逻辑是否连贯。

（2）如果需要，可以删除或合并某些幻灯片，或者添加新的幻灯片。

（3）调整幻灯片的顺序，确保内容的流畅性和逻辑性。

（4）确认调整后的框架结构后，保存并继续进行下一步操作。

5.2.2 AIGC 辅助选择合适的模板与设计元素

在演示文稿的制作过程中，选择合适的模板和设计元素对于提升演示文稿的视觉效果和专业性至关重要。AIGC 工具能够帮助用户快速找到与主题相符的模板，并推荐合适的设计元素，从而节省时间和精力。本节将详细介绍如何利用 AIGC 工具辅助选择合适的模板与设计元素。

（1）用户在 AIGC 工具中选择"选择模板"或类似功能，浏览提供的模板库，根据演示文稿的主题（如"人工智能在交通领域的应用"）和目标受众（如专业人士或普通大众）选择合适的模板；查看模板的预览图，确认模板的整体风格是否符合演示文稿的需求。选择一个合适的模板后，点击"应用"或"开始生成"，将模板应用到演示文稿中。

（2）选择模板后，AIGC 工具便会根据所选模板的样式和结构，自动生成一个基础框架的 PPT。这个 PPT 会保留模板的配色方案、字体风格、布局设计以及任何预设的图形或装饰元素，为演示文稿奠定一个专业且一致的视觉基调。

（3）生成的 PPT 框架通常包括标题页、目录页以及多个内容页。具体内容页的数量可以根据演示文稿的大纲和需求进行调整。标题页会自动填充上演示文稿的主题，如"人工智能在交通领域的应用"，并可能包含一些模板预设的装饰元素，如背景图片、图标或渐变效果。目录页则会列出演示文稿的主要章节或大纲点，便于观众快速了解演示内容的结构。

【任务实施】

1. 任务分析

（1）大纲设计与优化：在输入主题和关键词生成初始大纲后，需对大纲进行细致检查。依据内容的逻辑性和完整性，对大纲的顺序进行合理调整，添加必要的幻灯片标题以丰富内容层次，明确大纲修改需求并准确输入，通过与工具的交互实现大纲的优化，确保大纲能够清晰呈现演示文稿的核心框架。

（2）模板选择与适配：根据演示文稿的主题和目标受众特点，从 Kimi PPT 助手提供的丰富模板库中精心挑选与之高度相符的模板。在选定模板后，确保模板能够顺利应用到演示文稿中，并且生成的 PPT 既要保留模板的原有设计美感，又要自动适配已构建的内容框架，保证整个演示文稿在风格上高度统一。

2. 任务要求

（1）大纲优化过程呈现：附上初始生成的大纲截图以及经过 2 次优化后的大纲截图，详细记录每次优化的具体内容，例如首次优化可能是调整了部分幻灯片的顺序以增强逻辑性，第二次优化可能是添加了新的幻灯片标题以丰富内容层次等。优化后的大纲要能够清晰呈现演示文稿的核心内容框架，各部分之间逻辑连贯，层次分明，确保受众能够快速理解演示文稿的主旨和重点。

（2）模板选择与展示：说明选择特定模板的原因，阐述该模板与演示文稿主题和目标受众的契合度。展示应用模板后生成的 PPT 截图，体现模板在保留原有设计美感的同时，如何自动适配内容框架，确保整个演示文稿风格统一。

3. 任务实现

1）输入主题与关键词

小李首先打开 Kimi PPT 助手，在输入框中输入了演示文稿的主题"人工智能在交通领域的应用"，并添加了关键词"智能交通系统""自动驾驶""交通流量优化""车联网""数据分析"等，以帮助 AIGC 工具更好地理解演示文稿的核心内容和方向，自动生成了演示文稿的幻灯片大纲，如图 5-8 所示。

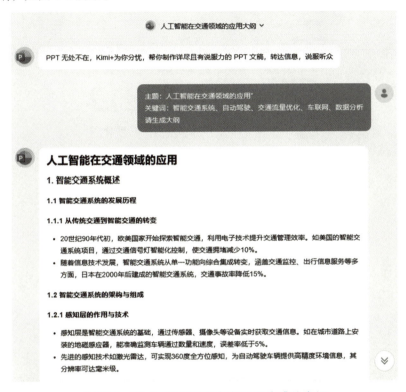

图 5-8　Kimi PPT 助手根据提示器生成的大纲

小李查看了生成的大纲，逻辑清晰，层次分明，仍需进一步调整。于是他根据需要调整了大纲的顺序，添加了新的幻灯片标题，确定了大纲的修改需求，并将修改需求输入到对话框中，点击发送图标按钮，如图 5-9 所示。

图 5-9　在 Kimi PPT 助手对话框中输入修改后的需求

修改后的大纲如图 5-10 所示。确认当前大纲符合要求后，小李点击"一键生成 PPT"，如图 5-11 所示。

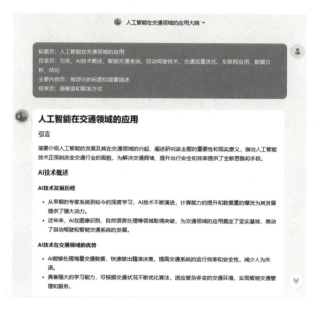

图 5-10　Kimi PPT 助手修改后的大纲

图 5-11　点击"一键生成"按钮

2）选择合适的模板

框架构建完成后，小李利用 Kimi PPT 助手选择合适的模板。他根据演示文稿的主题和目标受众，需要从 Kimi PPT 助手提供的模板库中选择一个与主题相符的模板。选择一个合适的模板后，小李点击"生成 PPT"按钮，将模板应用到演示文稿中，如图 5-12 所示。经过一定时间的渲染与生成，Kimi+ PPT 助手成功将所选模板应用到了演示文稿中，为小李的报告提供了一个专业且吸引人的视觉框架。小李注意到，生成的 PPT 不仅保留了模板原有的设计美感，还自动适配了他之前构建的内容框架，使得整个演示文稿在风格上保持了一致性，如图 5-13 所示。

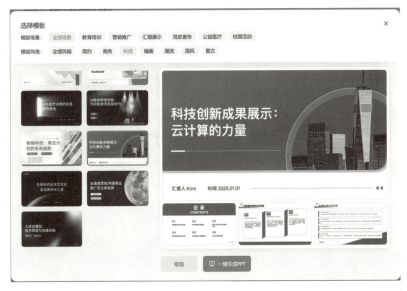

图 5-12　选择合适的模板

图 5-13　渲染完成的 PPT

（资料来源：AIGC 平台——Kimi）

3）调整设计元素

选择模板后，小李进一步调整模板中的设计元素，以确保演示文稿的整体风格一致且符合专业要求。他可以调整模板中的字体、颜色、布局等设计元素，确保演示文稿的视觉效果和专业性。通过 Kimi+ PPT 助手的辅助，小李能够快速找到并应用合适的模板，进一步提升了演示文稿的视觉效果和专业性。

在完成所有编辑和调整后，小李准备将演示文稿保存为最终格式。Kimi+ PPT 助手提供了多种导出选项，支持将演示文稿保存为 PPT、图片、PDF 等格式，同时还可以选择是否保留文字的可编辑性。小李选择了将演示文稿保存为 PPT 格式，并确保文字内容保持可编辑，以便在后续的演示中可以根据实际情况进一步调整和优化，如图 5-14 所示。

图 5-14　下载 Kimi+ PPT 助手生成的 PPT

（资料来源：AIGC 平台——Kimi）

通过以上步骤，小李成功利用 AIGC 工具生成了演示文稿的初稿框架，并选择了合适的模板与设计元素，为后续的内容填充和优化奠定了坚实的基础。

5.3　手动修改与个性化定制

【任务描述】

任务 5.3　对 AIGC 生成的演示文稿进行细节优化

利用 AIGC 工具生成演示文稿的初稿框架并选择合适的模板与设计元素后，我们进入演示文稿制作的精细化阶段——手动修改与个性化定制。尽管 AIGC 工具能够快速生成高质量的框架和模板，但要使演示文稿真正脱颖而出，还需要根据具体需求进行个性化的调整和优化。因此，需要对演示文稿中的图片、动画与切换效果，以及音视频元素进行细致的编辑和调整，以确保演示文稿不仅在内容上准确传达信息，更在视觉和听觉上吸引观众，提升整体的专业性和吸引力。

【任务准备】

5.3.1　图片插入与编辑优化

在演示文稿中，图片是增强视觉效果和传递信息的重要元素。通过插入高质量的图片，可以有效吸引观众的注意力，使内容更加生动和直观。本节将详细介绍如何在 WPS 演示中插入图片，并对图片进行编辑和格式化，以实现最佳的视觉效果。

1. 插入图片

在 WPS 演示中，插入图片可以通过多种方式完成，包括从本地文件夹插入、在线插入或使用剪贴画等。以下是插入图片的详细步骤和方法。

1）从本地文件夹插入图片

打开 WPS 演示软件，进入需要插入图片的幻灯片。在菜单栏中选择"插入"选项卡，点击"图片"按钮，再点击"本地图片"按钮后（见图 5-15），会弹出"插入图片"对话框，如图 5-16 所示。对话框导航到包含目标图片的本地文件夹，包含需要插入的图片文件（支持常见的图片格式，如 JPEG、PNG、GIF 等）。选择图片后，点击"插入"按钮，图片将被插入到当前幻灯片中，如图 5-17 所示。

图 5-15　插入图片

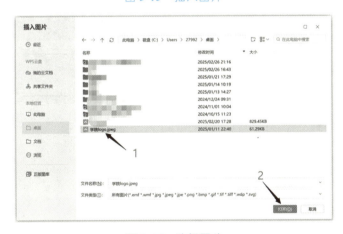

图 5-16　选择图片

图 5-17　插入图片效果

2）插入在线图片

在"插入"选项卡中，点击"图片"按钮，在弹出的在线图片搜索框中（见图 5-18），输入关键词，如"四川交通"，点击"搜索"按钮，搜索结果如图 5-19 所示。从搜索结果中选择一张合适的图片，点击"插入"按钮，图片将被插入到幻灯片中。

图 5-18　插入在线图片

图 5-19　搜索在线图片

3）插入 AI 生成的图片

在菜单栏中选择"插入"选项卡，找到"图片"按钮，点击"AI 生成图片"按钮后，在侧边栏会弹出"AI 生成图片"对话框，在"画面描述"文本框中输入画面主体的描述，如"一座具有现代感的建筑"，同时选择生成图片的风格和比例，点击"开始生成"按钮，如图 5-20 所示。系统将根据用户的描述词和风格选择生成 4 张图片供用户选择，单击图片便可以将图片插入演示文稿中，如图 5-21 所示。

图 5-20　输入画面描述生成图片

图 5-21　AI 根据描述生成图片

4）插入形状

在 WPS 演示软件中，打开需要插入形状的幻灯片。接着，在菜单栏中找到"插入"选项卡，点击"形状"按钮，会弹出一个包含多种形状选项的菜单，如图 5-22 所示。

图 5-22 形状选项菜单

该形状选项菜单中可以看到各种预设的形状类别，如基本形状、箭头总汇、流程图、星与旗帜等。浏览这些类别，找到需要的具体形状。例如，如果想插入一个圆形，就在"基本形状"类别中选择"椭圆"（通常选择时它默认显示为完整的圆形）。

选择好形状后，将鼠标指针移动到幻灯片上的目标位置。此时，鼠标指针会变成一个十字形状，表示可以开始绘制了。按住鼠标左键并拖动，就可以在幻灯片上绘制出选择的形状。松开鼠标左键后，形状将被固定在幻灯片上，并且可以看到它已经被成功插入。

插入形状后，还可以对其进行进一步的编辑和格式化，以满足具体需求。例如，可以调整形状的大小和位置，改变其填充颜色、边框样式和透明度等。这些编辑功能通常可以通过选中形状后出现的"绘图工具"选项卡来进行访问和操作，如图 5-23 所示。

图 5-23 "绘图工具"选项卡

双击形状的内部区域，还可以直接在形状中添加文字。添加文字后，会出现"文本工具"选项卡，该选项卡提供了一系列用于编辑文字的工具和选项，如图 5-24 所示。可以通过它调整文字的字体、字号、颜色、对齐方式等属性，确保文字与形状和演示文稿的整体风格相匹配。这一功能使得形状不仅作为视觉元素存在，还能承载和传达具体的信息内容，极大地丰富了演示文稿的表达方式和信息密度。

图 5-24　"文本工具"选项卡

除此之外，还有一个特殊的类别叫作"动作按钮"。"动作按钮"是一种带有预设功能的形状，如"前进"或"后退"按钮，它们可以在演示过程中触发特定的动作，如跳转到下一张幻灯片或返回到上一张幻灯片，如图 5-25 所示。这些动作按钮对于创建交互式演示文稿特别有用。

图 5-25　插入动作按钮

2. 编辑图片

插入图片后，用户通常需要对其进行编辑和格式化，以确保图片与幻灯片的整体风格相匹配，并符合演示文稿的内容需求。以下是图片编辑的主要功能和操作方法。

1）调整图片大小和位置

（1）调整图片大小：选中图片后，图片周围会出现 8 个调整控点（小圆圈）；将鼠标指针移动到控点上，当指针变为双向箭头时，按住鼠标左键拖动，即可调整图片的宽度或高度。为了保持图片的宽高比例，可以按住 Shift 键的同时拖动控点。

（2）精确调整图片大小：如果需要更精确地调整图片大小，可以在选中图片后，右键单击图片，选择"大小和位置"选项；在弹出的对话框中，可以输入具体的宽度和高度值，或者通过调整"缩放比例"来改变图片的大小，如图 5-26 所示。此外，还可以选择"锁定纵横比"选项，确保图片在调整大小时保持原始的宽高比例。

图 5-26　调整图片大小

（3）移动图片位置：选中图片后，将鼠标指针移动到图片内部，当指针变为十字箭头时，按住鼠标左键拖动图片，将其移动到幻灯片上的任意位置。

（4）精确调整图片位置：如果需要更精确地调整图片的位置，可以在选中图片后，右键单击图片，选择"大小和位置"选项；在弹出的对话框中，切换到"位置"选项卡，通过设置"水平位置"和"垂直位置"来精确定位图片。水平位置和垂直位置的单位通常是厘米或像素，用户可以根据需要输入具体的数值，将图片放置在幻灯片上的精确位置，如图 5-27 所示。

图 5-27　调整图片位置

2）裁剪图片

如果图片的尺寸或内容不符合需求，可以通过裁剪功能进行调整。以下是裁剪图片的方法。

（1）选中需要裁剪的图片，然后在菜单栏中选择"图片工具"选项卡。

（2）在"图片工具"选项卡中，点击"裁剪"按钮。此时，图片周围会出现裁剪框。

（3）将鼠标指针移动到裁剪框的边缘或角落，当指针变为双向箭头时，按住鼠标左键拖动，即可裁剪图片的多余部分。裁剪过程中，可以通过拖动裁剪框内的图片，调整裁剪区域的位置。

（4）裁剪完成后，再次点击"裁剪"按钮或按下"Enter"键，确认裁剪操作。

3）旋转图片

为了更好地布局图片，可以对其进行旋转操作。以下是旋转图片的方法。

（1）选中需要旋转的图片，然后在"图片工具"选项卡中找到"旋转"按钮。

（2）点击"旋转"按钮，可以选择预设的旋转角度（如顺时针旋转 90°，逆时针旋转 90°，旋转 180°等），也可以选择"任意角度旋转"，在弹出的对话框中输入具体的旋转角度。

4）设置图片格式

为了让图片更好地融入幻灯片，可以通过设置图片格式来调整其视觉效果。以下是常用的图片格式设置方法。

（1）调整亮度和对比度：选中图片后，在"图片工具"选项卡中找到"图片格式"组，点击"调整"按钮，选择"亮度"和"对比度"选项，调整图片的明暗和色彩对比度。

（2）添加图片效果：为了增强图片的视觉效果，可以为其添加阴影、发光、柔化边缘等效果。在"图片工具"选项卡中，点击"图片效果"按钮，选择需要的效果类型。

（3）设置图片样式：WPS 演示提供了多种预设的图片样式，可以直接应用到图片上。在"图片工具"选项卡中，点击"图片样式"按钮，选择一种合适的样式，图片的外观将自动更新。

5）设置图片填充和透明度

如果需要对图片进行进一步的视觉调整，可以设置图片的填充和透明度。以下是具体操作方法。

（1）设置图片填充：选中图片后，在"图片工具"选项卡中点击"图片填充"按钮，可以选择纯色填充、渐变填充或纹理填充等选项，为图片添加特殊的视觉效果。

（2）调整透明度：在"图片工具"选项卡中，点击"透明度"按钮，选择一个透明度级别（如 10%、20%等），使图片的背景或其他元素能够透过图片显示出来。

5.3.2　动画与切换效果的选择与应用

在制作演示文稿时，动画和切换效果不仅能够增强视觉吸引力，还能帮助观众更好地理解和接受信息。合理选择和应用动画与切换效果，可以使演示文稿更加生动和专业。本节将详细介绍如何选择和应用动画与切换效果，以及如何设置交互动作，以提升演示文稿的质量。

1. 选择合适的动画效果

动画效果适用于幻灯片中的单个元素，如文本、图片和图表，通过动画效果可以逐步展示内容，增强信息传递的层次感和节奏感。

（1）打开 WPS 演示文稿，选中需要添加动画效果的对象（如文本框、图片等）。

（2）在菜单栏中选择"动画"选项卡，找到"动画"组。

（3）点击下拉菜单，可以看到多种动画类型，如"进入""强调""退出"和"动作路径"等，如图 5-28 所示。根据对象的特性和演示需求，选择合适的动画类型。

（4）设置动画的开始时间（如"单击时""上一动画之后"）和持续时间，确保动画速度与演讲节奏相匹配，如图 5-29 所示。

图 5-28　选择动画效果

图 5-29　调整动画时间

2. 编辑动画效果

应用动画效果后，用户可能需要进一步调整动画的顺序或删除某些动画效果，以确保演示文稿的流畅性和逻辑性。

（1）删除动画效果：选中已经添加动画的对象，在"动画"选项卡中，点击"删除动画"按钮，选择"删除选择对象的所有动画"，如图5-30所示。

图 5-30　删除动画效果

（2）调整动画顺序：在"动画"选项卡中，点击"动画窗格"按钮，在垂直滚动条右侧弹出的窗口中，可以看到幻灯片中所有对象的动画顺序，通过拖动动画条，可以调整动画的播放顺序，如图5-31所示。

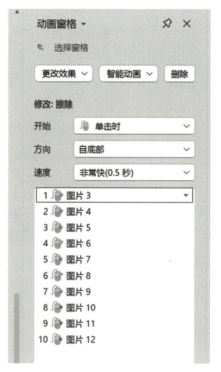

图 5-31　调整动画顺序

（3）设置动画选项：在"动画窗格"中，右键单击动画条，可以选择"效果选项"，在弹出的对话框中进一步设置动画的具体参数，如动画的方向、速度、声音等，如图5-32所示。

图 5-32　调整动画属性

3. 选择合适的切换效果

在"幻灯片"窗格中，选中需要设置切换效果的幻灯片，点击菜单栏中的"切换"选项卡，查看可用的切换效果。选择合适的切换效果，如"百叶窗""溶解""插入"等，如图 5-33 所示。例如，选择"百叶窗"效果可以使幻灯片内容以百叶窗的形式展开，增加视觉吸引力。还可以设置切换效果的持续时间和换片方式（如"单击鼠标时换片""自动换片"），如果需要将相同的切换效果应用于所有幻灯片，可以点击"应用到全部"按钮，如图 5-34 所示。

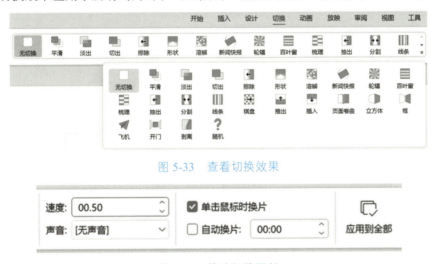

图 5-33　查看切换效果

图 5-34　修改切换属性

4. 设置交互动作

在演示文稿中，交互动作可以增强观众的参与感和互动性。通过设置超链接、动作按钮和触发器，可以使观众在观看演示时进行交互操作。

选中需要添加超链接的对象（如文字、图片、形状等），在"插入"选项卡中，点击"超链接"按钮。在弹出的对话框中，可以选择"原有文件或网页""本文档中的位置""电子邮件地址"和"云文档链接"，如图 5-35 所示。

如果需要修改或删除已设置的交互动作，可以右键单击对象，在弹出的菜单中选择"超链接"，点击"编辑超链接"或"取消超链接"按钮。

图 5-35　插入超链接

5.3.3　音视频元素的插入与调整

在 WPS 演示中，音视频元素可以极大地丰富演示文稿的内容，使其更加生动和具有吸引力。通过添加背景音乐、视频片段或音频解说，可以有效提升演示文稿的传达效果和观众的参与度。本节将详细介绍如何在 WPS 演示中插入音视频元素，并对它们进行调整，以实现最佳的演示效果。

1. 插入音频元素

（1）打开 WPS 演示软件并进入需要插入音频的幻灯片。

（2）在菜单栏中选择"插入"选项卡，点击"音频"下拉菜单中的"嵌入音频"选项，如图 5-36 所示。

（3）在弹出的对话框中，浏览到包含目标音频文件的本地文件夹，选择所需音频文件（如MP3、WAV 等格式），点击"插入"按钮，音频文件将被成功插入到当前幻灯片中。

图 5-36　插入音频

2. 调整音频元素

插入音频后，可能需要对其进行一些调整以确保其与演示文稿完美融合。选中插入的音频元素，菜单栏中将出现"音频工具"选项卡，如图 5-37 所示。其中可以设置音频的播放方式（如自动播放、单击时播放等），还可以调整音频的音量大小，以及设置淡入淡出效果，或者点击"裁剪音频"对音频文件进行裁剪，如图 5-38 所示。

图 5-37　"音频工具"选项卡

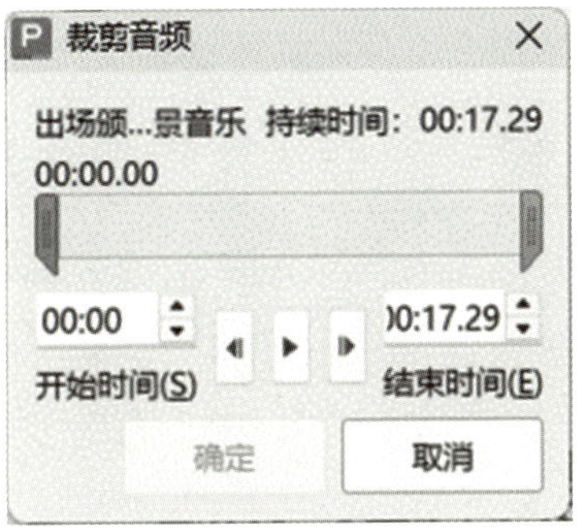

图 5-38　裁剪音频文件

3. 插入视频元素

（1）打开需要插入视频的幻灯片，在菜单栏中选择"插入"选项卡。

（2）点击"视频"下拉菜单中的"嵌入视频"选项。点击"视频"下拉菜单中的"文件中的视频"选项，如图 5-39 所示。

（3）在弹出的对话框中，选择所需视频文件（如 MP4、AVI 等格式），并点击"插入"按钮，如图 5-40 所示。

图 5-39　选择"嵌入视频"选项

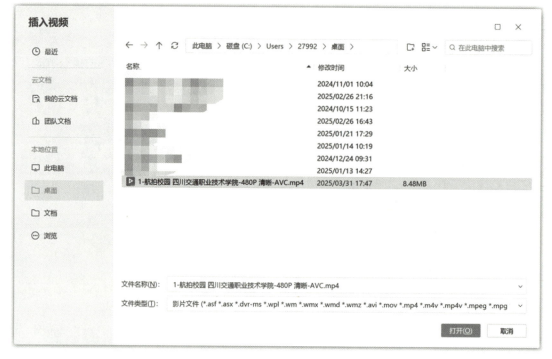

图 5-40　选择视频文件

WPS 演示还提供了一个非常实用的功能——"录制屏幕"。该功能允许用户直接录制电脑屏幕上的操作和内容，并将其保存为视频文件，然后插入到演示文稿中。其步骤如下：

（1）在"插入"选项卡中，点击"视频"下拉菜单的"录制屏幕"选项。

（2）在弹出的录制工具中，设置录制区域、音频输入等参数。

（3）点击"开始录制"按钮，按照提示进行屏幕操作。

（4）录制完成后，点击"停止录制"按钮。录制好的视频将自动保存到指定位置，你可以将其插入到当前幻灯片或其他幻灯片中。

4. 调整视频元素

插入视频后，可能需要对其进行一些调整以确保其播放效果符合预期。以下是调整视频的详细步骤。

1）调整播放设置

选中插入的视频元素，菜单栏中将出现"视频工具"选项卡。在"播放"选项中，可以设置视频的播放方式（如自动播放、循环播放等），如图 5-41 所示。如果需要裁剪视频，可以在"视频工具"选项卡中找到"裁剪视频"选项，并设置视频的起始和结束时间，如图 5-42 所示。

图 5-41　视频工具选项卡

图 5-42　裁剪视频

2）调整位置和大小

　　选中视频元素后，通过拖动其周围的边框可以调整其大小；将鼠标指针移动到视频元素内部并拖动，可以移动其位置；单击视频元素，在垂直滚动条右侧的"大小与属性"选项卡中，可以精确调整其大小和位置，如图 5-43 所示。

图 5-43　调整视频大小与位置

3）设置动画效果

"动画"选项卡能为视频元素选择一种合适的动画效果。通过调整动画的触发方式、持续时间和延迟时间等参数，可以优化动画效果，使视频的播放更加生动有趣。

【任务实施】

1. 任务分析

（1）封面页优化：封面页是演示文稿给观众的第一印象，其设计直接影响观众对内容的兴趣和期待。需要删除冗余元素，插入符合主题的图片，并精确调整图片位置和大小，以提升封面的专业性和吸引力。

（2）动画与切换效果设计：动画和切换效果能够增强演示文稿的动态感和趣味性，使内容呈现更加生动形象；能够使幻灯片之间的过渡更加自然流畅，符合观众的观看习惯。

（3）视频插入与编辑：视频是一种直观、生动的信息展示方式，能够丰富演示文稿的内容和形式，确保视频播放效果符合演示需求，突出关键内容。

2. 任务要求

（1）文稿个性化修改：修改封面内容；设置动画与切换效果，保证效果生动自然；在指定页插入视屏，确保视频播放正常，内容契合主题。

（2）演示文稿提交：将制作好的演示文稿保存为 WPS 演示文件（命名为"人工智能在交通领域的应用.pptx"），并按时提交至指定平台或邮箱。

3. 任务实现

1）封面页修改

（1）打开"人工智能在交通领域的应用.pptx"演示文稿，对封面页进行编辑。修改前效果如图 5-44 所示。

图 5-44　原封面效果图

（2）删除左上角"YOUR LOGO"文本框，并插入"学院文字 logo.png"图片；调整该图片高度为 1.5 厘米，水平位置相对于左上角 22.5 厘米，垂直位置相对于左上角 1.5 厘米；将"时间：202X.X"利用插入功能替换成当前日期。修改后效果如图 5-45 所示。

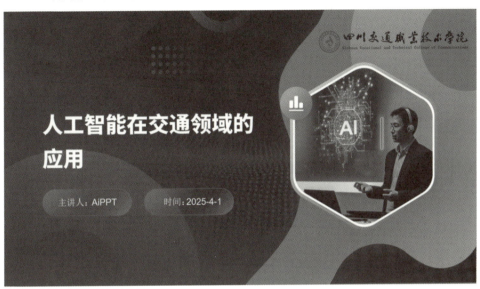

图 5-45　修改后封面

2）动画与切换设置

（1）将 PPT 第 7 张幻灯片的 01 图片（图片 8）和 02 图片（图片 10）的动画分别设置成"单击时自左侧飞入"和"单击时自右侧飞入"，如图 5-46 所示。

图 5-46　设置动画效果

（2）将第 7 张幻灯片的切换效果设置为"向右擦除"，勾选"单击鼠标时换片"，如图 5-47 所示。

图 5-47　设置切换效果

3）插入并编辑视频

在第 13 张幻灯片后插入一张空白幻灯片，并插入"百度阿波龙 L4 无人驾驶巴士.mp4"视频文件；将视频播放框大小调整为高 19.1 厘米，宽 33.9 厘米；播放设置修改为"自动播放、音量高、循环播放"；利用"裁剪视频"将视频的前 10 秒裁剪掉。效果如图 5-48 所示。

图 5-48　插入本地视频

【项目训练】

一、单选题

1.调整图片大小时，按住哪个键可以保持宽高比例？（　　）

A. Ctrl　　　　　　B. Alt　　　　　　C. Shift　　　　　　D. Tab

2. 设置幻灯片切换效果时，点击哪个按钮可将效果应用到所有幻灯片？（　　）

A. "应用到全部"　B. "自动换片"　　C. "重置布局"　　D. "保存模板"

3. 在使用 AIGC 工具生成演示文稿时，哪个步骤最为关键，以确保生成内容的质量和相关性？（　　）

A. 选择合适的 AIGC 工具　　　　　B. 设计有效的提示词

C. 快速构建演示文稿框架　　　　　D. 手动修改与个性化定制

4. 以下哪个场景不适合使用 AIGC 工具生成演示文稿？（　　）

A. 学术报告快速生成大纲　　　　　B. 企业年度总结标准化文档

C. 需要高度个性化设计的艺术展演 PPT　D. 交通领域技术原理分析

5. AIGC 工具在演示文稿制作中的应用优势包括（　　）。

A. 提高制作效率　　　　　　　　　B. 提升内容质量

C. 增强视觉效果　　　　　　　　　D. 以上都是

二、多选题

1. 以下哪些是 AIGC 工具在学术报告中的应用优势？（　　）

A. 快速生成 PPT 大纲　　　　　　　B. 实时获取最新研究数据

C. 自动设计复杂动画　　　　　　　D. 支持多语言翻译

2. 插入音频时，可以设置的播放方式包括哪些？（　　）

A. 自动播放　　　　　　　　　　　B. 单击时播放

C. 循环播放　　　　　　　　　　　D. 随机播放

3. 在设计 AIGC 工具的提示词时，需要注意哪些方面？（　　）

A. 明确任务目标　　　　　　　　　B. 具体化需求

C. 使用具体指令　　　　　　　　　D. 无须考虑限制条件

4. 在选择演示文稿模板时，需要考虑的因素包括（　　）。

A. 演示文稿的主题　　　　　　　　B. 目标受众

C. 模板的预览图　　　　　　　　　D. 模板的颜色搭配

5. 在演示文稿中设置交互动作时，可以使用以下哪些功能？（　　）

A. 超链接　　　　　　　　　　　　B. 动作按钮

C. 触发器　　　　　　　　　　　　D. 自动播放

知识图谱

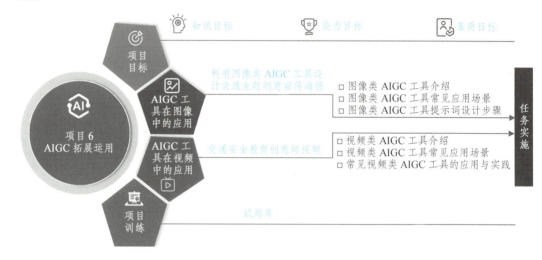

图 6-1　项目 6 知识图谱

知识目标

- 掌握 AIGC 图像生成和视频生成技术的原理和关键技术，包括 GANs、VAEs、扩散模型、预训练语言模型等。

- 了解 AIGC 图像生成和视频生成工具的常见应用场景，例如广告营销、游戏影视制作等。

- 熟悉 AIGC 图像生成和视频生成工具的优缺点，以及各自的技术瓶颈和挑战。

- 了解常用的 AIGC 图像生成和视频生成平台，例如文心一言智慧绘图、通义万相、堆友、Pika、Runway 等。

- 掌握 AIGC 图像生成和视频生成工具提示词的设计方法和技巧。

- 了解图像编辑软件和视频编辑软件的基本操作，包括图片编辑、视频剪辑、特效添加等。

能力目标

- 能够根据实际需求选择合适的 AIGC 图像生成和视频生成工具。
- 能够运用 AIGC 图像生成和视频生成工具进行创意设计，例如设计宣传海报、制作交通安全教育创意短视频等。
- 能够根据项目要求设计合理的提示词，以生成符合预期的图像和视频内容。
- 能够对生成的图像和视频进行后期处理和优化，例如剪辑、添加字幕、调整节奏等。
- 能够将 AIGC 技术与其他创意设计工具和技术相结合，进行更复杂的项目设计和开发。
- 能够使用图像编辑软件和视频编辑软件进行更精细的图像和视频处理。

素质目标

- 培养对 AIGC 技术的兴趣和好奇心，积极探索 AIGC 技术的应用潜力。
- 培养创新思维和创意设计能力，能够运用 AIGC 技术进行创意表达。
- 培养批判性思维和分析能力，能够对 AIGC 技术的应用进行评估和反思。
- 培养团队合作和沟通能力，能够与其他人员协作完成 AIGC 项目。
- 培养伦理意识和责任感，能够负责任地使用 AIGC 技术。
- 提升审美能力，能够判断图像和视频内容的质量和美感。
- 培养学习能力和适应能力，能够不断学习新的 AIGC 技术和工具。

6.1　AIGC 工具在图像中的应用

【任务描述】

任务 6.1　利用图像类 AIGC 工具设计交通主题创意宣传海报

小李是一名交通领域的研究分析师，主要负责智能交通系统的研究与分析工作。公司计划推出一系列宣传活动，以推广其智能交通解决方案，提高公众对智能交通系统的认知度和接受度。为此，公司领导要求小李设计一份交通主题的创意宣传海报，用于即将到来的行业展会和线上宣传活动。

小李深知，一份吸引人的宣传海报不仅需要传达清晰的信息，还需要在视觉上具有强烈的吸引力。由于时间紧迫，他决定利用图像类 AIGC 工具来高效完成这项任务。通过精心设计提示词，小李希望能够生成符合主题的创意图像，并将其整合到宣传海报中。

【任务准备】

根据任务描述，创意宣传海报设计可以借助图像类 AIGC 工具实现高效创作与视觉创新。在正式开展设计前，我们需先掌握图像类 AIGC 的核心功能与应用场景，并熟悉主流工具及其技术特点。

6.1.1 图像类 AIGC 工具介绍

AIGC 图像生成技术是一种基于深度学习模型的创新方法，其核心原理是通过解析文本描述中的语义信息，依托生成对抗网络（GANs）或扩散模型（Diffusion Models）等先进架构，将自然语言转化为高保真视觉图像。

1. 图片生成工具的关键技术

1）生成对抗网络（GANs）

生成对抗网络由生成器（Generator）和判别器（Discriminator）组成，如图 6-2 所示。生成器负责生成图像，判别器负责判断生成的图像是真实的还是伪造的。通过不断地对抗训练，生成器逐渐学会生成越来越逼真的图像。

图 6-2　生成对抗网络组成

2）变分自编码器（VAEs）

变分自编码器通过编码器将图像编码为潜在空间的向量，再通过解码器从潜在空间的向量重建图像。VAEs 在生成图像时具有一定的随机性，可以生成多样化的图像。

3）扩散模型（Diffusion Models）

扩散模型通过逐步去除噪声来生成图像。训练时，模型学习如何从噪声中恢复出清晰的图像，生成时则从噪声开始逐步生成图像。扩散模型在生成高质量图像方面表现出色，尤其是 Stable Diffusion 等模型。

4）预训练语言模型（Pretrained Language Model, PLM）

预训练语言模型，如 BERT、GPT、CLIP 等，能够将文本描述转换为高维向量，捕捉文本的语义信息。这些向量作为生成模型的输入，指导图像的生成过程。

2. 图片生成工具的技术瓶颈

尽管 AIGC 文生图技术在近年来取得了显著进展，但在实际应用中仍面临一些瓶颈和挑战。这些瓶颈和挑战主要体现在以下几个方面。

1）数据质量与多样性问题

当前文生图模型高度依赖大规模高质量数据进行训练，但数据偏差与稀缺性问题显著制约了模型表现。训练数据若存在分布不均，例如特定风格或主题的图像占比过高，模型将倾向于生成同质化内容，导致输出结果缺乏多样性。此外，针对小众领域或罕见场景的图像数据往往难以获取，使得模型在生成特定类型图像时质量受限。同时，高质量图像数据的标注成本高昂，不仅需要精细的人工标注，还需耗费大量时间进行质量校验，这进一步加剧了数据收集的难度与成本负担。

2）模型复杂性与计算资源需求

文生图模型的性能提升往往伴随参数规模的指数级增长，例如现有主流模型已突破千亿参数级别，这对计算资源提出了极高要求。训练此类模型需依赖高性能 GPU（图形处理单元）集群或 TPU（张量处理单元）阵列，单次训练成本可达数百万美元，且耗时数周甚至数月。这种资源门槛不仅限制了学术机构和小型企业的参与度，还导致模型迭代周期延长。此外，模型推理阶段同样需要消耗大量算力，使得实时生成或移动端部署遇到技术瓶颈，限制了技术的普及速度。

3）生成图像的质量与可控性

尽管文生图技术已能实现基础图像生成，但输出质量仍存在明显波动。模型可能生成模糊、扭曲或语义不符的图像，尤其在处理复杂场景或抽象概念时表现不佳。细节还原能力不足是另一突出问题，例如人物面部特征、物体纹理等关键元素常显失真。此外，用户对生成过程的控制力较弱，难以精确调整图像风格、构图或色彩分布，导致输出结果难以满足专业设计或个性化需求。这种质量不稳定性与可控性缺失，严重限制了文生图技术在商业场景中的落地应用。

4）伦理与法律问题

文生图技术的快速发展引发了多重伦理与法律争议，版权归属问题尤为突出。当生成图像与现有作品存在相似性时，则难以界定其原创性，可能引发侵权纠纷。技术滥用风险同样不容忽视，例如利用文生图伪造名人肖像、制造虚假新闻等，已对信息安全与社会信任构成威胁。此外，训练数据若包含个人隐私信息，可能通过模型生成结果泄露敏感内容，加剧数据隐私保护压力。这些伦理与法律方面的挑战不仅影响技术本身的可持续发展，也对社会治理提出了新要求。

5）文本理解与语义对齐

尽管预训练语言模型（如 BERT、GPT、CLIP）在文本理解方面取得了显著进展，但生成模型在将文本描述准确转化为图像内容时仍面临挑战。某些复杂的文本描述可能难以被模型完全理解，导致生成的图像与文本描述不完全匹配。此外，CLIP 等模型通过对比学习对齐文本和图像的特征表示，但在实际生成过程中，文本描述与生成图像之间的语义对齐仍可能存在偏差。这种对齐问题可能导致生成的图像与用户期望存在差距，影响生成结果的准确性和实用性。因此，提高文本理解的准确性和语义对齐的精确性是 AIGC 文生图技术需要解决的重要问题之一。

3. 常用 AIGC 图片生成平台介绍

随着人工智能技术的不断发展，图像类 AIGC 工具在图像生成中的应用越来越广泛。这些工具能够帮助用户快速生成高质量的图像，节省时间和精力。接下来介绍三款常见的图像类 AIGC 工具：文心一言智慧绘图、通义万相和堆友。

1）文心一言智慧绘图

文心一言智慧绘图是一款由百度推出的图像生成工具，能够根据文本描述生成高质量的图像。它支持多种风格和分辨率，适用于生成创意图像和艺术作品。用户可以通过输入详细的文本描述，生成与描述相符的图像，并选择多种风格（如写实、卡通、油画等）和调整图像的清晰度。文心一言智慧绘图特别适合需要快速生成高质量图像的用户，如设计师、广告公司和内容创作者。其优势在于生成图像的质量高，能够理解复杂的文本描述，支持多种风格和分辨率。然而，生成速度相对较慢，且需要付费使用，这可能对预算有限的用户构成限制。文心一言智慧绘图界面如图 6-3 所示。

图 6-3　文心一言智慧绘图界面

2）通义万相

通义万相是一款由阿里巴巴推出的图像生成工具，能够根据文本描述生成高质量的图像。它支持多种风格和分辨率，适用于生成创意图像和艺术作品。用户可以通过输入详细的文本描述，生成与描述相符的图像，并选择多种风格（如写实、卡通、油画等）和调整图像的清晰度。通义万相特别适合需要快速生成高质量图像的用户，如设计师、广告公司和内容创作者。其优势在于生成图像的速度快，能够快速响应用户的提示词，支持多种风格和分辨率。然而，其生成的图像风格较为单一，可能需要用户手动调整参数以满足特定需求。通义万相界面如图 6-4 所示。

图 6-4　通义万相界面

3）堆友

堆友是一款开源的图像生成工具，能够根据文本描述生成高质量的图像。它支持多种风格和分辨率，适用于生成创意图像和艺术作品。用户可以通过输入详细的文本描述，生成与描述相符的图像，并选择多种风格（如写实、卡通、油画等）和调整图像的清晰度。堆友特别适合需要自由调整生成参数的用户，如设计师、艺术家和技术爱好者。其优势在于开源性和灵活性高，用户可以自由调整生成参数，适合有技术背景的用户。然而，生成的图像质量可能不如文心一言智慧绘图和通义万相，且需要一定的技术背景来优化生成效果。堆友界面如图 6-5 所示。

图 6-5　堆友界面

6.1.2　图像类 AIGC 工具常见应用场景

随着数字技术的蓬勃发展，AIGC 在图像领域展现出了巨大的潜能。如今，图像类 AIGC 工具主要从图像生成、图像加工等功能来满足用户在各个应用场景的使用。本小节将深入剖析 AIGC 图像生成与图像加工在不同场景的创新应用与突出优势。

1. AIGC 在图像生成的应用

1）广告与营销领域

在广告与营销领域，图像类 AIGC 工具已成为创意生产的核心助力。广告公司和营销团队通过输入简洁的文本描述，如"夏日清凉饮料，冰爽口感，热带水果元素"，即可快速生成符合品牌调性的宣传海报、产品展示图或社交媒体广告素材，如图 6-6 所示。相比传统设计流程，AIGC 工具不仅将素材制作成本降低 70% 以上，还支持多版本快速迭代，使营销团队能够实时响应市场变化，优化广告内容。

图 6-6　广告与营销领域应用

（图片来源：AIGC 平台——文心一言智慧绘图）

2）游戏与影视制作

游戏与影视制作行业对视觉创意的需求极高，而 AIGC 工具通过"文本到图像"的转化能力，大幅缩短了概念设计周期。游戏公司设计人员可输入"赛博朋克风格机甲战士，手持能量光剑，背景为未来都市废墟"，快速生成高精度角色概念图，供美术团队进一步细化，如图 6-7 所示。影视制作团队则利用 AIGC 工具进行分镜脚本可视化、特效预览等工作。

图 6-7　游戏与影视制作应用

（图片来源：AIGC 平台——通义万相）

3）出版与教育

出版与教育领域对高质量视觉素材的需求持续增长，而 AIGC 工具提供了低成本、高效率的解决方案。出版机构可输入"童话森林场景，精灵与独角兽，柔和水彩风格"，快速生成适合儿童读物的插画初稿，如图 6-8 所示。教育机构则利用 AIGC 制作教学课件、互动内容，例如根据"细胞分裂过程"生成科学示意图。

图 6-8　出版与教育应用

（图片来源：AIGC 平台——文心一言智慧绘图）

4）社交媒体与内容创作

在社交媒体与内容创作领域，AIGC 工具成为个人创作者和企业的"创意加速器"。用户通过输入"可爱猫咪表情包，惊讶表情，卡通风格"，即可生成系列动态图片，用于社交媒体互动，如图 6-9 所示。企业账号则利用 AIGC 快速制作短视频分镜、海报等素材。

图 6-9　社交媒体与内容创作应用

（图片来源：AIGC 平台——文心一言智慧绘图）

2. AIGC 在图像加工的应用

1）室内设计与装修

在室内设计与装修领域，AIGC 工具实现了"所见即所得"的交互式设计体验。客户提供毛坯房的照片素材，并说明了对房屋的设计需求。设计师通过输入客户需求，如"客厅，室内设计，绿色植物，更多细节，超高分辨率，CAD 渲染"，即可生成 3D 渲染图，客户可实时调整风格、色彩等参数，例如将沙发颜色改为浅灰色并立即查看效果，如图 6-10 所示。这种即时反馈机制不仅降低了沟通成本，还显著提升了客户满意度。

（a）渲染前的毛坯房

（b）渲染后的客厅

图 6-10　室内设计与装修加工

（图片来源：AIGC 平台——文心一言智慧绘图）

2）电子商务

在电子商务领域，AIGC 工具通过"虚拟试穿"与"AI 换肤"技术重塑了商品图生产流程。传统服饰商家常面临实拍成本高、模特资源有限等痛点，而 AIGC 工具提供了低成本、高效率的解决方案。例如，某中小服装商家仅有假人模特，为宣传新款连衣裙，可通过 AIGC 工具输入提示词："选择亚洲女性虚拟模特，染成黑色发色，穿上本店米白色雪纺连衣裙，在海边落日场景摆自然微笑姿势。"工具随机生成模特身着目标服饰的逼真图像，背景、光影与服装质感均达到摄影级效果，如图 6-11 所示。这一过程无须专业模特或摄影师参与，商家可快速生成多版本商品图（如不同肤色、发型、场景），并根据用户反馈实时调整。

（a）原图　　　　　　　　　　　（b）加工图

图 6-11　虚拟模特试穿

（图片来源：AIGC 平台——堆友）

3）图像风格转换

图像风格转换是 AIGC 工具的核心应用之一，其通过算法将图像内容从一种视觉风格迁移至另一种风格，甚至实现跨媒介的艺术融合。例如，用户可将中国十大传世名画《韩熙载夜宴图》中夜宴载歌行乐的场景，通过 AIGC 工具转换为写实摄影风格，工具会生成细节逼真的人物肖像，其面部轮廓、服饰纹理，同时保留原作的标志性元素，如图 6-12 所示。这一技术不仅降低了艺术风格迁移的专业门槛，更在影视二次创作、游戏角色重制、文化遗产数字化等领域展现出潜力。

（a）原图

（b）加工图

图 6-12　图像风格转换

（图片来源：AIGC 平台——即梦 AI）

4）AI 扩图

AI 扩图技术通过智能算法对图像进行分辨率提升、内容扩展或细节增强，这在电商、广告与艺术创作中展现出显著价值。例如，某服装品牌仅有一张男模特上半身照，需制作完整宣传海报时，可输入提示词"将图像扩展为全身照，保留模特原有姿势与服装质感，补全下半身"，效果如图 6-13 所示。时手动调整，AI 扩图技术将处理效率提升 10 倍以上，尤其适用于需快速生成高质量视觉素材的场景。

（a）扩展前的半身图

（b）扩展后的全身图

图 6-13　AI 扩图

（图片来源：AIGC 平台——豆包）

6.1.3　图像类 AIGC 工具提示词设计步骤

图像类 AIGC 工具的提示词设计直接影响生成结果的质量与精准度。合理的提示词设计需兼顾技术逻辑与用户需求，以下是系统化的设计步骤。

1. 明确核心需求与目标

（1）定义场景：确定图像用途（如广告海报、游戏角色、电商商品图等），明确风格（写实、卡通、抽象等）与核心元素（人物、场景、物体）。

（2）设定基调：通过形容词或情绪词传递氛围（如"温暖治愈""赛博朋克""恐怖悬疑"），例如："生成一张温暖治愈风格的秋日森林插画。"

2. 分解图像要素并结构化描述

（1）主体描述：明确核心对象（如"一位亚洲女性""中世纪骑士"），细化特征（如"红色长发""银色铠甲"）。

（2）场景与背景：描述环境（如"未来都市街道""古典欧式书房"），补充细节（如"霓虹灯牌闪烁""书架摆满古籍"）。

（3）动作与姿态：指定动作与姿态（如"手持长剑冲锋""倚窗微笑"），避免模糊表述（如"自然姿势"改为"右手插兜，左手举杯"）。

3. 添加风格与技术参数

（1）艺术风格：引用具体流派或作品（如"凡·高《星月夜》风格""吉卜力工作室动画风格"）。

（2）技术参数：指定分辨率（如"4K 超清"）、色彩模式（如"莫兰迪色系"）、光影效果（如"柔光滤镜""电影级打光"）。

（3）质量约束：使用权重词强化关键元素（如"超高细节脸部""极致渲染金属质感"）。

4. 迭代优化与反馈调整

（1）分步测试：从简单提示词开始（如"一只猫"），逐步添加复杂描述，观察生成结果的变化。

（2）负向提示：通过排除法减少干扰元素（如"无水印，无多余文字，无扭曲变形"）。

（3）多版本对比：生成 3~5 个版本，对比差异（如不同风格、构图），选择最优解。

5. 示例：从基础到完整的提示词设计

1）基础版

提示词："一位穿西装的男性，办公室背景。"结果如图 6-14 所示。

2）优化版

提示词："一位 30 岁亚洲男性，身穿深蓝色定制西装，左手插兜，右手持咖啡杯，站在落地窗前俯瞰城市夜景，背景为现代简约风格办公室，暖黄色灯光，4K 超清，电影级光影。"结果如图 6-15 所示。

图 6-14　基础提示词生成的图片

（图片来源：AIGC 平台——文心一言智慧绘图）

图 6-15　优化后提示词生成的图片

（图片来源：AIGC 平台——文心一言智慧绘图）

3）进阶版（含风格与技术参数）

提示词："一位 30 岁亚洲男性，身穿深蓝色定制西装，左手插兜，右手持咖啡杯，站在落地窗前俯瞰赛博朋克风格城市夜景（霓虹灯、飞行汽车），背景为极简主义办公室（玻璃桌、皮质沙发），暖黄色灯光与城市光对比，4K 超清，电影级光影，超写实风格，面部细节极致渲染。"结果如图 6-16 所示。

图 6-16　进阶版提示词生成的图片

（图片来源：AIGC 平台——文心一言智慧绘图）

6. 注意事项

（1）避免歧义：用精准词汇替代模糊表述（如"年轻"改为"25 岁"，"快乐"改为"咧嘴大笑"）。

（2）平衡复杂度：提示词过长可能导致生成结果混乱，建议分模块描述（如"主体—场景—风格"）。

（3）利用社区资源：参考 AIGC 平台的提示词库或用户案例，快速积累经验。

【任务实施】

1. 任务分析

在设计海报的过程中，小李首先需要明确任务的核心目标。海报的主题聚焦于智能交通系统，目标受众包括交通领域的专业人士、行业展会的参观者以及线上平台的用户。小李需要确保海报能够清晰地传达智能交通系统如何提高交通效率、减少拥堵以及提升安全性等关键信息。为了高效完成这项任务，小李决定利用图像类 AIGC 工具来生成海报所需的图像内容。

在设计提示词时，小李需要精心构思。他需要详细描述智能交通系统在城市中的应用场景，如自动驾驶汽车、智能交通信号灯、实时交通监控等，同时指定图像的风格应现代、科技感十足，且清晰明了，适合专业场合和线上宣传。小李还需要注意避免过于复杂或混乱的背景，确保图像中的关键元素突出且易于理解。生成图像后，小李还应对图像进行必要的调整，如裁剪、调整大小、添加效果等，以确保图像与海报的整体设计风格一致。

2. 任务要求

1）主题明确

海报的主题应聚焦于"智能交通系统的优势和应用场景"，突出智能交通系统如何提高交通效率、减少拥堵、提升安全性等关键信息。海报应能够清晰地传达这些核心内容，使观众在短时间内理解智能交通系统的价值。

2）视觉吸引力

海报在视觉上应具有强烈的吸引力，能够迅速抓住目标受众的注意力。图像应具有质量高，细节丰富，且与主题高度相关等特点。整体设计现代感、科技感十足，适合专业场合和线上宣传。

3）图像生成

利用图像类AIGC工具生成海报所需的图像内容时，图像应包括智能交通系统的关键元素，如自动驾驶汽车、智能交通信号灯、实时交通监控等。图像风格应保持一致，避免过于复杂或混乱的背景，确保关键元素突出且易于理解。

4）文字内容

海报应包含清晰的标题、副标题和简要的文字描述，用于补充图像内容，进一步传达智能交通系统的优势和应用场景。文字应简洁明了，避免冗长的句子，确保信息传达的高效性。

5）布局合理

海报的整体布局应合理，确保图像与文字内容的协调性。标题和副标题应突出显示，图像应占据主要视觉位置，文字描述应简洁明了，联系方式应易于查找。

6）高分辨率

生成的图像和最终的海报文件应具有高分辨率，适合打印和线上展示。图像分辨率应不低于1 920x1 080像素，确保在不同尺寸的屏幕上都能保持清晰度。

7）专业性

海报的整体设计应具有专业性，符合交通领域的行业标准。图像和文字内容应经过仔细校对，确保没有错误或误导性信息。

8）创意性

海报设计应具有一定的创意性，能够突出智能交通系统的创新性和前瞻性。避免使用过于常见的图像和设计元素，确保海报在众多宣传材料中脱颖而出。

9）文件格式

最终的海报文件应保存为常见的图像格式，如PNG或JPEG，确保在不同平台上的兼容性。同时，建议保留一份矢量格式（如AI或PDF）的文件，以便后续的编辑和打印。

6.2　AIGC工具在视频中的应用

【任务描述】

任务6.2　交通安全教育创意短视频

随着城镇化进程的加速推进，交通安全问题日益成为社会关注的焦点。为了增强公众的交通安全意识，计划制作一系列交通安全教育创意短视频。借助AIGC技术，我们将以创新的形式和生动的内容，传递交通安全知识，提升公众的安全出行意识。主要的受众对象是为青少年群体、新手驾驶员、行人。主题为"遵守交通规则、守护生命安全"。

【任务准备】

在使用 AI 平台完成创意短视频的制作与创新前，我们先来了解一下视频类 AIGC 的主要功能和应用场景，以及常见的工具和平台。

6.2.1　视频类 AIGC 工具介绍

视频生成技术是人工智能领域的前沿研究方向，它融合了计算机视觉与深度学习的多重技术突破。该技术的核心在于将静态图像生成能力拓展到时间维度，通过模拟物理世界的运动规律和视觉连续性，构建出具有时空一致性的动态视觉内容。

1. 视频工具制作的关键技术

视频类的工具制作主要围绕三大关键技术维度展开，下面进行介绍。

1）视频生成模型架构创新

当前主流技术框架已突破单一的 GANs（生成对抗网络）和 RNNs（循环神经网络）组合，形成了多模态融合的解决方案。基于扩散模型（Diffusion Models）的潜在视频生成框架（如 Stable Video Diffusion）通过隐空间学习，将视频分解为空间-时间联合潜在表示，在降噪过程中逐步构建时序连贯的帧序列。百度研发的 Video Composer 创新性地将文心大语言模型的架构范式引入视频生成领域，通过"时空联合编码-解码"框架重构视频生成范式。该系统将视频数据解构为三维时空（空间维度×时间维度×语义维度）tokens（令牌），在训练阶段采用分层 token 化处理：基础层对单帧图像进行 ViT 编码生成视觉词元，时序层通过可变形卷积提取运动轨迹特征，语义层则结合 ERNIE 多模态大模型对文本指令进行跨模态对齐。这种设计使视频生成过程转化为跨模态的 token 序列预测任务，支持通过自然语言描述精准控制场景动态演变。Video Composer 采用双流 Transformer 架构：空间流负责维护单帧画面的视觉一致性，使用窗口注意力机制确保物体细节稳定；时间流则通过滑动时空注意力模块，在相邻帧之间建立动态关联。对于长视频生成中关键的运动连贯性问题，研发团队创新提出"运动记忆库"机制，将常见物体运动模式（如流体运动、机械传动等）编码为可插拔的运动 token 模块，显著提升了人物动作的物理合理性和物体运动的轨迹准确性。该技术已应用于百度百家号短视频创作平台，支持用户输入"落日余晖下帆船缓缓驶过泛起涟漪的海面"等复杂时序描述，也可以生成 1080p 分辨率、30 秒时长的动态视频内容。

2）时间建模机制演进

先进系统普遍采用分层式时间建模策略：底层使用 3D 卷积核捕捉局部时空特征，中层通过光流估计建立帧间运动关联，高层采用时序注意力机制规划全局动态演变。例如，Meta 的 Make-A-Video 系统创新性地构建了时空管道架构，先通过图像扩散模型生成关键帧，再插入运动动态层预测中间帧的光流场，最后通过时空超分辨率模块增强细节。

3）跨模态驱动与可控生成

最新进展体现在多模态控制接口的突破。研究者通过引入物理引擎先验、文本时序描述、音频节奏分析等多维度控制信号，实现精准可控的视频生成。NVIDIA（英伟达）的 Video LDM 将潜在扩散模型与运动动力学模型结合，支持通过文本描述精确控制物体运动轨迹和摄像机运镜方式。北京大学团队提出的 Drag NUWA 技术更实现了基于轨迹笔触的直观视频编辑，用户绘制物体运动路径即可生成对应动态。

2. 视频技术应用的瓶颈

视频当前技术仍面临时序连贯性与物理合理性的双重挑战。长视频生成中普遍存在的物体形变、运动失焦等问题，催生了动态潜在表示学习、神经辐射场时序建模等新方法。值得关注的是，神经物理引擎与生成模型的结合正在兴起，如 MIT（麻省理工学院）提出的 Dyn GAN 通过集成刚体动力学约束，显著提升了生成视频的物理真实性。未来发展趋势将向多模态交互生成、实时渲染优化、跨尺度时空建模等方向深化，最终实现与真实拍摄无异的智能视觉内容生产。

视频生成技术已在影视预可视化、虚拟现实内容生成、自动驾驶仿真训练、AI 绘画等领域取得实质性应用突破。随着算力提升与算法创新，视频生成技术正推动着数字内容创作范式的根本性变革，逐步构建起连接虚拟与现实的动态视觉桥梁。

3. 常用 AIGC 视频生成平台介绍

随着人工智能技术在视频领域的深度渗透，视频类 AIGC 工具正逐渐改变传统视频制作模式，为用户提供高效、便捷且富有创意的视频生成解决方案。这些工具能够依据用户输入的文本描述、图片素材等，快速生成具有特定风格和内容的视频，大大节省了视频制作的时间和成本。以下将介绍 3 款国产常见的视频类 AIGC 工具：智谱清影、即梦和 Vidu。

1）智谱清影

智谱清影是智谱 AI 推出的智能视频生成平台，基于多模态大模型支持文本/图片双驱动生成视频，用户可精细控制镜头运动、景别和转场效果，最长生成 1 min 高质量视频，适用于影视分镜预览、广告动态素材制作及教育科普视频创作；其优势在于逻辑严谨、镜头语言丰富，但免费版生成速度慢且需付费解锁高级功能，技术门槛较高，适合对内容精度要求高的专业用户。智谱清影智慧绘图界面如图 6-17 所示。

图 6-17　智谱清影智慧绘图界面

2）即梦

即梦是字节跳动旗下脸萌科技推出的 AI 视频工具，主打"零门槛动态化"，通过智能运镜、动态参数调整和多模态扩展功能，支持用户快速将文本或图片转化为短视频，并自动匹配滤镜、音乐及运镜风格，适用于社交媒体内容更新、产品种草视频及个人生活记录动态化；其优势在于操作简单、生成速度快且社区资源丰富，但复杂场景逻辑性较弱，风格偏向短视频平台流行趋势，适合追求效率的创作者。即梦界面如图 6-18 所示。

图 6-18　即梦界面

3）Vidu

Vidu 是生数科技与清华大学联合研发的 U-ViT 架构视频大模型，以"高一致性"和"超长生成"为核心，支持首尾帧控制、4D 动态建模及中国元素优化（如精准还原历史场景或中文隐喻），可生成逻辑连贯、物理效果逼真的影视级视频，适用于概念预告片制作、游戏动画及文化遗产动态复原；其优势在于质量卓越、文化适配性强，但免费版积分有限且高级功能需高性能硬件支持，适合对质量要求严苛的专业团队。Vidu 界面如图 6-19 所示。

图 6-19　Vidu 界面

6.2.2　视频类 AIGC 工具常见应用场景

在数字内容创作领域，AIGC 视频工具正通过 AI 视频生成和 AI 智能剪辑两大核心功能，重塑内容生产流程，赋能多元应用场景。这些技术不仅显著提升了创作效率，更带来了传统方法难以实现的效果突破。接下来，我们将深入解析 AIGC 在视频领域的全流程应用——从智能生成到自动化剪辑，揭示其如何为内容创作注入全新价值与变革机遇。

1. AI 视频生成的应用场景

AIGC 交互平台可以根据用户输入的主题、关键词、提示词等描述信息，自动生成一段短视频，其在视频画面切换、特效添加、音乐自动匹配等方面都有较高的质量，能够满足用户个性化的需求。以下是一些常见的视频制作应用场景。

1）内容生成与创作

AIGC 工具具备生成高质量视频内容的能力，涵盖新闻报道、短视频、电影特效及广告宣传视频等多个领域。在新闻报道方面，AIGC 能够实现自动化生成，确保内容的及时性和高效性。而在电影特效与广告宣传视频的制作中，AIGC 技术通过生成逼真的特效画面和广告内容，显著提升了视觉表现力和创作效率，为观众带来更加沉浸式的视觉体验。

2）剧本创作与评估

在影视行业，AIGC 工具正逐渐成为剧本创作和评估的重要助手。借助自然语言处理和深度学习技术，AIGC 能够为编剧提供全面的创作支持。它可以根据主题、风格和关键词快速生成情节构思、角色对白和剧本框架，为编剧提供灵感来源，同时优化剧本结构，确保节奏合理、逻辑清晰。此外，AIGC 还能分析角色性格和情感状态，生成符合角色特点的对话，减轻编剧的工作负担，提升对话的真实性和可信度。在剧本评估阶段，AIGC 通过防御性评估功能提前识别潜在问题，例如逻辑漏洞、角色发展不一致或市场适配性不足等。这种预评估机制帮助编剧及时调整和完善剧本，提高剧本的通过率和市场竞争力。通过这种方式，AIGC 不仅显著提升了创作效率，还优化了剧本质量，使编剧能够更快完成创作，同时确保作品在创意性和市场吸引力方面达到更高标准。AIGC 的应用还改变了传统编剧的工作方式。编剧不再需要独自面对创作空白，而是可以利用 AIGC 生成初步框架，然后在此基础上进行修改和完善。这种人机协作模式缩短了创作周期，为编剧提供了更多时间去挖掘故事深度和塑造角色形象。随着 AIGC 技术的普及，编剧与 AI 的合作将成为常态，推动影视行业向更高效、更创新的方向发展。

3）个性化推荐与运营推广

AIGC 工具能根据用户的产品需求，通过生成相关的创意内容（如短视频预告、广告文案或互动素材）来吸引潜在用户，并通过智能算法优化推广策略。例如，AIGC 可以根据用户的地理位置、设备类型和时间偏好，选择最佳的推广渠道和投放时间，从而提高推广效率和转化率。这种智能化的运营方式不仅降低了人工成本，还帮助平台更精准地触达目标用户，最终实现用户体验和平台收益的双重提升。

4）后期影视制作与编辑

在电影制作领域，AIGC 技术能够高效生成特效场景和虚拟角色，例如科幻电影中的虚拟环境、外星生物等。与传统特效制作方式相比，AIGC 技术不仅显著降低了制作成本和时间，还提升了特效的逼真度和质量。例如在电影《阿丽塔：战斗天使》中，AIGC 技术被广泛用于虚拟角色的动作捕捉和表情生成，为观众呈现了极具冲击力的视觉效果。此外，在视频后期制作中，AIGC 工具还可用于剪辑、调色和配音等环节，通过计算机视觉和深度学习技术，能够自动化完成部分工作，从而提升制作效率和质量。

5）教育与培训

AIGC 工具正逐渐成为教学创新的重要推动力。通过多模态生成模型，AIGC 能够融合文本、图像和音频，生成丰富多样的教学资源。例如，AIGC 可以根据课程主题和学生需求，快速生成教学视频、互动内容以及个性化学习材料。这些资源不仅能够满足不同学习风格的需求，还能显著提升学生的学习兴趣和参与度。同时 AIGC 技术在教育中的应用还包括智能辅导和个性化学习支持。例如，AIGC 可以生成语音解说、动画演示和互动练习，帮助学生更直观地理解复杂概念。此外，AIGC 还能通过分析学生的学习行为和数据，生成定制化的学习路径和练习题，从而实现因材施教。AIGC 与教育的深度融合，不仅优化了教学资源的配置，还推动了教育模式的创新，为未来教育的高质量发展提供了新的改革途径和教学方式。

2. AI 剪辑的应用场景

在当今数字传播的浪潮中，短视频平台已然成为流量汇聚的核心地带。然而，短视频制作的复杂性却让众多初学者望而却步。高级的特效处理、优美的音乐搭配、图文生成视频以及动画转场设计等诸多环节，皆需要创作者具备扎实的专业技能，这样方能剪辑出符合预期的视频效果。在此背景下，AI 自动剪辑技术的出现，无疑为自媒体创作者、视频制作者、广告创意者以及新闻传播者等群体，提供了一种高效且便捷的工具，极大地降低了创作门槛，提升了创作效率。以下通过自媒体创作、影视制作、教育培训、电商销售四个方面来讲解 AI 剪辑在该场景下的应用与创新。

1）自媒体内容创作

在短视频创作领域，AI 自动剪辑工具正逐渐成为创作者的得力助手。这些工具能够快速将长视频拆解为多个精彩的短视频片段，满足不同场景下的发布需求。例如，通过 AI 技术，剪辑工具可以根据用户设定的关键字、关键人物或关键场景，自动剪辑出包含这些关键信息的视频片段。这种功能不仅节省了创作者的时间，还提高了内容的精准度和吸引力。此外，AI 工具还可以根据图片和文字内容自动生成视频素材。例如，剪映的 AI 视频生成功能能够将文本或图片转换为视频，极大地丰富了创作素材。这种创新功能不仅提升了自媒体创作的效率，还激发了创作者的创意灵感。通过这种方式，即使是新手创作者也能快速制作出具有专业水准的视频内容。在实际应用中，AI 自动剪辑工具凭借其强大的语音识别和智能裁剪功能，能够精准提取视频中的关键片段。通过智能拆条重组技术，AI 剪辑工具可以将一段母版视频自动生成 200 多个差异化版本，满足多账号运营和内容多样化的需求。这些工具不仅为自媒体创作者提供了高效的内容生产解决方案，也为视频制作者、广告创意者和新闻发布者等群体带来了前所未有的便利。

2）影视制作

影视制作的前期会拍摄大量的素材，人工筛选和整理这些素材费时费力。AI 自动剪辑工具可以根据设定的规则，如画面稳定性、声音清晰度、镜头时长等，快速对素材进行初筛，剔除不符合要求的部分，为后续的精剪节省时间。在剪辑影视作品的时候，可以根据剧本或导演的创意意图，自动生成一些剪辑效果，如镜头衔接方式、场景转换效果、场景特效应用等，给导演和剪辑师提供创作灵感和参考；也可以利用 AI 消除、AI 调色等工具完成对影视作品的修复完善，提高影视作品的制作效果。

3）教育培训

教学培训机构合理利用 AI 剪辑工具，可以将录制好的视频进行优化处理：将录制过程出现的卡顿、重复部分，噪声等剪辑掉；可自动识别字幕；拆分课程章节内容并形成短视频便于学生随时学习和复习，提高课程教学效果；也可以将一个知识点相关的视频片段进行整合，形成一个更为全面且丰富的资源。

4）电商营销

在商品展示视频制作时，电商商家可以使用 AI 自动剪辑工具，将商品的图片、文字介绍以及使用场景等素材，快速制作成吸引人的商品展示视频。这些视频可以用于商品详情页、电商平台的广告宣传等，提高商品的曝光率和销售转化率。在促销活动视频制作方面，商家需要大量的宣传视频。AI 工具可以根据促销主题和商品信息，自动生成促销活动视频，如添加促销文字、倒计时特效、优惠券动画等，营造出浓厚的促销氛围。

6.2.3　常见视频类 AIGC 工具的应用与实践

1. 视频创作提示词设计

在 AIGC 视频生成过程中，提示词设计需以主题理解为根基——既要把握视频的核心信息、情感基调与深层内涵，又要根据目标受众特征精准定位视觉风格，最终通过专业术语与精准表达将创作意图转化为 AI 可执行的指令，这一过程直接决定了生成内容的质量与效果。

1）视频提示词设计的原则

原则一：简洁明了，确定主题定位。通过核心关键词限定主题，确保视频内容聚焦且方向明确，同时在制作过程中设置至少两个场景意象，能够增强画面的层次感和吸引力。此外，确定输出的硬性参数指标，如分辨率（2K、4K、8K）和画面比例（4:6、16:9），可以确保视频输出符合目标平台的要求和规范。

原则二：通过一些矛盾措辞、跨界元素、抽象概念去激发 AI 的创新机制。如"赛博朋克风与古代建筑""时间的流动"，这些可以有效激发 AI 的创新潜力，从而生成更具创意和冲击力的画面。

原则三：情感传导。引入至少两种以上的感官效果，如檀香弥漫、沙沙翻书声、室外蝉鸣、溪流流淌等，让画面自然。

原则四：多模态协同。加入音频、视频、图像、动画、文字等信息，加入动态文字标题、背景音乐和音效，以及使用动画过渡效果连接不同场景，都能提升视觉流畅性和信息传递效率，同时确保多模态元素之间的协调性。

原则五：风险控制。注意对视频生成内容的导向性筛查，对文化符号和历史背景进行筛查，避免生成可能引发争议或误解的内容。同时，确保生成内容符合目标平台的审核标准，避免因内容违规导致视频被下架或限制。

2）视频提示词的设计案例

在使用自然语言进行提示词设计时，内容应通俗易懂、自然流畅，具体可参照表 6-1。完成提示词脚本制作后，要根据实际任务需求，依据视频提示词的设计原则对提示词进行进一步优化调整，随后再交由专业的 AIGC 文生视频、图文生视频等平台来创作视频。

表 6-1　视频创作的常用提示词

场景	提示词	提示词优化
季节变换	展示同一场景在不同季节的变化，如樱花春日、绿荫盛夏、红叶秋色、雪景寒冬，突出自然轮回与色彩对比	DeepSeek/Kimi/豆包等
未来交通	展示悬浮列车、自动驾驶飞艇和智能道路系统，强调科技感与高效出行体验	
水下世界	呈现珊瑚礁、发光生物和沉船遗迹，突出神秘感与海洋生态多样性	
节日庆典	展示全球文化节日，如春节舞龙、里约狂欢节、印度灯节，强调色彩、音乐与传统元素	
微观生态	呈现露珠中的昆虫、苔藓森林与花粉传播，展现微观世界奇观	
赛博朋克	霓虹闪烁的雨夜都市，包含全息广告、机械一体人和悬浮警车，突出反乌托邦氛围	
传统工艺	展示非物质文化遗产，如青花瓷烧制、油纸伞制作、活字印刷，强调匠人精神与文化传承	
宇宙探索	呈现太空站、外星地貌和虫洞穿越，搭配星云特效与零重力动态	
市井生活	展现城市烟火气，包含早餐摊蒸汽、胡同棋局、夜市灯笼，捕捉平凡中的温暖瞬间	
时间旅行	穿梭古今的场景对比，如古城遗址与 AR 复原景象叠加，突出历史与科技的时空对话	

若需提升提示词的专业性，可将初始需求输入 AIGC 工具（如 Deepseek、Kimi、豆包等），通过"请帮我优化以下视频脚本提示词，要求包含场景构图、光影效果和情绪关键词"等明确指令，由 AI 自动生成符合平台规范的提示词框架，如图 6-20 所示。需结合视频创作三原则进行人工调优：第一步强化主题聚焦，如将"洪崖洞夜景"细化为"震撼的赛博朋克式魔幻感，穿插游人惊叹的剪影（慢动作 120fps）"；第二步补充技术参数，明确运镜方式、画面比例和特效需求；第三步植入风格化标签，例如"局部点缀红色灯笼的暖光溢出"。

优化的思路也可以使用优化后的提示词脚本可通过专业 AIGC 视频平台（如 Pika、Runway）实现全流程创作——文字直接生成视频时，建议采用分镜式结构化描述，每句对应 3～5 秒画面。图文生成则需提前准备概念图，通过"以图延展"模式确保视觉风格统一。整个流程通过"自然语言构思—AI 优化—人工校准—AIGC 生成"的闭环，既能保留创作者核心意图，又能借助算法提升画面表现力，最终产出符合传播需求的视频作品。

图 6-20　文心一言提示词优化

2. 利用提示词在平台生成视频

完成视频提示词优化后，即可进入 AIGC 视频生成平台的实操环节：将设计好提示词完整复制到平台对话框中，并选择视频模型、画幅比例和分辨率、视频时长，如图 6-21 所示。

图 6-21　即梦视频生成对话框

系统将自动解析其中的场景构图指令、光影参数设定及情绪关键词组合。点击生成按钮后，平台将调用多模态算法模型，完成从文本语义到视觉画面的智能转化，最终输出一段融合赛博朋克美学与山城魔幻气质的动态影像作品，如图 6-22 所示。

图 6-22　平台生成的 AI 视频

【任务实施】

1. 任务分析

在制作交通安全教育创意短视频的过程中，用户首先需要明确任务的核心目标。视频的主题聚焦于"遵守交通规则、守护生命安全"，通过生动的内容和创新的形式，向青少年群体、新手驾驶员和行人传递交通安全知识。视频需要确保能够清晰地传达遵守交通规则的重要性，以及如何通过遵守规则来保障人身安全。

为了高效完成这项任务，可以利用 AIGC 技术来生成视频脚本和动画元素。提示词需要精心构思，详细描述交通安全的关键场景，如正确过马路、遵守交通信号灯、安全驾驶等，同时指定视频的风格生动，教育性强且易于理解，适合不同年龄段的观众。还需要注意避免过于复杂或冗长的内容，确保视频中的关键信息突出且易于理解。生成视频内容后，需对视频进行必要的调整，如剪辑、添加字幕、调整节奏等，以确保视频与整体教育目标一致。

2. 任务要求

1）主题明确

短视频的主题应聚焦于"遵守交通规则、守护生命安全"，突出遵守交通规则的重要性以及如何通过遵守规则来保障个人和他人的安全。视频应能够清晰地传达这些核心内容，使观众在短时间内理解交通安全的关键信息。

2）受众定位

视频的主要受众对象是青少年群体、新手驾驶员和行人。内容需要简洁明了，易于理解，同时要具有吸引力，能够引起不同年龄段和背景的观众的兴趣。青少年群体可能更倾向于动画或漫画形式的内容，而新手驾驶员和行人可能更关注实际驾驶场景和安全建议。

3）内容设计

视频内容需要围绕主题展开，涵盖交通安全的基本知识、常见交通违规行为及其后果，以及如何正确应对交通突发情况等。每个短视频应聚焦于一个具体的安全知识点，避免信息过于复杂，确保观众能够在短时间内理解和记住关键信息。内容应具有教育性，同时不失趣味性和吸引力。

4）创意呈现

为了吸引观众的注意力，短视频需要有创新的呈现方式。可以考虑使用动画、实拍、特效等多种形式，结合生动的故事和案例，使内容更加引人入胜。同时，视频的节奏要适中，避免过于拖沓，确保信息传达的高效性。

5）技术支持

借助 AIGC 技术，快速生成视频脚本、动画元素和背景音乐等。AIGC 工具能够根据文本描述生成高质量的动画和视频内容，支持多种风格和分辨率，非常适合制作创意短视频。通过精心设计提示词，生成符合主题的创意内容，并将其整合到视频中。

6）传播渠道

考虑到目标受众的广泛性，短视频需要通过多种渠道进行传播，包括社交媒体平台、学校教育系统、驾驶培训中心等。因此，视频的格式和分辨率需要适应不同的播放平台，确保在各种设备上都能提供良好的观看体验。

7）反馈与优化

在视频发布后，需要收集观众的反馈意见，了解视频的效果和观众的接受程度。根据反馈，对视频内容和形式进行优化调整，以提高后续视频的质量和影响力。

8）文件格式

最终的视频文件应保存为常见的视频格式，如 MP4 或 MOV，确保在不同平台上的兼容性。同时，建议保留一份高分辨率的原始文件，以便后续的编辑和优化。

【项目训练】

一、单选题

1. AIGC 图像生成技术的核心原理主要基于以下哪种技术？（　　）

A. 传统的图像编辑技术　　　　　　　　B. 深度学习和生成对抗网络（GANs）

C. 手动设计和绘图　　　　　　　　　　D. 3D 建模技术

2. 以下哪个不是 AIGC 图像生成工具常见的关键技术？（　　）

A. 生成对抗网络（GANs）　　　　　　　B. 变分自编码器（VAEs）

C. 卷积神经网络（CNN）　　　　　　　D. 扩散模型（Diffusion Models）

3. 在设计提示词时，以下哪一项不是提示词设计的原则？（　　）

A. 简洁明了　　　　　　　　　　　　　B. 创新激发机制

C. 避免使用具体词汇　　　　　　　　　D. 多模态协同

4. 在视频类 AIGC 工具中，以下哪一项不是视频生成模型架构创新的内容？（　　）

A. 基于扩散模型的潜在视频生成框架　　B. 传统的 3D 建模技术

C. 时空联合编码-解码框架　　　　　　　D. 双流 Transformer 架构

5. 以下哪项技术通过逐步去除噪声生成图像？（　　）

A. GANs　　　　　　　B. VAEs　　　　　　　C. 扩散模型　　　　　　　D. CLIP

二、多选题

1. AIGC 图像生成技术面临的挑战包括哪些？（　　）

A. 数据质量与多样性问题　　　　　　　B. 模型复杂性与计算资源需求

C. 生成图像的质量与可控性　　　　　　D. 伦理与法律问题

2. 视频类 AIGC 工具的主要功能包括哪些？（　　）

A. 视频生成　　　　　　　　　　　　　B. 视频剪辑

C. 图片编辑　　　　　　　　　　　　　D. 音频处理

3. AIGC 工具在演示文稿制作中的重要作用包括哪些？（　　）

A. 提高制作效率　　　　　　　　　　　B. 丰富内容表现形式

C. 降低制作成本　　　　　　　　　　　D. 无须人工干预即可完成所有工作

4. 在设计提示词时，以下哪些是提示词设计的原则？（　　）

A. 简洁明了

B. 创新激发机制

C. 情感传导

D. 多模态协同

5. 使用 AIGC 工具生成图像时，下列哪些是提示词设计的重要步骤？（　　）

A. 明确任务目标

B. 具体化需求

C. 使用具体指令

D. 分析初步结果并调整

三、操作题

1. 使用图像类 AIGC 工具生成一张学校的海报，包括学校的标志性建筑、丰富多彩的校园活动，以及积极向上的校园文化氛围

2. 使用视频类 AIGC 工具生成一个短视频，内容是介绍自己的家乡，展示家乡的自然风光、人文历史、特色美食、民俗文化以及当代发展面貌。

项目 7
AIGC 在 Python 实践中的应用

项目 7
AIGC 在 Python 实践中的应用

 知识图谱

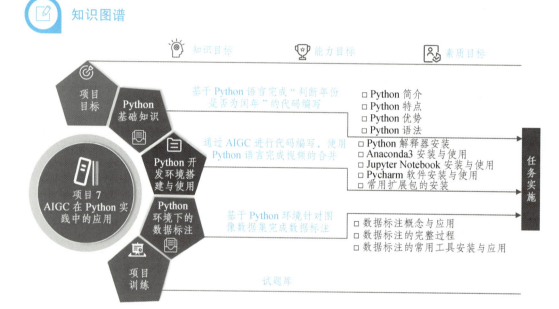

图 7-1　项目 7 知识图谱

 知识目标

- 了解 Python 语言特性与应用场景。
- 完成开发环境安装配置。
- 掌握基础语法结构与简单代码编写。
- 理解 Python 语言的核心特点与基础语法规则。
- 掌握 Python 开发环境的安装与配置方法。
- 了解 AIGC 工具在代码生成与优化中的基本应用场景。

能力目标

- 能独立安装并配置 Python 开发环境。
- 能编写符合 Python 语法规范的简单程序。
- 能利用 AIGC 工具辅助完成代码修改与功能扩展。

素质目标

- 培养利用智能工具提升开发效率的思维方式。
- 增强对新兴技术（AIGC）的应用意识。
- 提升通过技术手段解决实际问题的综合能力。

【项目准备】

硬件：安装 Windows/MacOS 的计算机。

软件：Anaconda3、PyCharm 社区版。

工具：DeepSeek+文心一言（网页版）、DeepSeek+星火大模型（网页版）等。

网络：稳定的互联网连接。

7.1　Python 基础知识

【任务描述】

任务 7.1　基于 Python 语言完成"判断年份是否为闰年"的代码编写

在现代化软件开发体系中，Python 凭借其简洁的语法结构、强大的标准库支持和跨平台兼容性，已成为人工智能、Web 开发、数据分析等领域的首选语言。本任务要求用户完成 Python 的安装工作，并且完成"判断年份是否为闰年"的代码编写，以此来熟悉 Python 的基础语法。

【任务准备】

要顺利完成本次任务，需具备一定的 Python 语言基础。掌握 Python 的相关知识与概念，包括其安装及基本语法的使用，将有助于我们更好地理解人工智能技术与应用创新。因此，下面将介绍 Python 的相关知识，为任务的顺利开展做好充分准备。

7.1.1　Python 简介

Python 是一种高级编程语言，由 Guido van Rossum 于 1989 年创建，并于 1991 年首次发布。它以简洁、清晰的语法著称，使得编写代码变得直观且易于理解。Python 的设计哲学强调代码的可读性和简洁性，使它成为许多编程新手的首选语言。

7.1.2　Python 特点

1. 易学易用

Python 的语法非常接近英语，使得即使是没有编程经验的人也能快速上手。例如，下面是一段简单的 Python 代码：

```
print（"你好，世界！"）
```

这段代码的作用是输出"你好，世界！"通过这种方式，Python 允许我们用较少的时间来学习编程的基础知识。

2. 简洁的语法

Python 的语法结构非常简洁，避免了其他编程语言中常见的冗长和复杂性。例如，在 Python 中，不需要使用分号来结束一行代码，而是通过代码块的缩进来表示代码的结构。

3. 可读性高

Python 以其强调代码可读性的特点而著称，这不仅使代码对编写者友好，也便于团队其他成员阅读和理解。清晰的代码结构和良好的命名习惯，能够有效提升代码的质量与可维护性。

7.1.3　Python 优势

1. 应用领域广泛

Python 是一门功能全面且极具灵活性的编程语言，无论用户的目标是开发功能丰富的网站，挖掘数据背后的价值，处理多媒体内容，还是探索人工智能的前沿领域，它都能提供坚实的技术支撑。在数据科学与分析领域，它有 pandas、NumPy 等库的高效数据处理能力，以及 matplotlib、Seaborn 等可视化工具，让数据清洗、建模和结果呈现变得直观而高效；在人工智能与机器学习方向，TensorFlow、PyTorch 等深度学习框架为研究者与开发者提供了构建智能模型的工具，从图像识别到自然语言处理都能轻松应对；在网络开发方面，Django 和 Flask 两大框架则能帮助开发者快速搭建从简单 API 到复杂企业级应用的各类 Web 服务；而在日常工作中，Python 还是自动化助手，通过编写脚本实现文件处理、数据备份、定时任务等重复性工作，显著提升效率。

2. 库与框架丰富

Python 生态系统拥有众多强大的库和框架，能够帮助开发者快速实现各种功能。这些库和框架覆盖了从 Web 开发、数据处理、科学计算到人工智能等各个领域，极大地降低了开发难度和成本。

3. 跨平台性强

Python 是一种高度灵活的跨平台编程语言，其核心优势之一就是能够在不同操作系统上无缝运行。这意味着开发者只需编写一次代码，即可在 Windows、Linux、MacOS 等主流平台上运行，而无须针对每个平台进行重大修改。Python 通过解释器实现跨平台运行，解释器本身已经针对不同操作系统进行了优化，因此无论是桌面应用、服务器端部署，还是嵌入式设备，Python 都能提供一致的性能和稳定性。这种跨平台特性显著降低了开发和部署的复杂性。开发者可以专注于业务逻辑，而无须为底层操作系统的差异投入额外精力。例如，一段在 Windows 上开发的 Python 代码，只需简单复制到 Linux 服务器上即可直接运行，无须重新编译或调整。此外，Python 丰富的第三方库和框架（如 Django、NumPy 等）也具备跨平台支持，进一步增强了其灵活性。

在企业环境中，这种特性尤为重要。Python 能够轻松适应不同的 IT（信息技术）基础设施，无论是 Windows 桌面、Linux 服务器，还是 MacOS 开发环境，都能提供统一的开发体验，从而降低技术维护成本。总之，Python 的跨平台能力不仅提升了开发效率，还推动了其在全球范围内的广泛应用，从科学计算到 Web 开发，从自动化脚本到人工智能，Python 都能以高效、灵活的方式满足需求。

4. 社区活跃度高

Python 拥有一个庞大且活跃的开发者社区，社区成员乐于分享经验和资源。从 Stack Overflow 上的详细解答，到 GitHub 上的开源项目，再到 PyPI 上的丰富库和框架，Python 社区提供了几乎无限的学习和实践资源。

这种互助的氛围让学习 Python 变得轻松愉快。社区的多样性也意味着无论用户的兴趣是数据科学、Web 开发还是自动化脚本，都能找到志同道合的人和适合的工具。更重要的是，这种支持并非单向的——当你积累足够经验后，也可以通过分享自己的知识来回馈社区，形成一个良性循环。正是这种开放、包容的文化，让 Python 不仅是一种技术工具，更是一种连接全球开发者的桥梁。Stack Overflow 社区的 Python 教程如图 7-2 所示。

图 7-2　Stack Overflow 社区的 Python 教程

233

7.1.4 Python 基础语法

【任务实施】

7.1.4 小节内容

1. 任务分析

（1）程序应当具备接收用户输入的功能，具体来说就是要接收用户输入的年份。为保证后续逻辑判断的准确性和程序的稳定性，程序必须对用户输入进行严格验证，确保其为整数类型。若用户输入的不是有效的整数，程序应给出相应的提示，要求用户重新输入，避免因输入错误导致程序出现异常。

（2）程序的核心部分是对用户输入的年份进行条件判断。根据闰年的定义规则，一个年份如果满足以下两个条件之一，就可以判定为闰年：一是该年份能够被 4 整除，同时不能被 100 整除；二是该年份能够被 400 整除。因此，在代码实现中，需要精心设计逻辑判断条件，以准确地对输入的年份进行闰年判断。

（3）根据对输入年份的判断结果，程序需要通过明确的输出语句告知用户该年份是否为闰年。若输入的年份满足闰年条件，程序应输出 "是闰年"；若不满足闰年条件，则输出"不是闰年"。这样清晰的输出结果可以让用户直观地了解判断结果。

（4）在 AIGC 平台上描述任务时，要清楚明确地说出任务的需求，具体的步骤。

2. 任务要求

（1）在编写 Python 代码时，要使用 Python 内置的 int() 函数来处理用户输入。当程序需要接收用户输入的年份时，借助 int() 函数把用户输入的内容转换为整数类型。不过，要注意用户输入可能不符合要求，比如输入的不是有效的数字，所以需要添加异常处理机制，确保程序在遇到这类情况时不会崩溃，而是能给出友好的提示信息，引导用户重新输入有效的年份。

（2）要正确运用逻辑运算符（如 and、or）来组合闰年的判断条件。依据闰年的定义，一个年份若能被 4 整除且不能被 100 整除，或者能被 400 整除，那么这个年份就是闰年。代码里要准确地使用逻辑运算符把这些条件组合起来，实现对输入年份是否为闰年的准确判断。

（3）代码要具备简洁性和良好的可读性。简洁的代码意味着不包含冗余的语句和复杂的逻辑，能够用最少的代码实现所需的功能。同时，要添加必要的注释，尤其是在关键的代码行和逻辑部分，注释要清晰明了，解释代码的功能和意图，方便自己和他人理解代码。

（4）选择一个或多个 AIGC 平台进行尝试，要尽可能详尽地说出自己的任务需求，准确地描述出任务的具体要求，生成符合要求的代码。

（5）完成代码编写后，需要形成一份实训报告。实训报告内容应涵盖任务的背景和目标、代码的设计思路、关键代码片段的解释、测试用例及结果等方面。在报告中要清晰地阐述代码是如何满足各项任务要求的，同时要提交自己编写的完整代码，确保代码可以独立运行，实现对输入年份的闰年判断功能。

代码示例:

```
# 判断闰年程序
# 规则:能被 4 整除但不能被 100 整除,或能被 400 整除的年份是闰年
# 获取用户输入的年份
while True:
    try:
        # 获取用户输入并转换为整数
        year = int(input("请输入一个年份: "))
        break
    except ValueError:
        # 若输入不是有效整数,提示用户重新输入
        print("输入无效,请输入一个有效的整数年份。")
# 判断是否为闰年
if (year % 4 == 0 and year % 100 != 0) or (year % 400 == 0):
    print(f"{year} 是闰年")
else:
    print(f"{year} 不是闰年")
```

（代码来源：AIGC 平台——DeepSeek）

7.2　Python 开发环境搭建与使用

【任务描述】

任务 7.2　通过 AIGC 进行代码编写，使用 Python 语言完成视频的合并

在现代数字媒体处理中，视频合并是一项常见的任务。本次任务利用 AIGC 平台，如 DeepSeek 或星火大模型，根据任务描述或任务流程，让平台生成 Python 代码，以实现对位于 "test" 文件夹中的两段视频进行合并。AIGC 平台提供的 AI 代码生成功能将自行生成代码，我们只需对其中部分 Python 语法进行适当修改，即可完成视频合并任务。

【任务准备】

要顺利完成本次视频合并代码的编写与实践，前期的准备工作至关重要。首先，用户需要安装 Python 解释器，它是运行 Python 代码的基础环境。同时，用户还要安装 Pycharm 集成开发环境（IDE），这能更高效地编写、调试和管理代码。此外，了解 AIGC 工具改写代码的实例，可以帮助用户更好地与 AIGC 平台进行交互，准确地提出需求并得到符合期望的代码。下

面详细了解这些任务准备的具体内容。

开发环境是指用于编写、运行和测试软件程序的设备和软件工具的集合。一个典型的Python 开发环境包括以下组成部分：

（1）文本编辑器或集成开发环境（IDE）：用于编写、调试、管理代码。

（2）Python 解释器：用于执行 Python 代码。

（3）调试工具：用于查找和修复代码中的错误。

（4）版本控制工具：如 Git，用于管理代码的不同版本。

集成开发环境（IDE）提供了代码编辑、调试、项目管理和版本控制的一体化解决方案。以下是一些流行的 Python IDE，如表 7-7 所示。

表 7-7 常见的 Python IDE 编辑器

IDE	特点	适用场景
Pycharm	强大的代码智能感知，支持代码补全和错误检测。 集成 Git、GitHub 等版本控制工具。 提供丰富的插件生态系统，支持多种开发框架。 分为社区版（免费）和专业版（付费）	专业开发、团队协作、大数据开发
IDLE	简单易用，随 Python 安装，无须额外下载。 提供基本的代码编辑和调试功能。 界面直观，适合 Python 初学者	学习和教学，快速编写和测试代码
Visual Studio Code（VS Code）	轻量级，运行速度快。 支持多种编程语言，通过安装 Python 扩展，可以支持 Python 开发。 提供丰富的插件，如代码格式化、 linting、调试器等。 支持 Git 版本控制和远程开发	跨平台开发、Web 开发、个人项目
Jupyter Notebook	基于 Web 的交互式环境，允许用户编写代码、注释和可视化输出。 支持 Markdown 格式注释，适合数据科学、教学和实验。 广泛用于数据分析、机器学习等领域	数据科学、教学、动态内容生成
Anaconda	一个企业级 Python 和 R 的发行版，含超过 180 个 Py(pack)age。 集成 Jupyter Notebook、Spyder 等工具。 提供 conda 包管理和环境管理	数据科学、机器学习、科学计算
Spyder	提供强大的科学计算和数据分析功能。 集成交互式 Python shell 和调试器	科学计算、数据分析、教育

文本编辑器是一种轻量级的代码编写工具，适合简单的编码需求。以下是一些常用的文本编辑器介绍，如表 7-8 所示。

表 7-8 常见的文本编辑器

文本编辑器	特点	适用场景
Notepad++	轻量级，运行快速； 支持多种编程语言的语法高亮； 提供自动缩进、代码折叠等功能	在 Windows 环境下进行简单的代码编写
Sublime Text	高效的编辑体验，支持多窗口和标签页； 丰富的插件支持，可扩展功能； 提供代码折叠、自动完成等功能	针对需要高效代码编辑的个人开发者
Atom	开源，高度可定制； 提供大量的社区插件，支持多种编程语言； 提供代码示例和文档	适合喜欢自定义开发环境的开发者
VS Code	轻量级，支持多种编程语言； 提供丰富的扩展和开发工具； 支持 Git 和远程开发	跨平台开发、个人项目管理

7.2.1　Python 解释器安装

7.2.2　Anaconda3 安装与使用

7.2.3　Jupyter Notebook 安装与使用

7.2.4　Pycharm 软件安装与使用

7.2.1 小节内容　　7.2.2 小节内容　　 7.2.3 小节内容　　 7.2.4 小节内容

7.2.5　常用扩展包的安装

在 Python 的世界中，扩展包（第三方库）极大地扩展了语言的功能和应用范围。这些库通常提供了丰富的功能，帮助开发者高效地完成各种任务。下面介绍一些常用的 Python 扩展包，涵盖了数据分析、科学计算、机器学习、网络请求、Web 开发等多个领域。

1. 扩展库的类型与功能

Python 的扩展库种类繁多，功能各异，涵盖了从数据处理、网络编程到图形界面、科学计算等多个领域。以下是一些常见的扩展库类型及其功能，如表 7-10 所示。

表 7-10　常见的扩展库类型及其功能

分类	库名	功能	应用场景
数据处理与分析	pandas	用于处理表格数据，像 Excel 一样整理数据	处理成绩单、分析表的数据等
	NumPy	能够快速处理多维数组，用于数学计算	一般用于图像处理的计算部分
	SciPy	包括统计、优化、积分和线性代数等计算	一般用于物理仿真和信号处理的计算
网络编程与 Web 开发	requests	访问网页的请求库，获取网页的内容	一般用于网页数据的抓取、API 的调用
	Flask	轻量级的 Web 网站框架	一般用于个人博客等小型网站的搭建
	Django	全功能的 Web 网站框架，内置 ORM、Admin 等	复杂平台的开发，如社交平台，管理系统等的开发
文本处理与 NLP	NLTK	自然语言处理的基础库，可分析句子情感	一般用在文本分析、情感分析、聊天机器人中
	BeautifulSoup	HTML/XML 的解析库	用于网页爬虫、数据提取等，如抓取新闻标题、商品价格等
图形界面	Tkinter	Python 自带的轻量级 GUI 工具	桌面小工具，作为简单的界面，如计算器记事本界面
	PyQt/PySide	专业级的界面设计工具	作为专业级的桌面应用、复杂的界面，如音乐播放器的界面等
科学可视化	matplotlib	2D 的绘图库，数据可视化，图表的生成	用在论文图表生成、数据分析报告中，如生成折线图、柱状图等
	Mayavi	3D 科学数据可视化库	用在三维图形展示、科学模拟方面，如绘制地形的三维模型等
机器学习与 AI	scikit-learn	机器学习的基础库，内置分类、聚类算法	常用在分类、回归、聚类等任务中
	TensorFlow/PyTorch	深度学习框架	用于神经网络训练、图像识别、自然语言处理
并发与异步	asyncio	异步编程库，单线程处理多任务	适合 I/O 密集型任务，如批量下载、实时聊天服务器等
	concurrent.futures	简化多线程/多进程编程，同时执行多个任务	常用于并行计算、任务分发，如批量处理图片、视频转码等
其他工具	Pillow	图像处理库，调整尺寸、加滤镜、转格式	常用于图像编辑、验证码识别、图像分析方面，如生成缩略图、添加水印
	SQLAlchemy	对象关系映射（ORM）库，简化数据库操作	常用于数据库管理、数据查询、对象映射方面

　　在 Python 的编程生态中，有几个库因其强大的功能和广泛的应用场景而备受开发者青睐。它们极大地简化了数据处理、数值计算以及数据可视化的流程，显著提升了开发效率，成为数据科学、机器学习及工程计算等领域不可或缺的工具。

1）pandas

pandas 是一个专为数据处理和分析设计的库，它提供了高效且便捷的数据结构，如 DataFrame 和 Series，使得数据的清洗、转换、分析和可视化变得轻而易举。DataFrame 类似于电子表格或 SQL 表，支持行列标签，便于数据的灵活操作。无论是处理缺失值、重复值，还是进行描述性统计、分组聚合，pandas 都能提供强大的支持。此外，它还内置了基本的绘图功能，可以与其他可视化库如 matplotlib 结合使用，进一步丰富数据展示的形式。我们可以依靠 AIGC 平台来生成我们需要的演示实例，提示词如下：请举一个关于 Pandas 的例子，创建一个简单的与交通相关的 DataFrame，然后显示出来。代码运行展示如图 7-42 所示。

```
示例代码：
import pandas as pd

# 创建一个字典,包含交通方式的信息
data = {
    '交通方式': ['汽车','自行车','火车','飞机','电动滑板车'],
    '最大速度 (公里/小时)': [180,30,300,900,25],
    '是否为电动': [False,False,False,False,True]
}

# 使用字典创建 DataFrame
traffic_df = pd.DataFrame(data)

# 显示 DataFrame
print(traffic_df)
```

（代码来源：AIGC 平台——DeepSeek）

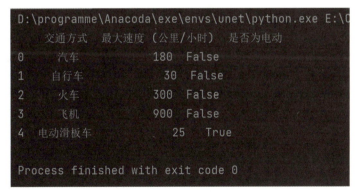

图 7-42　pandas 库示例代码运行展示

2）numpy

numpy 则是 Python 科学计算的基础包，它提供了多维数组对象 ndarray，以及大量的数学函数，用于高效的数值计算。ndarray 支持快速的数组运算，包括加、减、乘、除、点积、矩阵

239

运算等，使得数值计算变得异常高效。同时，numpy 还提供了丰富的数学函数，如三角函数、指数函数、对数函数等，满足了科学计算中各种复杂数学运算的需求。由于 numpy 的运算通常比纯 Python 代码快得多，因此它在处理大规模数据时具有显著的优势。

示例代码：

```python
import numpy as np
# 创建一个一维数组

arr = np.array([1,2,3,4,5])
# 计算数组的平方

squared = arr ** 2
# 显示结果

print(squared)
```

代码运行展示如图 7-43 所示。

```
D:\programme\Anacoda\exe\envs\unet\python.exe E:\Code\K\yolo\ultralytics-main\test222.py
[ 1  4  9 16 25]

Process finished with exit code 0
```

图 7-43   numpy 库示例代码运行展示

3）matplotlib

matplotlib 则是一个用于创建静态、动态和交互式可视化的库，支持多种绘图类型，如折线图、柱状图、散点图、饼图等，使得数据的展示更加直观和生动。matplotlib 提供了丰富的绘图函数，支持自定义图表样式、标签、标题等，使得开发者能够根据自己的需求定制出个性化的图表。此外，matplotlib 还可以与 pandas、numpy 等库无缝集成，方便数据的可视化展示和分析。

下面通过 AIGC 平台设计一个交通相关的代码演示。提示词如下：请列举一个与交通相关的 matplotlib 的实例。

示例代码：

```python
import matplotlib.pyplot as plt

# 交通方式及其平均每日使用次数的数据
transport_modes = ['汽车','自行车','公共汽车','地铁','步行']
usage_counts = [1200,800,600,1000,1500]

# 创建条形图
plt.figure(figsize=(10,6))   # 设置图表大小
plt.bar(transport_modes,usage_counts,color=['blue','green','orange','red','purple'])

# 添加标题和标签
plt.title('不同交通方式的平均每日使用次数')
```

```
plt.xlabel('交通方式')
plt.ylabel('平均每日使用次数')


# 显示数值标签在每个条形上
for i,count in enumerate(usage_counts):
    plt.text(i,count + 20,str(count),ha='center',va='bottom')


# 显示图表
plt.show()
```

（代码来源：AIGC 平台——DeepSeek）

代码运行展示如图 7-44 所示。

然后我们发现中文部分没办法显示，接下来继续使用 AI 进行代码的优化。提示词如下：为什么我们使用上述的关于 matplotlib 库实例的时候字体显示不出来。然后根据 AI 给出的回答进行修改：在使用 Matplotlib 绘制图表时，如果标题、标签或文本中包含中文字符，可能会遇到中文字符无法正确显示的问题。通常，这些字符会显示为小方框或乱码。要解决这个问题，可以通过设置 Matplotlib 支持的中文字体来实现。

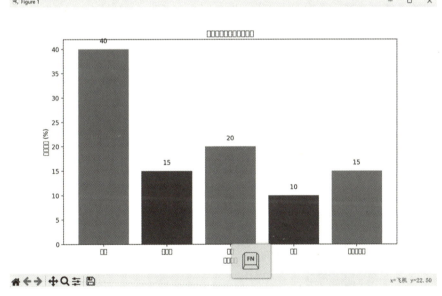

图 7-44　matplotlib 库示例代码运行展示

修改后的代码为：

```
示例代码：
import matplotlib.pyplot as plt


# 交通方式及其平均每日使用次数的数据
```

```
transport_modes = ['汽车','自行车','公共汽车','地铁','步行']
usage_counts = [1200,800,600,1000,1500]

# 创建条形图
plt.figure(figsize=(10,6))   # 设置图表大小
plt.bar(transport_modes,usage_counts,color=['blue','green','orange','red','purple'])

# 设置支持中文的字体
plt.rcParams['font.sans-serif'] = ['SimHei'] # 使用黑体
plt.rcParams['axes.unicode_minus'] = False # 解决符号显示问题

# 添加标题和标签
plt.title('不同交通方式的使用频率')
plt.xlabel('交通方式')
plt.ylabel('使用频率')

# 显示数值标签在每个条形上
for i,count in enumerate(usage_counts):
    plt.text(i,count + 20,str(count),ha='center',va='bottom')

# 显示图表
plt.show()
```

（代码来源：AIGC 平台——DeepSeek）

代码运行展示如图 7-45 所示。

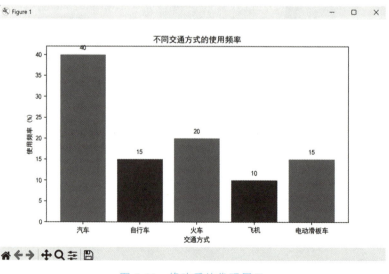

图 7-45　修改后的代码展示

2. 安装与使用扩展库

Python 的扩展库通常可以通过 Python 的包管理器 pip 进行安装。安装扩展库的步骤如下。

（1）打开命令行界面：Windows 上可以使用 CMD 或 PowerShell，Mac 或 Linux 上可以使用 Terminal。

（2）使用 pip 安装扩展库：输入"pip install 库名"并按回车执行。例如，要安装 requests 库，可以输入"pip install requests"。安装指定版本的库："pip install 库名==版本号"。例如，安装指定版本的 requests 库可以使用命令"pip install requests==2.25.1"。查看已安装的库及其版本信息："pip show 库名"。例如，查看 requests 库的版本信息可以使用命令"pip show requests"。卸载库："pip uninstall 库名"。例如，卸载 requests 库可以使用命令"pip uninstall requests"。

（3）验证安装：安装完成后，可以在 Python 代码中通过"import 库名"来导入并使用该扩展库。

3. 标准库与扩展库中对象的导入

Python 导入的库中分为标准库和扩展库。标准库是 Python 默认安装时包含的一系列模块，这些模块提供了 Python 编程所需的核心功能，如数学运算、文件操作、网络通信等。标准库是 Python 语言的一部分，无须额外安装即可使用。扩展库，也称为第三方库或外部库，是 Python 社区或其他开发者为扩展 Python 功能而开发的模块。这些库通常需要用户自行安装后才能使用，它们提供了许多高级功能，如科学计算、数据分析、图像处理等。接下来介绍几种导入库的方式。

1）import 模块名 [as 别名]

在代码顶部使用 import 语句导入模块，使用时需在对象之前加上模块名作为前缀。比如，"import math"，然后使用 math.sin（0.5）来调用 math 模块中的 sin 函数。如果模块名较长，可以使用 as 关键字为其设置别名，如"import numpy as np"。

2）from 模块名 import 对象名 [as 别名]

从指定模块中导入一个或多个对象，使用时无须再加上模块名作为前缀。比如，"from math import sin"，然后直接使用 sin（3）来调用 sin 函数。同样，可以为导入的对象设置别名，如"from math import sin as f"。这种导入方式可以减少查询次数，提高访问速度，同时减少程序员需要输入的代码量。

3）from 模块名 import *

这种导入方式是从指定模块中导入所有对象。比如，"from math import *"，然后可以直接使用模块中的所有对象。虽然这种方式写起来省事，但会降低代码的可读性，有时难以区分自定义函数和从模块中导入的函数。此外，这种导入方式还可能导致命名空间的混乱，如果多个模块中有同名的对象，只有最后一个导入的模块中的对象有效。

在导入包时，应遵循 Python 的编码规范。通常，每个 import 语句仅导入一个模块，并且应按照标准库、扩展库和自定义库的顺序依次导入。为了明确导入对象，推荐使用"from 模块名 import 对象名 [as 别名]"的方式导入对象，这样可以减少命名空间的污染，提高代码的可读性和可维护性。避免使用通配符导入，尽量避免使用"from 模块名 import *"的方式导入对象，以减少命名冲突和代码的可读性问题。

4. 扩展库的重要性

Python 的扩展库极大地丰富了 Python 的功能和应用场景，使得 Python 能够应对从简单的脚本编写到复杂的科学计算、机器学习、Web 开发等各种任务。通过使用这些扩展库，开发者可以更加高效地完成项目，同时减少重复的工作。

【任务实施】

1. 任务分析

（1）环境准备：在开始安装之前，用户需要确保计算机满足 Python 和 PyCharm 的安装要求。具体而言，要关注操作系统版本，不同版本的 Python 和 PyCharm 可能对操作系统有特定的兼容性要求，例如某些较新的功能可能仅支持较新的操作系统版本。同时，内存大小和硬盘空间也至关重要。Python 和 PyCharm 在运行过程中会占用一定的系统资源，尤其是在处理大型项目时，充足的内存和硬盘空间能保证软件的稳定运行。所以，在安装前检查并确保计算机的配置符合要求，能有效避免安装过程中出现因硬件不足导致的问题。

（2）下载软件：下载 Python 和 PyCharm 安装包时，用户必须高度重视软件来源的可靠性，建议从官方网站下载。官方网站提供的安装包是经过严格测试和验证的，能最大程度保证软件的安全性和完整性。如果选择其他可信渠道，也需要谨慎核实，避免从不明来源下载，以防安装恶意软件或病毒，给计算机系统带来安全隐患。此外，要特别注意下载与操作系统版本相匹配的安装包，不同操作系统（如 Windows、Mac OS、Linux）对软件的要求不同，使用不匹配的版本可能会导致安装失败或软件无法正常运行。

（3）安装过程：安装 Python 和 PyCharm 时，用户应严格遵循安装向导的指示进行操作。安装过程中会涉及多个关键步骤，例如选择安装路径。合理选择安装路径可以方便后续对软件的管理和维护，避免因路径设置不当导致的访问困难。对于 Python，设置环境变量是一个重要步骤，正确配置环境变量能让用户在命令行中轻松访问 Python 解释器，提高开发效率。而在安装 PyCharm 时，用户需要根据自己的需求选择安装组件，不同的组件可能提供不同的功能，按需选择可以避免安装不必要的组件，节省硬盘空间。

（4）验证安装：安装完成后，验证 Python 和 PyCharm 是否成功安装并能正常使用是确保后续开发工作顺利进行的关键。对于 Python，用户可以通过运行 Python 解释器来检查其版本信息，这能确认 Python 是否正确安装并且版本是否符合预期。而对于 PyCharm，用户可以打开该软件并创建一个新的 Python 项目，通过编写简单的代码并运行来测试 IDE 的基本功能，如代码编辑、调试等。通过这些验证步骤，用户可以及时发现并解决安装过程中可能出现的问题。

（5）平台选择：为完成视频合并任务，要挑选一个适配的 AIGC 平台。可以选择 DeepSeek、豆包、Kimi 等 AIGC 平台来进行代码的编写。

（6）代码验证：从 AIGC 平台获取生成的代码后，必须对代码进行严格验证。要测试代码是否能正确执行，确保其能够顺利合并 "test" 文件夹中的视频文件，保证任务的有效性。

2. 任务要求

（1）确保软件来源可靠：下载 Python 和 PyCharm 安装包时，务必从官方网站或其他可信渠道获取，建议安装 Python 3.12.7 版本以及 pycharm-community-2022.3.3 版本。

（2）配置环境变量（Python）：在安装 Python 时，确保正确配置了环境变量，以便在命令行中轻松访问 Python 解释器。配置完成后，用户可以通过在命令行中输入 python --version 来验证环境变量是否配置成功。

（3）平台选择与使用：选择 DeepSeek 平台作为使用工具，因为它具备强大的自然语言处理能力与代码生成能力，能够很好地满足后续使用 Python 编写代码来合并视频的需求。向 AIGC 平台明确提出需求，即使用 Python 语言编写代码，合并位于"test"文件夹中的两段视频。

（4）代码验证：获得生成的代码后进行验证，这包括在本地环境中运行代码，检查代码是否能够正确合并视频文件，并生成期望的输出。按照 AIGC 给出的步骤执行，将代码复制到新建项目中的 mergevideo.py 文件中，修改需要合并的视频文件的路径，将 AIGC 中提到的需要的包安装到对应的环境中（pip install moviepy）。最后运行输出结果。

（5）文档记录：记录整个任务的过程，包括选择的平台、提交的请求、获得的代码以及验证结果，以便后续参考和分享。结果展示如图 7-46 所示。

```
MoviePy - Done.
Moviepy - Writing video G:/test/merged_video.mp4

Moviepy - Done !
Moviepy - video ready G:/test/merged_video.mp4
视频合并完成，输出文件: G:/test/merged_video.mp4

Process finished with exit code 0
```

图 7-46　运行结果展示

7.3　Python 环境下的数据标注

【任务描述】

任务 7.3　基于 Python 环境针对图像数据集完成数据标注

本任务基于 Python 环境，使用开源的标注工具（如 LabelImg、CVAT）或半自动标注工具（如），对交通车辆图像数据集进行标准化标注，分类车辆类型（如汽车、卡车、公交车、摩托车、自行车等）。标注结果需包含边界框坐标及类别标签，常见的格式有 XML 或 CSV 两种标注文件，并确保标注边界框误差≤5%。数据需按一定的比例划分为训练集、验证集、测试集，用于完成数据清洗及数据增强（旋转、翻转等），最终交付标注数据集（含原始图像与标注文件）。数据集是连接数据存储、分析、AI 应用与技术创新的核心纽带，贯穿从基础数据管理到推动行业变革的全链条。在人工智能时代，高质量数据集已成为技术突破与产业升级的关键基础设施。它可以用于模型训练、卷积神经网络识别等应用，为交通行业开展智慧交通和智慧高速建设提供坚实的基础数字基座。

通过互联网检索常见的汽车类别图像，并将下载的图像存放到名为"images"的文件夹中，作为数据源收集。随后，将所有图像数据统一存放在项目根目录下的"data"文件夹中。在使用标注工具（如 LabelImg）时，通过"Open Dir"选项选择"images"文件夹作为数据源存放位置，并通过"Change Save Dir"选项将标注后的数据保存至"data"文件夹下的"VOC"子文件夹中。

在进行数据标注之前，请确认 Python 环境版本。LabelImg 的标注环境建议基于 Python 3.9 及以下版本运行，以避免程序出现闪退等问题。因此，在标注时需要将 Python 环境切换至 3.9 及以下版本，并创建一个新的 Python 解释器环境，激活该环境后即可开始数据标注工作。

【任务准备】

根据任务描述可知，人工智能在行业中的应用主要依托模型的识别与应用。传统数据分析多停留在数据层面，而人工智能在处理数据时，需要通过人为的数据标注来学习，从而理解数据的功能和作用。数据标注的过程，就是向机器明确告知数据所代表的具体含义。经过标注的数据，会被人工智能算法用于学习，进而构建出具有较高准确率的模型。最终，这些模型能够判断数据的类别和含义。因此，掌握数据标注的概念和方法至关重要。

7.3.1 数据标注概念与应用

1. 数据标注的定义

数据标注是对原始数据进行加工处理的过程，通过人工或自动化工具为数据添加语义信息，如分类标签、边界框、关键点、实体、语义等，使其具备明确的特征描述，最终形成可供机器学习模型训练的"训练数据集"。例如，为图像中的物体标注"汽车""行人""自行车""动物"等类别，或为文本中的实体添加"公司名称""时间""地点"等标签。

2. 数据标注的作用

数据标注好比是机器学习的"燃料"，为算法提供学习的"知识库"。未经标注的原始数据如未分类的图片、未分类特殊文本语言、未分类的汽车类别等，这些是无法被机器直接理解的，标注后的数据则能帮助模型确定参数和权重值，再利用模型去对这类数据进行识别规律，最终提高模型预测准确性。

数据标注是人工智能和大语言模型发展的基石，其质量直接决定模型的准确性和可靠性。在医疗、自动驾驶、金融、制造业等不同行业中，数据标注不仅是模型训练的前提，更是行业智能化落地的关键环节。

掌握数据标注的核心技巧和方法，首先需要明确标注规范，并根据行业需求定义清晰的分类标准。例如，在医学影像领域，需精准标注病灶边界；在自动驾驶场景中，则要明确车辆类型分类。避免标注歧义是关键，而这往往需要一定的行业经验作为支撑。

同时，熟练运用专业工具（如 LabelImg、CVAT 或半自动化标注工具）至关重要。结合自动化算法可以有效提升标注效率，但人工复核环节不可或缺，以确保标注的高精度。此外，需注重数据的多样性和平衡性，确保样本涵盖不同场景、光照条件和拍摄角度，从而避免模型出现偏差。

通过标注人员的培训和协作机制，能够保障标注结果的标准化。因此，掌握数据标注的基础知识是开展相关工作的前提。

在自然语言处理领域，数据标注需要涵盖实体关系、情感倾向等语义信息；而在图像处理领域，则需借助边界框、分割点等技术精准定位目标。随着行业需求的日益细化，数据标注必须与领域知识深度结合。例如，在医疗领域，标注工作需由专业医师参与，以确保医学准确性和专业性；在交通领域，标注需符合相关合规要求，并融入政策指导，以满足行业标准。

掌握这些标注方法不仅能显著提升数据质量，更能推动人工智能技术在垂直领域的精准应用，为模型的持续优化提供可靠的数据支撑。

3. 数据标注分类类型与应用场景

根据数据类型和任务需求，数据标注可分为计算机视觉标注、自然语言处理（NLP）标注、语音与音频标注、多模态标注、其他领域标注等 5 类常见的类别。这 5 种分类的主要标注特点和应用场景如表 7-11 所示。

表 7-11　数据标注的分类与应用

作用类别分类	计算机视觉识别	自然语言处理（NLP）标注	语音与音频标注	多模态标注	其他领域标注
标注内容	图像、视频、动画等标注	语言类形成的各类文字、标点符号、文案、政策、制度等标注	语音、音轨、乐曲等的标注	含文本、图像、音频等的多模态标注	雷达图、点阵图、云图的数据标注
标注的技术	LabelImg/CVAT	Prodigy	LabelU/Praat	LabelU	T-RexLabe
标注关键点	标注物体的关键坐标点、边界	判断文本情感倾向、语气词、地点、时间等	标注语音的情绪、音调、高低音等	涵盖所有图像、音频、文本的标注关键点	专业领域知识关键标注
应用场景	自动驾驶、医疗影像分析、工业质检等	智能客服、舆情分析、机器翻译等	语音助手、电话客服分析、语音识别系统等	视频公开课、学术报告等	雷达目标分类、手势识别、健康监测，自动驾驶研发中的雷达 +LiDAR+ 摄像头数据联合标注与分析等

7.3.2　数据标注的完整过程

1. 数据准备

（1）数据标注需要先针对标注内容做好准备工作，然后对数据进行初步清洗。具体而言，应清理模糊、重复或无效的数据，并统一数据格式。

（2）明确标注的目的和要求，了解需要标注的数据类型（如图像、视频、文本等）以及其体的标注内容（如边界框、分类标签等）。这对于确定后续的操作至关重要。

（3）根据项目的需求收集相应的原始数据。数据来源可以是公开数据库、自行采集或第三方提供。确保数据的合法性和适用性，尤其是在涉及个人隐私或敏感信息时，数据标注必须遵循相关的法律法规。

2. 数据标注的工具选择

在进行数据标注时，选择合适的工具是确保数据质量和提高工作效率的关键。根据不同的数据类型和项目需求，我们可以选择不同的标注工具。以下是一些常见工具及其适用场景介绍。

Labelimg 是一款开源的图像标注工具，主要用于计算机视觉任务中的边界框标注。它支持 Pascal VOC 格式的输出，非常适合用于目标检测项目的基础标注工作。使用 LabelImg，用户可以为图片中的对象绘制矩形框，并添加相应的标签，从而高效地完成图像数据的标注任务。

CVAT（Computer Vision Annotation Tool，计算机视觉标注工具）另外一款强大的开源工具，专为视频和图像的复杂标注任务设计，支持多种标注类型，包括边界框、多边形、关键点等，适用于更复杂的计算机视觉任务，如实例分割、姿态估计等。此外，CVAT 还提供了团队协作的功能，允许不同成员之间共享标注任务并进行审核，非常适合团队合作的大型项目，在自动驾驶、医疗影像、零售业、安防监控、农业等被广泛使用。

T-Rex Labe 由 IDEA 研究院于 2024 年发布，是一款基于视觉提示的标注工具。它依托自主研发的 T-Rex2 模型，实现了零样本目标检测能力，无须预先训练或标注大量数据，即可快速识别并标注目标对象。用户仅需通过直观的视觉引导，就能轻松实现一键式标注，极大提升了标注效率。T-Rex2 模型的高性能保证了标注的准确性，即使在复杂或密集的场景中，也能实现精确的目标检测和标注。它提供了简洁易用的用户界面，用户无须具备专业的标注知识，即可快速上手并高效完成标注任务。T-Rex Label 支持导出为 COCO、YOLO 等主流格式，完美适配农业、工业、生物医学、零售等多个行业领域的需求，为不同领域的数据标注提供了强有力的支持。

LabelU 是由 Open Data Lab 开发的一款综合性轻量级标注工具，于 2024 年上半年推出。LabelU 的优势在于工具类型全面，提供包括 2D 框、3D 框、多边形、点、线等多种标注方式，甚至包括属性、立体框等工具，适合构建复杂的标注任务，用户可以根据自己的需求创建标注界面。LabelU 目前没有集成智能标注的功能，但支持预标注数据的一键载入，用户可以根据实际需要对其进行细化和调整。标注后的结果可一键导出，目前支持 JSON、COCO、MASK 等导出格式。

在一些特殊的数据类型或特定业务逻辑的应用场景中，现有的开源标注工具往往难以完全满足需求。此时，开发定制化的标注平台就显得尤为重要。通过定制化开发，可以根据具体的数据结构、标注规范以及用户体验要求来设计工具，从而更加高效、准确地完成数据标注任务。例如，在医疗影像分析领域，需要对 X 光片、CT 扫描结果等进行精确标注，这就可能需要专门设计的工具来满足专业要求。

除了上述提到的工具外，还有许多其他优秀的数据标注工具可供选择，例如 Labelbox、Dataturks 等。这些工具提供了丰富的功能选项，涵盖文本标注、音频标注等多种类型，能够满足不同类型数据标注的需求。在选择数据标注工具时，可以根据数据类型和具体需求，选择适合的开源工具（如 LabelImg、CVAT 等），或者开发定制化的标注平台。

3. 数据标注方式

人工标注是最直接也是最精确的标注方法，适用于对数据精度要求极高的场景。专业的标注员对数据进行仔细分析和标记，可以保证每个标注细节的准确性。但是这种方法的成本较高，需要投入大量的人力资源，并且标注速度相对较慢。此外，人工标注的质量高度依赖于标注员的专业知识和经验。因此，某些专业领域（如医学影像分析）可能还需要对特定的专家进行培训，这进一步增加了标注成本。

随着人工智能技术的发展，自动标注工具逐渐成为一种高效的数据处理手段。这些工具利用预训练模型或算法自动识别并标注数据，大大提高了标注效率。尽管自动化标注能够显著减少时间和人力成本，但其准确性往往不如人工标注，尤其是在面对复杂或不规则的数据时可能出现误判。因此，自动化标注的结果通常需要经过人工校验来纠正错误，确保最终数据集的质量。这种方法适合于大规模数据集的初步标注工作，尤其是当数据具有一定的规律性和可预测性时。

在数据标注中，为了平衡成本与质量，许多项目采用众包的方式进行标注。例如，百度众测与智慧城市视频标注项目、百度数据众包与自动驾驶项目等，通过将标注任务分配给大量网络工作者，能够快速收集大量标注结果。这种方式不仅能降低成本，还能加快标注进程。然而，众包标注的质量控制是一个挑战，因为参与者的技能水平和认真程度参差不齐。在标注过程中，通常需要设计有效的质量控制机制，例如多次标注同一数据以检查一致性、设立资格测试筛选合适的工作人员等。特别需要注意的是，敏感或隐私数据不适合采用众包方式进行标注，以防信息泄露。

4. 标注质量检验

数据标注完成后，进行质量检验是确保数据集准确性和可靠性的重要环节。通过一系列质量控制措施，能够有效检测并纠正标注过程中可能出现的错误，从而提升数据的整体质量。以下是一些提升标注质量的方法。

交叉验证：一种评估模型性能的技术，但在数据标注的质量检验中也可以发挥重要作用。具体做法是将标注好的数据集划分为若干个子集，然后轮流使用其中一个子集作为验证集，其余子集作为训练集。对不同划分下的模型性能进行评估，可以间接反映出数据标注的准确性。这种方法特别适用于监督学习任务中的数据集质量评估。例如，在图像分类任务中，如果模型在不同的训练-验证划分下表现稳定且准确率高，则说明标注的数据具有较高的质量。

一致性检测（如 Kappa 系数）：主要用于衡量不同标注者之间或同一标注者多次标注结果之间的一致性程度。Kappa 系数是一个常用的统计指标，用于量化这种一致性。它不仅考虑了实际观察到的一致性比例，还考虑了偶然一致性的影响。Kappa 系数的取值范围从-1 到 1，其中 1 表示完全一致，0 表示一致性仅与随机猜测相同，负值则表示比随机猜测更差的一致性。实践中通常认为 Kappa 系数大于 0.6 时，标注的一致性较好；而低于这个数值，则可能需要对标注标准进行重新审视或者对标注员进行额外培训。

抽样复查：从已标注的数据集中随机抽取一部分样本进行复查，尤其是那些可能存在争议或复杂情况的数据点。通过对这些数据点的复查，将有助于发现潜在的问题，并及时采取纠正措施，提高数据标注的准确性。

专家评审：对于特定领域的专业数据集（如医学、法律、化工等），邀请相关领域的专家参与数据评审过程，能够显著提升标注的准确性。

5. 数据标注输出格式

完成数据标注并经过质量检验之后，生成标准化格式的标注文件是确保数据能够被各种系统和工具有效利用的关键步骤。标准化的数据格式不仅便于存储和传输，还能提高数据处理和分析的效率，促进不同软件之间的兼容性和互操作性。

1）XML（可扩展标记语言）

XML 是一种灵活的、用于表示结构化信息的语言，广泛应用于数据交换和存储。对于标注任务而言，使用 XML 可以清晰地定义数据元素及其层次关系。XML 具有良好的可读性和扩展性，支持复杂的文档结构。它允许用户自定义标签来描述特定领域的数据，非常适合需要高度定制化的标注项目。

一个图像标注项目中可以通过 XML 格式记录每张图片的对象位置、类别等信息，如下所示：

```
示例代码：
<annotation>
    <folder>Images</folder>    #图像存放的位置在 images 这个文件夹中
    <filename>img001.jpg</filename>    #图片的名字
    <object>
        <name>car</name>    #图片中标记的对象是 car(汽车)
        <bndbox>
            <xmin>50</xmin>
            <ymin>100</ymin>
            <xmax>200</xmax>
            <ymax>300</ymax>
#边界框从(50,100)延伸到(200,300)，形成一个包围着图像中"car"的矩形区域
        </bndbox>
    </object>
</annotation>
```

2）CSV（逗号分隔值）

CSV 是一种简单的文本格式，用于存储表格数据。每个记录由一行表示，字段之间用逗号分隔。尽管其结构相对简单，但对于某些类型的标注任务来说非常实用，易于创建和编辑，几乎所有的电子表格软件（如 Excel）都支持直接打开和处理 CSV 文件。CSV 适合于线性数据结构或不需要复杂嵌套的数据集。

文本分类任务中可以将每条文本及其对应的类别以 CSV 格式保存，如下所示：

```
text, label
"人工智能给我们带来前所未有的体验", positive   #标记积极的态度
"我喜欢人工智能的科技赋能，但也感觉到了危机", negative   #标记为消极的态度
```

3）JSON（JavaScript 对象表示法）

JSON 是一种轻量级的数据交换格式，方便人们阅读和编写，同时也易于机器解析和生成。它基于一个子集的 JavaScript 编程语言，但作为一种独立于语言的数据格式，已被大多数现代编程语言所支持。JSON 格式简洁明了，支持数组和嵌套对象，非常适合表达复杂的数据结构。它的高效性和易用性使其成为 Web 服务和 API 中最常用的数据格式之一。

一个视频标注项目中可以用 JSON 格式记录视频片段的时间戳和相关标签，如下所示：

```
示例代码：

{
    "video": "video001.mp4",#标注的文件名
    "annotations": [   #数据列表
        {"start": 10,"end": 20,"label": "scene change"},#10 秒至 20 之间存在一个转场
        {"start": 35,"end": 45,"label": "action"}      #35 秒至 45 秒之间是一个动作场景
    ]
}
```

4）TXT 文本格式

TXT 格式的标注通常以一种更简化和直接的方式记录信息，特别适合某些特定的应用场景。TXT 格式非常简单，容易生成和阅读，解析逻辑清晰，可以根据标注的需要自定义标注格式，适应各种特定的需求。同时该类标注的文件体积较小，便于存储和传输。这种格式常用于深度学习模型的数据准备阶段，特别是在目标检测任务中，如 YOLO 系列模型就常用这种格式来描述训练样本中的对象位置和类别信息。通过这种方式，用户可以高效地管理和利用大规模数据集进行模型训练。TXT 格式中的第 1 列表示对象的类别标签，比如汽车、卡车、客车等；第 2 列和第 3 列表示边界框中心点相对于图像宽度和高度的比例坐标，无论图像的像素怎样变化，都可确定中心点的位置，取值范围为 0～1；第 4 列和第 5 列同样以比例的形式给出，分别表示边界框宽度和高度相对于整个图像宽度和高度的比例，取值为 0～1。

如图 7-47 所示图像标注项目中通过 TXT 格式记录图片中重卡车对象位置、类别等信息。如下所示：

（a）数据标注前后　　　　　　　　　（b）数据标注前后

图 7-47　利用 TXT 格式标注图片

#<class_label> <x_center> <y_center> <width> <height>
0 0.512936 0.494409 0.953881 0.976038
#第 1 列为对象类别标签；
#第 2 列和第 3 列表示边界框的中心位于图像宽度的 51.29% 和高度的 49.44% 处
#第 4 列和第 5 列表示边界框的宽度和高度分别是图像宽度的 95.38% 和高度的 97.60%

7.3.3　数据标注的常用工具安装与应用

本小节将介绍一些常见的开源数据标注工具，涵盖其基本功能及应用情况。主要涉及的工具包括 LabelImg、CVAT、EISe、T-RexLabel 和 LabelU。其中，EISeg、T-RexLabel 和 LabelU 是国产数据标注工具，已被广泛应用于国内数据集的标注工作中。

1. LabelImg

1）LabelImg 的基本介绍

LabelImg 是一款广受欢迎的开源图像标注工具，使用 Python 编写，并借助 Qt 框架构建其图形用户界面（GUI），这使得它既强大又易于上手，特别适用于计算机视觉任务中的分类和目标检测项目。LabelImg 界面直观的设计让全球各地的用户都能快速掌握其用法。

LabelImg 的主要特点如下：

支持多种数据格式：LabelImg 支持将注释保存为 PASCAL VOC 格式（XML 文件），这是 ImageNet 所使用的一种标准格式，同时也兼容 COCO 数据集格式（JSON 文件）。这种灵活性使其成为处理不同数据集的理想选择。

便捷的对象标记功能：用户可以通过简单的矩形框选操作轻松标记图片中的目标物体。此外，LabelImg 还支持旋转矩形框，以满足更复杂的标注需求。

自定义标签管理：用户可以根据自身需求添加、编辑或删除标签类别，使其能够适应各种特定场景下的图像标注工作。

跨平台支持：由于采用了 Python 和 Qt 技术栈，LabelImg 能够在 Windows、MacOS 和 Linux 等多个操作系统上流畅运行。

在机器学习尤其是深度学习的研究与应用中，高质量的数据集是模型训练的关键。LabelImg 作为一款高效且实用的图像标注工具，被广泛应用于数据集的创建与维护。无论是在学术研究领域，还是在工业界的实际应用中，例如自动驾驶汽车的环境感知、零售业的商品识别系统等，LabelImg 都发挥着重要作用。因此，掌握其基本使用功能是非常必要的。

2）LabelImg 的安装与启动

在数据标注的项目中执行安装命令（见图 7-48）：

pip install labelimg -i https://pypi.tuna.tsinghua.edu.cn/simple

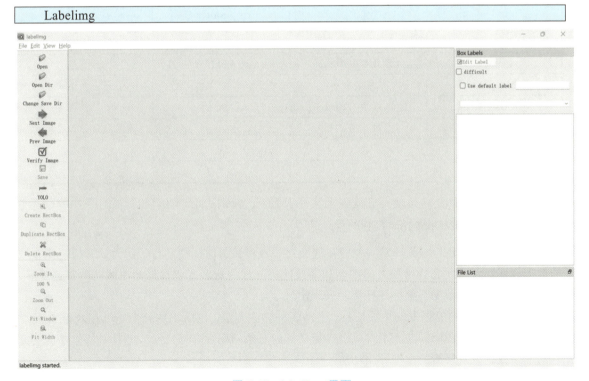

图 7-48　执行安装命令

在项目的命令框中直接输入命令启动 labelImg（见图 7-49）：

Labelimg

图 7-49　labelImg 界面

界面菜单介绍如表 7-12 所示，操作快捷键功能说明如表 7-13 所示。

表 7-12 界面菜单介绍

菜单	功能	菜单	功能
Open	打开需要标注的图片,针对单张图片进行标注	Save	保存当前标注文件
Open Dir	打开需要标注的数据图片所在的目录,针对多张数据图片进行标注	CreateML	标注图片为 json 文件格式
Change Save Dir	标注后的 xml/txt/json 文件存放的路径	PascalVOC	标注图片为 xml 文件格式
Next Image	针对标注图片的下一张图片	YOLO	标注图片为 txt 文件格式
Prev Image	针对标注图片的上一张图片	Edit Label	可以设置标注 class,根据标注数据的类别进行设置
Verify Imge	验证图片	File List	Open Dir 中所有文件的列表

表 7-13 操作快捷键功能说明

按键	功能	按键	功能
Crtl +Q	温出软件	Crtl + -	缩小
Crtl + O	打开标注文件	Crtl + =	原始大小
Crtl + U	打开标注目录	Crtl + F	图像适用窗口大小
Crtl + R	更改保存目录	Crtl + E	编辑标签
Crtl +S	保存	Crtl + Shift+ O	打开的文件类只显示 xml 文件格式
Crtl + L	划线时线框的颜色	Crtl + Shift + S	单类模式
Crtl + J	移动和编辑框	Crtl + Shift + F	ntvvidth
Crtl + D	复制框	D	上一张图片
Crtl + H	隐藏所有的框	A	下一张图片
Crtl + A	显示所有的框	Space	标记当前图片已标记
Crtl + +	放大	W	标注狂
		Delete	删除框

2. CVAT

1)CVAT 计算机视觉标注工具的介绍

CVAT 是由 Intel 团队开发的免费在线交互式视频和图像标注平台,专为计算机视觉领域的数据标注而设计。它凭借强大的功能和高效性能,成为众多专业数据标注团队的首选工具,在处理多模态视频数据对象标注任务时表现出色。

CVAT 是一款功能强大的标注工具,支持多种标注类型,包括 2D 框选、多边形、折线和点等,适用于视频和图像标注。用户可以自定义标注对象的属性,并且 CVAT 具备协作功能、完善的版本控制以及便捷的数据导出功能。

CVAT 免费开源,使用便捷,交互友好高效,具有专业性和可靠性,并且能够与深度学习模型集成,从而提升标注及模型训练的效率。然而,CVAT 也存在一些不足之处,例如对硬件要求较高,依赖网络连接,本地数据管理不够方便,高级功能有一定限制,且定制化灵活性不足。

2）CVAT 计算机视觉标注工具的安装与使用

要安装 CVAT 计算机视觉标注工具，可以通过 GitHub 上的开源代码进行操作。首先，需要在 Windows 操作系统中安装 Git 和 Docker 工具，这些工具可直接从其官网下载并安装。接着，在 GitHub 中找到 CVAT 的开源代码仓库并复制下载链接。然后打开 Windows 的命令提示符（CMD），并执行相应的安装命令：

```
git clone [CVAT 在 GitHub 上的链接地址]　#网址按照开源链接地址复制替换
```

将下载好的 CVAT 放入 Docker 容器中并启动。进入 CVAT 下载文件夹，打开命令提示符（CMD），并执行以下命令：

```
cd cvat #进入 cvat 文件夹
docker-compose up -d                    #将 cvat 放入到 docker 容器中运行
docker log cvat_server -f               #查看 cvat 的启动日志可以看到访问的地址为：
http://localhost:8080/
docker exec -it cvat /bin/bash          #进入到 docker 容器中
python ~/manage.py createsuperuser      #创建超级用户名密码然后通过浏览器访问
#注意关于 CVAT 的使用请参考 CVAT 的官网手册进行使用
```

3. T-Rex Label 自动化辅助图片标注软件的使用

T-Rex Label 是 2024 年最新发布的标注工具，采用了视觉提示交互范式，为图像标注领域带来革新突破。该工具采用直观的"以图搜图"交互逻辑——用户只需要框选任意目标，可自动标注图像中所有相似物体的边界框（BBox），特别适用于纹理特征复杂、难以用语言精准描述的物体标注场景。相较于传统 AI 辅助标注工具（如 Make Sense 的预训练模型辅助模式）和文本驱动型智能标注系统（如 Labeme Pro 的文本提示方案），T-Rex Label 在交互流畅性和场景适用性维度展现出显著优势，其开发团队对社区反馈的快速响应机制也获得用户广泛好评，通过直接访问 T-Rex Label 的官网即可免费使用。

T-Rex Label 官网在线使用界面如图 7-50 所示。

（a）

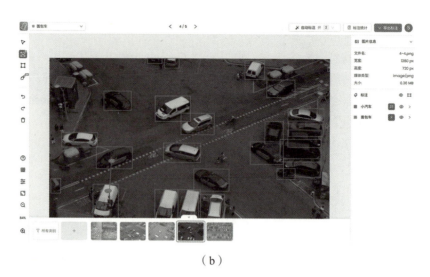

（b）

图 7-50　T-Rex Label 官网在线使用界面

4. Label U

1）Label U 多模态数据标注平台

Label U 是一款综合性的数据标注平台，专为处理多模态数据而设计。该平台可以通过提供丰富的标注工具和高效的工作流程，帮助用户更轻松地处理图像、视频和音频数据的标注任务，满足各种复杂的数据分析和模型训练需求。它具备全面的图像标注工具集，涵盖 2D 框、语义分割、多段线、关键点等多种标注方式，能够高效应对目标检测、场景分析、图像识别等图像处理任务。可以支持视频分割、分类及信息提取，适用于视频检索、摘要、行为识别等任务，可精准处理长视频并提取关键信息。此外，Label U 还拥有高效的音频标注工具，支持音频分割、分类和信息提取，将复杂声音信息直观化，简化音频数据处理。同时，Label U 支持预标注数据一键载入，用户可按需要细化调整，进一步提升标注效率和准确性。

2）Label U 多模态数据标注平台安装与使用

在 Pycharm 中新建一个项目，设置项目的解释器的环境为 python3.11，使用 conda 创建一个虚拟的环境 labelu，并激活环境。执行的命令如下：

```
conda create -n labelu python=3.11 #创建 labelu 的虚拟运行空间
conda activate labelu #激活 labelu 空间
pip install labelu #安装 labelui 多模态数据标注平台
labelu #成功安装完毕执行这个命令启动 labelUI 的服务
```

在 Pycharm 中启动完毕以后，在底部会出现访问地址，如图 7-51 所示。复制并将地址粘贴到浏览器地址栏中，即可访问到 label U 工具的登录界面。界面支持注册登录，登录后根据任务描述要求进行新建任务。新建任务过程中可以选择相应的数据标注工具如拉框、点、线、2D 等，同时可以设置标签配置，根据所进行的数据集类型进行数据标签的制定，如轿车、货车、客车、越野车等标签，如图 7-52 所示。设置好以后就可以进入到数据标注的界面，开始进行标注。标注结束后设置数据标签导出格式，如图 7-53 所示。标注的常用快捷键表 7-14 所示。

图 7-51　label U 的访问地址

图 7-52　label U 数据标签设置

图 7-53　label U 数据标签导出格式

表 7-14　标注的常用快捷键

按键	功能	按键	功能
Ctrl + S	保存	R	旋转
Space + Ctrl	跳过	长按 🖱	移动画布
Ctrl + Z	撤销	🖱	选择标签
Shift + Ctr + Z	重做	选择标签并按 Del 或 space	删除标签
A	上一张	Shift+🖱	编辑属性
D	下一张	↑	上一标签
1~9	选择前 9 个标签	↓	下一个标签
ESC		取消	

【任务实施】

1. 任务分析

1）数据特性与准备

本项目的数据是图片，可以通过国内一些开源的平台如百度飞桨、DataFountain 等平台下载车辆分类图片集用于本次的数据标注实验。

2）标注工具选择

根据数据的特点和部署，满足图片标注的工具有 LabelImg、Label U、CAVT、paddelSeg 等。本项目进行轻量化的数据标注实验，采用开源工具 LabelImg 作为本次数据标注实验。

3）DeepSeek 协助安装 LabelImg

在大模型平台输入以下一段提示词：

根据项目需求，需对汽车照片进行数据标注工作，并选择使用 LabelImg 作为标注工具。请制定一份详细的 LabelImg 安装与使用手册，内容包括以下部分：

（1）安装步骤：提供清晰的安装流程，包括环境依赖、工具下载、安装方法等；

（2）功能介绍：详细说明 Labelimg 的核心功能，包括图像标注、标注格式、快捷键使用等；

（3）输出格式：手册需以 HTML 格式提供，便于阅读和分享；

请确保手册内容完整、逻辑清晰，能够指导用户快速上手 Labelimg 并完成汽车照片的标注任务。

生成结果如图 7-54 所示。

DeepSeek

LabelImg实现汽车分类标注手册

一、详细安装指南

先决条件：请确保已安装Python 3.6+并配置好环境变量

1. 基础环境配置

Windows系统：

1. 访问Python官网下载最新安装包
   - 安装时务必勾选 Add Python to PATH
2. 打开CMD执行：

```
python -m pip install --upgrade pip
pip install pyqt5==5.15.4 lxml==4.9.3
```

3. 安装LabelImg核心包：

```
pip install labelImg
```

图 7-54　DeepSeek 生成结果

2. 任务要求

1）数据准备

在开源平台上下载数据集，本次项目完成数据标注实验时，需要准备的数据为 100 张不同车型的图片，如轿车、越野车、客车、货车、面包车、摩托车等。图片保存的格式为 png 或 jpg，注意图片格式的统一。

2）数据标注的要求

数据标注需要注意以下几点要求：

对象定义：明确标注对象的类别和属性，如轿车、货车等。

标注完整性：确保标注框覆盖所有需要识别的对象的全部特征。

标注准确性：标注边界框应紧密贴合标注对象，避免包含背景或无关物体。

数据标注参考效果如图 7-55 所示。

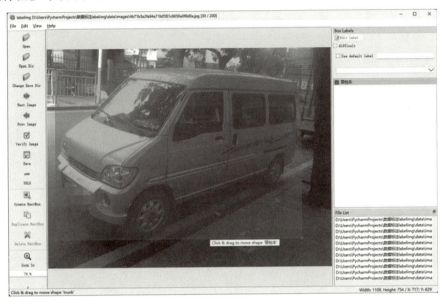

图 7-55 数据标准规范操作的参考效果

【项目训练】

一、单选题

1. Python 语言是由谁在何时创建的？（ ）

A. Guido van Rossum 于 1989 年创建

B. Bill Gates 于 1991 年创建

C. Linus Torvalds 于 1989 年创建

D. Steve Jobs 于 1991 年创建

2. Python 中以下哪个是正确的变量命名？（ ）

A. 123abc

B. if

C. valid_variable

D. invalid - variable

3. 以下哪种数据类型是不可变的？（ ）

A. 列表（list）

B. 字典（dict）

C. 元组（tuple）

D. 集合（set）

4. Python 中使用什么关键字定义函数？（ ）

A. function   B. def   C. define   D. Void

5. AIGC 在代码中的应用不包括以下哪一项？（　　）

A. 代码加密   B. 代码生成   C. 错误检测与修复   D. 代码优化

6. 交通标志标注中，以下哪种标注工具最适合用于绘制矩形框标注交通标志？（　　）

A. Excel   B. LabelImg   C. Photoshop   D. Word

7. 标注交通标志时，以下哪种标注格式通常用于目标检测任务？（　　）

A. CSV 格式   B. JSON 格式   C. Pascal VOC 格式   D. HTML 格式

8. 数据标注过程中，以下哪项不是标注质量的关键因素？（　　）

A. 标注的准确性   B. 标注的效率   C. 标注工具的颜色   D. 标注的一致性

二、多选题

1. 以下哪些属于 Python 的应用领域？（　　）

A. 数据科学与分析   B. 人工智能与机器学习

C. 网络开发   D. 自动化办公

2. 以下哪些是 Python 的控制结构？（　　）

A. 条件语句（if、elif、else）   B. 循环语句（for、while）

C. 函数定义（def）   D. 异常处理（try、except）

3. Python 中导入扩展库的方式有哪些？（　　）

A. import 模块名 [as 别名]

B. from 模块名 import 对象名 [as 别名]

C. from 模块名 import *

D. include 模块名

4. Anaconda 的主要组件有哪些？（　　）

A. Jupyter Notebook   B. Spyder

C. conda   D. Anaconda Navigator

5. AIGC 在代码编写中的优势有哪些？（　　）

A. 自动化执行重复性任务   B. 降低学习编程难度

C. 提高代码质量   D. 完全替代程序员工作

6. 以下哪些是常见的数据标注类型？（　　）

A. 图像分类标注   B. 目标检测标注

C. 语义分割标注   D. 文本标注

7. 数据标注过程中，以下哪些因素会影响标注效率？（　　）

A. 标注工具的易用性   B. 标注人员的经验

C. 数据的复杂程度   D. 标注任务的明确性

8. 使用 LabelImg 进行标注时，以下哪些操作是必要的？（　　）

A. 安装 Python 和 pip   B. 创建标注类别

C. 绘制矩形框标注目标   D. 保存标注结果

三、判断题

1. Python 语言不区分变量名的大小写。（　　）

2. 在 Python 中，字典的键必须是不可变类型。（　　）

3. Anaconda 中不包含 Python 解释器，需要单独安装。（　　）

4. Python 中，列表和元组都可以动态增删元素。（　　）

5. 在 Python 中，for 循环只能遍历列表。（　　）

6. 数据标注是机器学习模型训练中非常重要的一步，标注质量直接影响模型的性能。（　　）

7. 使用 LabelImg 进行标注时，标注文件的格式只能是 Pascal VOC 格式。（　　）

8. 数据标注的目的是为数据添加额外的信息，帮助机器理解数据的语义。（　　）

四、操作题

1. 使用 Python 和 AIGC 进行图像批量重命名。

假设名为 images 的文件夹中有多个图像文件，命名格式混乱。请使用 Python 语言结合 AIGC 工具（如 DeepSeek 模型）编写代码，将这些图像文件的文件名统一修改为以 image_ 开头，后面跟着从 001 开始的数字编号，文件扩展名保持不变。

例如，原文件名为 img1.jpg，重命名后为 image_001.jpg。请详细记录使用 AIGC 工具获取代码的过程，以及在 Pycham 软件运行代码的步骤和遇到的问题及解决方法。

2. 视频时长转换。

请编写一个 Python 脚本，该脚本能够接收一个视频文件作为输入，并通过使用 AIGC 工具生成的代码来获取该视频的长度（以秒为单位）。随后，将秒数转换为小时、分钟和秒的格式，并将结果打印输出。在实现过程中，需确保脚本能够正确读取视频文件，并准确完成时间单位的转换。

此外，请详细记录使用 AIGC 工具生成代码的过程，以及在 PyCharm 软件中运行代码的具体步骤。同时，记录在开发过程中遇到的问题及相应的解决方法。

3. 数据标注交通标志图像

交通标志是道路上不可或缺的元素，它们对于引导交通、保障行车安全起着至关重要的作用。为了训练一个能够识别交通标志的计算机视觉模型，我们需要使用标注工具对交通标志图像进行标注。LabelImg 是一款简单易用的图像标注工具，它可以帮助我们完成这项任务。在互联网中通过开源的数据集平台获取一些清晰的交通标志图像，如限速标志、禁止停车标志、直行、左转、右转等。根据素材的类别，在 LabelImg 中创建数据标注的类别，如 No Parking、Speed Limit30、Speed Limit40、Speed Limit50、Left Turn、Go Straight 等。通过该项目的实际操作，深入了解交通标志识别模型训练中数据准备的严谨性，深刻认识到数据标注在人工智能视觉识别训练中的重要性。

项目 8
人工智能常用算法

 知识图谱

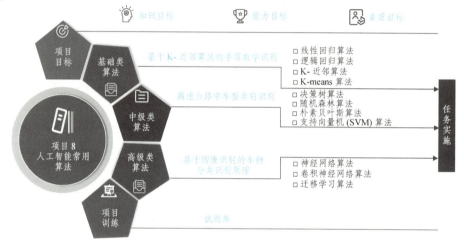

图 8-1　项目 8 知识图谱

 知识目标

- 了解人工智能不同层次算法分类,掌握基础层的线性回归、逻辑回归、K-近邻、K-means算法等的基本原理。
- 熟悉决策树、随机森林、朴素贝叶斯、支持向量机算法的应用场景和计算逻辑。
- 理解神经网络、卷积神经网络以及迁移学习算法的概念和工作原理。
- 掌握各算法在实际任务(如:手写数字识别、车型识别、道路裂缝识别)中的应用方式。

 能力目标

- 能够运用K-近邻算法实现手写数字识别,提升数据分类和模式识别能力。
- 借助朴素贝叶斯算法完成车型识别任务,增强数据分析与处理能力。
- 利用卷积神经网络实现道路裂缝识别,锻炼图像处理和算法实践能力。
- 培养将不同人工智能算法应用于实际问题,解决复杂工程问题的能力。

素质目标

- 研习算法原理，秉持严谨态度，锤炼科学思维与逻辑推理能力。
- 主动探索钻研新兴事物，提升自主学习能力与探索精神。
- 强化团队协作意识，成员协同研讨，合力攻克难题。

8.1　基础类算法

【任务描述】

任务 8.1　基于 K-近邻算法的手写数字识别

在快递运输工作中，包裹信息通常通过条形码识别技术获取。然而，在运输过程中，部分包裹可能仅标注了手写数字编号，这些编号无法直接被计算机识别。为此，我们采用 K-近邻（KNN）算法对 MNIST 数据集中的手写数字进行分类预测，以实现对 0～9 手写数字的模型识别与训练。该项目涵盖了数据预处理、模型训练、参数调整以及性能评估等环节，旨在通过算法应用解决手写数字识别问题。

【任务准备】

8.1.1　线性回归算法

线性回归是机器学习领域的基础算法之一，其核心在于利用一个简单的线性模型来预测一个目标变量（或因变量）与一个或多个特征变量（或自变量）之间的关联。当回归分析仅涉及一个目标变量和一个特征变量，且它们之间的关系可以近似地用一条直线来描述时，这种分析被称为一元线性回归分析，也可以说是在二维平面上的一条直线。而如果回归分析中涉及两个或更多特征变量，且目标变量与这些特征变量之间存在线性关系，则这种分析被称为多元线性回归分析，也可以理解为超平面或超立方体中的一条直线。

1. 线性回归算法的基本概念

线性回归算法构建的是一个线性模型，该模型能够阐述目标变量与特征变量之间的关联性。通过线性回归算法，我们能够基于已知的自变量值来预测因变量的数值。线性回归在经济学、统计学以及机器学习等有着广泛的应用。

线性回归算法具有建模与预测、特征分析、模型评估以及强解释性等多方面的用途，如表 8-1 所示。它能够通过数据分析和建模，帮助我们揭示数据背后的内在规律，并基于这些规律进行有效的预测和决策支持。

表 8-1　线性回归算法的用途

用途名称	用途详解
建模与预测	通过建立一个简单的数学模型来描述目标变量和特征变量之间的关系，并用这个模型进行预测。通过数学模型预测未来的趋势，分析数据之间的关系等
特征分析	哪些特征对输出有较大的影响，通过影响确定目标变量和特征变量的相互影响关系
评估模型	线性回归可以用于评估模型性能的预测，通过代价函数等指标来衡量模型的拟合程度，以及对模型进行改进和优化
解释性强	该算法的模型结构简单，例如公式 $y=ax+b$。其中，a 表示斜率，b 表示截距。自变量 x 每增加一个单位，因变量 y 将平均变化 a 个单位。而当 x 为 0 时，y 的预测值即为截距 b。这种直观的解释性使得线性回归在实际应用中非常受欢迎，尤其是在需要解释模型结果的场景下，比如对经济学、社会学等数值预测时非常适用

2. 线性回归函数模型

1）一元线性回归函数模型

一元线性回归模型通常表示为

$$y = ax + b + \epsilon$$

其中，a是斜率，b是截距，ϵ是误差项。其表示的含义是，自变量x每增加一个单位，因变量y平均增加a个单位。一元线性回归是一种很强的统计分析工具，可以用来探索和理解两个变量之间的线性关系。

案例 8.1：利用一元线性分析实现对交通流量的预测，根据时间段不同预测车辆流量情况。通过随机函数创建 200 个数据点来模拟车流量与时间之间的关系。将这部分数据中的 80% 作为训练集，20% 作为测试集。在 Pycharm 中使用一元线性分析算法实现预测模型，如图 8-2 所示。

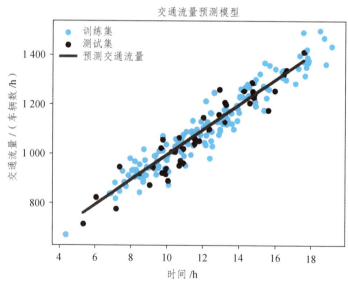

图 8-2　交通流量一元线性分析预测模型

2）多元线性回归函数模型

多元线性回归模型通常表示为

$$y = a_0 x_0 + a_1 x_1 + a_2 x_2 + \ldots + a_n x_n + b + \epsilon$$

其中，x_0，x_1，x_2，$\cdots$，x_n 表示自变量，代表预测时的多个特征；a_0，a_1，a_2，$\cdots$，a_n 表示模型参数，即每个自变量对应的系数；b 表示截距；ϵ 表示误差项。针对案例 8.1，假设了时间、天气状况是自变量，交通流量是因变量，通过散点图确定数据在三维空间上的关系，而平面表示回归模型预测出的交通流量，通过该模型可以直观地理解三维空间中数据拟合的关系，效果如图 8-3 所示。许多实际测算的过程具有很多的自变量，形成的多元线性规划将不再是一个二维、三维的空间，有可能是四维度甚至更高维度的空间，需要抽象到数学空间的高维度进行计算。

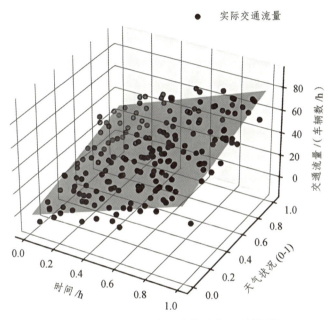

图 8-3　交通流量多元线性分析预测模型

8.1.2　逻辑回归算法

逻辑回归算法（Logistic Regression）是一种主要用于解决二分类问题的机器学习算法。尽管名称中包含"回归"，但实际上它是一种分类算法。逻辑回归的核心在于预测样本属于某个类别的概率。它通过建立一个线性模型，将输入特征映射到一个介于 0 和 1 之间的概率值，从而表示输入样本属于某个类别的可能性。

1. 逻辑回归算法的基本概念

该算法基于 Sigmoid 函数（逻辑函数）进行建模，输出结果仅有两种情况。通过计算特征的线性组合，并将其输入到 Sigmoid 函数中，逻辑回归能够输出一个介于 0 到 1 之间的概率值，表示样本属于某个类别的概率。

1）逻辑回归算法的优点

容易理解和实现：其原理和实现过程基于线性关系，相对简单，便于用户学习和掌握，并在实际项目中快速部署应用。

数据处理能力强：该算法具有较低的计算复杂度，能够在较短时间内完成对大规模数据集的处理，有效提升了数据挖掘和分析的效率，尤其适用于数据量庞大的场景。

可解释性较强：通过逻辑回归模型中的系数，可以清晰地解读各个变量对分类结果所产生的影响，为决策者提供更为直观参考依据，有助于深入理解数据背后的逻辑关系。

鲁棒性好：在面对异常数据时，逻辑回归展现出较强的抵抗力，不会因少量异常值的存在而对整体模型产生过大偏差，保证了模型在不同数据环境下的稳定性和可靠性。

2）逻辑回归算法的缺点

适用范围窄：逻辑回归主要适用于线性可分的二分类问题，对于复杂的非线性分类问题难以应对。

对噪声数据较为敏感：当数据中存在较多噪声数据时，逻辑回归模型的性能可能会受到一定程度的影响，干扰模型的训练过程，进而影响分类准确性。

多分类问题处理能力不足：虽然可以通过一些扩展方法来处理多分类问题，但这些扩展方式相对较为复杂，没有专门的多分类算法那样直接和高效。

2. 逻辑函数算法模型

逻辑函数是一类返回值为逻辑值（True 或 False）的函数，常使用布尔代数法、逻辑图法、波形图法来表示训练集之间的关系，根据关系进行与运算、或运算、非运算、或非运算、与或非运算、异或运算和同或运算等。在机器学习过程中，使用的逻辑函数公式如下：

$$y = \sigma(z) = 1/(1 + e^{(-z)})$$

其中，$\sigma(z)$ 表示逻辑函数，z 是线性组合的结果，即

$$z = w_0 + w_1 * x_1 + w_2 * x_2 + \ldots + w_n * x_n$$

其中，$w_0, w_1, w_2, \ldots, w_n$ 是模型权重参数，$x_1, x_2, \ldots, x_n$ 是输入特征。逻辑函数输出的结果是一个概率值，利用公式完成模型训练，进行预测样本的二分类概率情况。

1）混淆矩阵（Confusion Matrix）

混淆矩阵是一种呈现逻辑函数算法的表格，它是用于展示模型在测试集上预测结果与实际标签之间对比的表格。表格的行表示实际标签（Actual Label），列表示预测标签（Predicted Label）。每个单元格中的数字表示属于某一实际标签但被预测为某一预测标签的样本数量。主对角线（从左上到右下）上的数字表示分类正确的样本数量，而非对角线上的数字则表示分类错误的样本数量。混淆矩阵如图 8-4 所示。

2）特征重要性柱状图（Feature Importance Bar Chart）

特征重要性柱状图展示了每个特征对逻辑回归模型预测结果的重要性程度。其中特征

（Feature）表示数据集中的各个特征变量（如年龄、性别、浏览时间、加入购物车次数等）。系数（Coefficient）是对应特征的权重，表示该特征对模型决策的影响大小，系数值的大小反映了特征的重要性。其中绝对值越大的特征对模型预测结果影响越大。正值特征对购买概率有正向影响（如性别为女性时购买概率更高）。负值特征对购买概率有负向影响（如年龄越大购买概率越低）。特征重要性柱状图如图 8-5 所示。

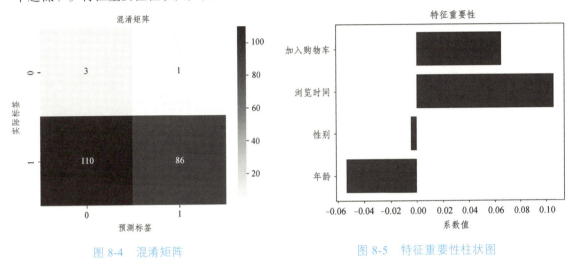

图 8-4　混淆矩阵　　　　　　　　图 8-5　特征重要性柱状图

8.1.3　K-近邻算法

K-近邻算法（K-Nearest Neighbors，KNN）是一种基于实例的机器学习算法，广泛应用于分类和回归任务。该算法通过将所有样本数据划分为若干类别，并利用样本之间的距离以及不同的分类特征值，对新样本进行分类或预测。

1. K-近邻算法的基本概念

K-近邻算法（K-Nearest Neighbors，KNN）是机器学习中一种简单而强大的算法，广泛应用于分类和回归任务。在分类任务中，算法通过计算待分类样本与训练集中所有样本的距离，找出距离最近的 K 个样本（即"邻居"），并根据这些邻居的类别，采用多数表决法来预测未分类样本的类别。在回归任务中，则通过对这 K 个"邻居"的目标值取平均值来进行预测。

多数表决法：在分类任务中，通过计算目标样本与训练集中各个样本的距离，确定目标样本与哪个类别的样本更接近，从而将目标样本归为该类别。

距离平均值法：在回归任务中，通过观察目标样本周围其他样本的值，计算这些样本值的平均值，并将该平均值作为目标样本的预测值。

K-近邻算法的工作原理是：计算待分类数据的特征与已分类数据特征之间的距离，找出距离最近的 K 个"邻居"。在这 K 个"邻居"中，根据多数类别或最近距离来判断待分类数据所属的类别，如图 8-6 所示。

当 $K=3$ 时，我们需要判断△属于哪一类。此时，与△距离最近的 3 个特征元素中，有 1 个□和 2 个○。根据分类中少数服从多数的原则，我们判定△属于○这一类别。

当 $K=5$ 时，我们需要判断△属于哪一类。此时，与△距离最近的 5 个特征元素中，有 3 个□和 2 个○。依据分类中少数服从多数的原则，我们判定△属于□这一类别。

K 的选值对分类结果有着重大的影响。通过上面的案例可知：如果 K 值过小则分类的效果是不佳的，主要的原因是抗噪性比较差；如果 K 值选择过大也会导致误差更大。因此我们需要选择不同的 K 值来进行交叉验证，选择出适合的 K 值来确定模型。

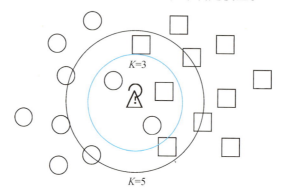

图 8-6 K-近邻算法分类应用

2. K-邻近算法模型

该算法是基于距离度量值来确定的，为了避免各种特征的范围不同导致距离计算的权重不同，需要对特征进行归一化。

1）归一化方法（也称为最小-最大方法）

将数据线性映射到 [0，1] 区间，公式如下：

$$x' = \frac{x - min}{max - min}$$

其中，x' 表示归一化后的值，x 表示某一个特征值，min 表示样本数据中的最小值，max 表示样本数据中的最大数据。

2）Z-score 标准化方法

Z-score 标准化基于统计学中的均值和标准差概念，通过该方法处理后的数据均值为 0，方差为 1，从而使得不同数据之间具有可比性，公式如下：

$$x' = \frac{x - \mu}{S}$$

其中，x' 表示归一化后的值，x 表示某一个特征值，μ 表示样本特征的平均数，S 表示样本特征的标准差。

如图 8-7 所示，通过正方形和圆形的特征，我们选取周长、面积以及周长与面积的比值作为三个关键特征来进行分类。借助散点图，大家可以直观地判断新点位可能属于哪一种形状。

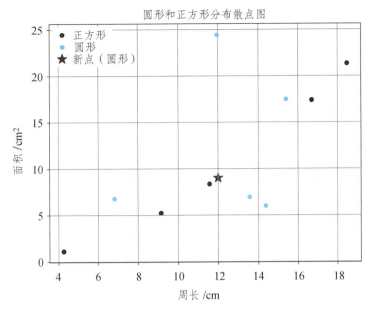

图 8-7　新数据的预测结果

8.1.4　K-means 算法

K-means 算法是一种经典的聚类算法。聚类分析作为一种机器学习方法，在数据探索与知识发现过程中具有重要意义。它能够在没有任何先验知识或训练数据的情况下，通过数据挖掘和统计分析，揭示数据内在的结构和规律，并将数据对象自动划分为多个类别或簇。在实际应用中，簇内的数据具有极高的相似性，而不同簇之间则表现出明显的差异性。因此，该方法被广泛应用于大数据挖掘分析、图像处理中的图像分割、生物领域的基因数据分析以及医疗行业的病灶分析等多个领域。

1. K-means 算法的基本概念

K-means 算法通过将数据集划分为 K 个簇（Clusters），确保每个数据点根据欧氏距离确定到簇中心的最近的距离。这一过程通过迭代调整簇中心的位置来不断优化，目标是提高簇内数据点的紧密度，同时使簇与簇之间形成清晰且分明的界限，从而达到簇内紧凑且彼此有效分离的理想状态。

簇（Clusters）：K-means 算法通过最小化簇内数据点到簇中心距离的平方和，将样本集按照最小距离原则确定簇的范围。一个簇指的是一组数据点的集合，这些数据在簇内有某种相似性度，呈现出"相互接近""内容相似""数据相近"等特征。

簇中心（Centroid）：簇内所有数据点通过欧氏距离进行度量值计算，通过数据集计算中心位置，来确定簇中心优化算法。

簇分配与迭代：通过不断数据迭代，算法动态调整数据点到各个簇的分配情况。通过迭代簇内数据点与簇中心的距离，使之趋于最小化，促使算法优化，逐步收敛至一个稳定状态，在样本数据加入时被合理地分配到最为相似的簇中，达到分类的目的。

2. K-means 算法模型

K-means 算法模型通过随机聚类的方式不断迭代更新确定簇中心，而中心让簇内的数据点尽可能地聚集在一起，并让簇间分类尽量大。K-means 算法模型如下：

$$E = \sum_{i=1}^{K} \sum_{x \in C_i} \left\| x - \mu_i \right\|^2$$

其中，E 表示计算的距离；K 是簇的数量；C_i 是第 i 个簇的点集；x 是属于 C_i 的数据点；μ_i 是第 i 个簇的簇中心；$\left\| x - \mu_i \right\|^2$ 表示数据点 x 与簇中心 μ_i 之间的欧氏距离平方。公式中 E 的值决定簇内样本的相似度，越小则相似度越高。

模型计算步骤：

第 1 步：设定簇 K 的数量，然后随机选择 C 个数据点 X，作为计算机初始的簇中心。

第 2 步：采用欧氏距离计算 C 到 X 个数据点的距离，并采用运算公式 $d = \sqrt{(x_2 - x_1)^2 + (y_2 - 1)^2}$ 计算。

第 3 步：重新计算簇中心，得到簇中心的新位置。

第 4 步：通过不断的迭代更新后确定簇中心不再发生变化时，此时确定最终的簇中心。

新的样本导入后，根据该样本到不同簇中心的距离确定该样本属于哪一类。

图 8-8 所示是采用 K-means 算法完成交通工具类别识别的案例。K-means 作为一种无监督学习算法，能够对交通工具进行聚类分析。在完成聚类后，通过分析新加入的交通工具的特性，计算其与各簇中心的距离，从而判断该新样本所属的交通工具类别。

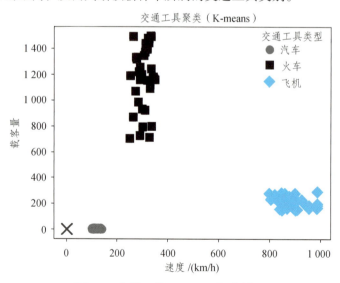

图 8-8　交通工具 K-means 聚类结果

【任务实施】

1. 任务分析

1）数据特性

开源的 MNIST 数据集包含 28*28 像素的灰度图像，图像为黑底白字，共包含 70,000 个样本（其中 60 000 个用于训练，10 000 个用于测试）。每个像素值的范围为 0～255。为了提升模型识别的准确性，需要对输入的样本图片进行归一化处理和灰度化处理。

2）算法选择

任务采用 KNN 算法，该算法适合快速验证和多分类问题，通过欧氏距离衡量样本之间的相似度。

3）DeepSeek 代码编写

通过开源大模型平台，完成以下提示词的输入：撰写一个 Python 脚本，使用 KNN 算法将我输入的图片进行灰度处理为 28×28 的黑底白色图片，并将图片输入输出的图片采用 plt[①]对比输出显示。

4）训练与优化

根据 KNN 算法的原理，可以调整 K 的输入值影响分类的范围，使样本的数据具备更多的分类参考值，确保预测的结果接近样本实际值。

2. 任务要求

1）样本图片准备

使用无污渍白手写一个数字 8，并将该图片传输到计算机中；使用 Windows 自带的画图工具将图片裁剪为标准的正方形，数字在正方形的正中间，图片保存的格式为 png 或 jpg，注意复制一下图片的绝对路径。

2）脚本创建

进入 DeepSeek，将"任务分析"中的提示词放置到开始对话中，根据对话的要求，将代码复制到 Pycham 中并新建一个 Python 脚本。把代码中图的位置修改为自己保存的手写数字 8 图片存放位置的绝对路径。

3）训练与调优

将代码中关于 KNN 算法的部分的代码进行调整，优化 K 的值为 7 或更高（默认情况下可能还是 3、5 等值），修改代码后运行并训练。注意：首次执行的时候可能会下载数据集训练，等待时间相对较长。

4）参考部分代码效果展示

```
# 加载 MNIST 手写数字数据集作为训练数据 (28×28 像素)
mnist = fetch_openml('mnist_784',version=1,cache=True,as_frame=False)
```

---

① 在 Python 中，plt 是 matplotlib.pyplot 模块的标准别名，用于数据可视化

```
X,y = mnist.data,mnist.target
X_train,X_test,y_train,y_test = train_test_split(X,y,test_size=0.2,random_state=42)
# 创建 k-NN 分类器并训练
k = 7 # 尝试不同的 k 值

knn = KNeighborsClassifier(n_neighbors=k)

knn.fit(X_train,y_train)
#参考代码见附录 A 基于 K 最近邻算法的手写数字识别参考代码
```

手写数字预测值结果如图 8-9 所示。

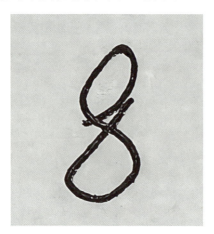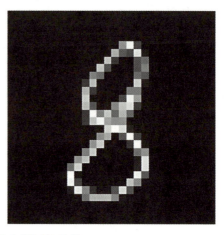

图 8-9　手写数字预测值结果

8.2　中级类算法

【任务描述】

任务 8.2　高速公路中车型类别识别

在人工智能赋能交通管理的背景下，高速公路管理系统通过对车辆数据的统计分析，能够判断不同车型的数量和占比。这一过程对于交通流量监测、道路规划以及交通执法等工作具有重要意义。本任务运用朴素贝叶斯算法对车辆数据进行分析处理，实现对轿车、客车、货车、面包车等车型数据的自动分类，从而帮助深入了解车辆交通中各种车型的数据情况。

【任务准备】

8.2.1　决策树算法

在人工智能应用中，决策树方法因其高效性和逻辑性而被广泛应用。它能够以简洁明了、思路清晰的方式判断事物的属性或类别。例如，在选择交通工具时，我们通常会根据时间、距离、费用高低以及是否需要中转等因素进行决策，这一过程可以通过决策树直观地呈现出来，如图 8-10 所示。

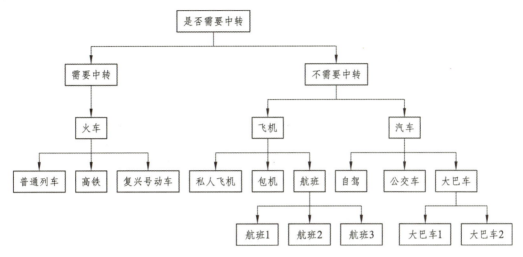

图 8-10　交通工具选择决策树

1. 决策树算法的基本概念

人工智能决策树是一种高效的人工智能算法模型，它利用树形结构进行决策。作为一种归纳学习方法，人工智能决策树通过对已有数据集进行深入的学习与分析，构建出一个树形结构。这一结构不仅能够有效地对新的数据进行分类，还具备预测能力。通过人工智能决策树，我们能够更加精准地处理数据并做决策判断。

1）构成要素

节点：分为根节点、内部节点和叶子节点。根节点位于树的顶端，没有父节点，是整个决策过程的起点，通常选择对目标变量具有较强区分能力的特征作为根节点的划分依据；内部节点代表一个特征或属性，在决策过程中起到分支的作用，根据该节点所对应特征的不同取值将数据划分为不同的子集，分别流向其子节点；叶子节点处于树的最底层，不再进行划分，代表最终的决策结果或类别标签。

分支：从一个节点指向其子节点的连接线，每个分支对应着一个特征取值与子节点之间的映射关系，通过分支可以将数据按照不同的特征取值路径进行分流，最终到达相应的叶节点。

2）信息熵

1948 年，美国著名数学家克劳德·香农（Claude Shannon）首次提出了衡量信息不确定性程度的概念——信息熵（也称香农熵）。在信息熵概念出现之前，人们在描述信息时常常使用"大概""可能""80% 把握""十拿九稳"等模糊性词汇。如今，借助信息熵公式，可以精确计算信息的不确定性程度，从而为决策提供更可靠的依据。

信息熵描述的是信息的明确性：信息越明确，信息熵越低；反之，信息熵越高。与概率不同，概率关注的是某个特定结论出现的可能性，而信息熵则关注整体信息的明确程度。例如，在导航场景中，当选择条件增多时，信息熵会相应增加，因为存在更多的选项，信息的不确定性也随之提高。

2. 决策树算法模型

1）信息熵的定义

信息熵的概念源自信息论。香农借鉴热力学中熵的概念，将其引入到信息论中，用以描述接收每条消息中所包含的信息量。在这里，"消息"指的是来自某个分布或数据流中的事件、样本或特征。信息熵可以被理解为不确定性的度量：信源越随机，其熵值越大，不确定性也就越高。信息熵的计算公式为

$$H(X) = -\sum_{i=1}^{n} p_i \log p_i$$

其中，$H(X)$ 表示随机变量 X 的信息熵。当 $H(X)$ 的值越小，说明 X 的纯度越高，即其不确定性越低。

2）信息增益

在选择从成都到北京的交通工具之前，我们可以通过信息熵公式计算所有选择的信息熵。例如，假设有 12 种从成都到北京的交通方式，其中飞机 5 种、汽车 4 种、火车 3 种。接着，利用信息熵公式分别计算每种交通工具对整体熵的影响。以"是否需要中转"作为分裂属性，计算分裂后的加权熵。最后，将原始信息熵与分裂后的加权熵相减，得到的结果即为"信息增益"。信息增益越大，说明决策后的信息熵越小，决策的确定性越高，从而可以确定最优的决策路径。

$$G(X, x) = H(X) - \sum_{i \in Values(x)}^{n} \frac{|X_i|}{|X|} H(X_i)$$

其中，$H(X)$ 是分裂前的熵；x 是要测试的属性；$Values(x)$ 是属性 x 的所有可能值；$|X_i|$ 是属性 x 取值 i 的子集；$|X|$ 是数据集 S 中的实例总数。

在学习了信息熵和信息增益的概念后，我们来计算从成都到北京选择交通工具时的信息熵。

各交通方式的概率：

飞机：$p_{飞机} = 5/13 \approx 0.3846$

汽车：$p_{汽车} = 4/13 \approx 0.3077$

火车：$p_{火车} = 4/13 \approx 0.3077$

各交通方式的信息熵：

飞机：$\dfrac{5}{13} \log_2 \dfrac{5}{13} \approx 0.3846 \times (-1.378) \approx -0.5314$

汽车：$\dfrac{4}{13} \log_2 \dfrac{4}{13} \approx 0.3077 \times (-1.711) \approx -0.526$

火车：$\dfrac{4}{13} \log_2 \dfrac{4}{13} \approx 0.3077 \times (-1.711) \approx -0.526$

$H(X) = -(-0.5314 - 0.526 - 0.526) \approx 1.5834$

子集的熵：

需要中转（火车）：

$$H(X_{需要中转})=-\left(\frac{4}{4}\log_2\frac{4}{4}\right)=0$$

不需要中转（飞机+汽车）：

飞机：$\frac{5}{9}\log_2\frac{5}{9}\approx0.5556\times(-1.378)\approx-0.766$

汽车：$\frac{4}{9}\log_2\frac{4}{9}\approx0.4444\times(-1.711)\approx-0.766$

$$H(X_{不需要中转})=-\left(\frac{5}{9}\log_2\frac{5}{9}+\frac{4}{9}\log_2\frac{4}{9}\right)\approx1.532$$

通过信息增益公式计算：

$$G(X,\ x)=H(X)-\sum_{i\in Values(x)}^{n}\frac{|X_i|}{|X|}H(X_i)$$

$$G(X,\ x)=1.5834-\left(\frac{4}{13}\times0+\frac{9}{13}\times1.532\right)=0.4894$$

$H(X)$ 表示数据集 X 的经验熵，衡量数据集整体的混乱度、不确定性。熵越大，数据越混乱，分类难度越高。

$Values(x)$ 表示特征 x 所有可能的取值集合，比如交通方式特征，取值可以是火车、汽车、飞机。

X_i 数据集 X 中，特征 x 取值为 i 的子数据集，比如 x 取"火车"时，体现该特征值的权重。

$\frac{|X_i|}{|X|}$ 表示子数据集 X_i 占原数据集 X 的比例，也可说是概率，体现的是该特征值的权重。

$H(X_i)$ 表示子数据集 X_i 的经验熵，衡量该子集内部的混乱度。

在"选择成都到北京交通工具"的决策场景中，信息增益 $G(X,\ x)$=0.4894，信息增益 0.4894=初始混乱度-条件熵，用"是否中转"这个特征分类时，能让数据集的整体分类不确定性降低 0.4894。由于信息增益是正数，且数值越大代表特征对分类的"贡献"越显著，因此可判断："是否中转"是一个对分类/决策有价值的特征，它能有效帮我们更清晰地区分不同交通方式的选择逻辑。

8.2.2 随机森林算法

1. 随机森林的基本概念

随机森林（Random Forest）是一种基于决策树的集成学习算法。它通过构建多个决策树，并综合这些决策树的预测结果来得出最终的预测。随机森林可以被形象地理解为将多棵决策树组合成一片"森林"，每棵决策树如同其中的一棵"树木"，众多"树木"协同决策，使预测结果更加准确和稳定。随机森林广泛应用于分类任务和回归任务中。

2. 随机森林算法模型

在训练随机森林模型时，根据决策树的计算公式，模型的决策规律会因问题类型而异。对于分类问题，随机森林采用"少数服从多数"的原则，即通过多数决策树的投票结果来确定最终类别；而对于回归问题，则通过对各决策树的预测值求平均值来得出最终结果。

1）分类问题

在随机森林中，通过构建多个决策树并将它们的预测结果进行整合，最终以多数决策树的预测结果作为随机森林的预测结果。例如，假设有 10 棵决策树，其中 6 棵预测样本属于类别 A，3 棵预测属于类别 B，1 棵预测属于类别 C，那么随机森林最终预测该样本属于类别 A。公式如下所示：

$$预测结果 = \arg\max_{C} \left(\frac{1}{T} \sum_{t=1}^{T} \Pi(h_t(x) = C) \right)$$

T 决策树的总数（比如文中"10 棵决策树"，则 $T=10$）

$h_t(x)$：第 t 棵决策树对样本 x 的预测结果（比如第 3 棵树预测样本是"类别 B"，则 $h_3(x) = B$）。

$\Pi(h_t(x) = C)$：指示函数，简单说就是"计数开关"：

如果第 t 棵树预测类别是 C（比如我们想统计"类别 A"的票数，第 1 棵树刚好预测 A），则 $\Pi = 1$；

如果预测不是 C（比如第 2 棵树预测 B，但我们统计 A 的票），则 $\Pi = 0$。

$\frac{1}{T} \sum_{t=1}^{T} \Pi(h_t(x) = C)$：计算某类别 C 的"平均得票率"。把每棵树对 C 的投票（1 或 0）加起来，再除以总树数 T，得到该类别在所有树里的"支持率"。

$\arg\max_{C}$：选得票率最高的类别。遍历所有可能的类别（A、B、C…），找出"平均得票率最大"的那个类别，作为最终预测结果。

该公式的本质是"投票机制"的数学表达，目的是从多棵决策树的预测里，选出"得票最高的类别"作为最终结果，对应"少数服从多数"的逻辑。公式计算的是每个类别得票率最高的类别作为最终的预测结果，即少数服从多数。

2）回归问题

在随机森林中，回归问题的预测结果由所有决策树预测结果的平均值决定。假设某回归问题中有 5 棵决策树，其预测结果分别为 20、22、21、19 和 23，那么随机森林的最终预测值为（20+22+21+19+23）÷5=21。公式如下所示：

$$预测结果 = \frac{1}{T} \sum_{t=1}^{T} h_t(x)$$

进行模型训练的关键在于对训练数据进行抽样，以确保每棵树的独立性，并降低过拟合的风险。在特征选择过程中，每个分裂节点仅考虑部分特征（通常是所有特征数量的平方根或对数），从而进一步增加树之间的多样性，提升模型的泛化能力。

我们通过随机森林来分析是否在某河流上新建一座桥。收集到的相关数据特征有：现有桥梁的交通流量、周边地区的人口增长趋势、当地的经济发展速度、附近居民的出行需求（通过问卷调查量化）、建桥的预计成本、建成后对周边商业的带动潜力等形成的数据集。我们将是否新建桥用一个数值来衡量，其中 0 表示不新建，数值越大则表示越倾向于新建。在随机样本中抽取的决策树中，有 9 棵表示支持修建，1 棵表示不支持修建。将新数据点代入模型后，结果显示该新数据点倾向于支持修建。

> 分类特征和目标
> X=df[['交通流量', '人口增长趋势', '经济发展速度', '出行需求', '建桥成本', '商业带动潜力']]
> y_classification=df['是否建桥']建桥决策作为目标
> 新数据点
> new_data_point=[[1800，0.035，0.08，1300，8000000，6000000]]
> new_data_point=pd.DataFrame（new_data_point，columns=X.columns）保证列名一致
> new_data_point_scaled=scaler.transform（new_data_point）

随机森林中随机样本抽取的决策树和测试数据测试结果如图 8-11 所示。

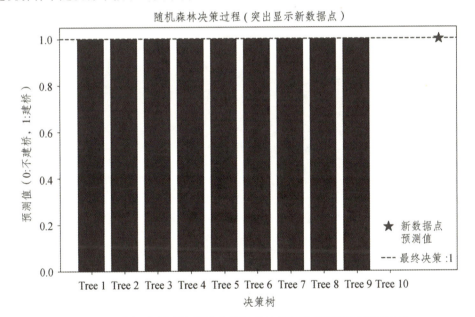

图 8-11　随机森林中随机样本抽取的决策树和测试数据测试结果

8.2.3　朴素贝叶斯算法

1. 朴素贝叶斯算法的基础概念

朴素贝叶斯算法是一种基于贝叶斯定理的简单而有效的分类算法。它假设特征之间相互独立，这种"朴素"的假设使得算法在许多实际应用场景中能够高效运行。尽管在现实世界中特征完全独立的情况几乎不存在，但该算法仍然在许多情况下表现出显著的分类效果。

贝叶斯定理是朴素贝叶斯算法的核心理论基础。它描述了两个条件概率之间的关系,即在已知先验概率和似然性的条件下,如何计算后验概率。公式如下:

$$P(A \mid B) = \frac{P(B \mid A)P(A)}{P(B)} = \frac{P(A)}{P(B)} \prod_{i=1}^{d} P(B_i \mid A)$$

其中,$P(A \mid B)$表示在事件 B 发生的条件下事件 A 发生的概率,即后验概率;$P(B \mid A)$表示在事件 A 发生的条件下事件 B 发生的概率,即似然性;$P(A)$ 和 $P(B)$ 分别表示事件 A 和事件 B 发生的先验概率。

在分类问题中,我们通常将类别标签记为 C_k,特征向量记为 $x=ew(x_1, x_2, \cdots, x_n)$。根据贝叶斯定理,我们希望计算在给定特征向量 x 的情况下,类别为 C_k 的后验概率 $P(C_k / x)$。然后,选择具有最高后验概率的类别作为预测类别。

2. 朴素贝叶斯算法模型

根据朴素贝叶斯的计算规则,我们引入一个卡车分类的分类案例,有 6 种货车,根据《收费公路车辆通行费车型分类》(JT/T489—2019)等相关标准,货车通常分为以下几类:

1 类货车:总轴数为(含悬浮轴)2,车长小于 6 000 mm 且最大允许总质量小于 4 500 kg;

2 类货车:总轴数(含悬浮轴)为 2,车长不小于 6 000 mm 或最大允许总质量不小于 4 500 kg;

3 类货车:总轴数(含悬浮轴)为 3;

4 类货车:总轴数(含悬浮轴)为 4;

5 类货车:总轴数(含悬浮轴)为 5;

6 类货车:总轴数(含悬浮轴)为 6。

案例中,根据轴数、载重量、车长特征进行分类。

1)模型构建

首先计算先验概率,得到 1 类到 6 类每种货车的先验概率。为此,需要构建一个包含 6 种不同类别货车的数据集,并提取其特征(如总轴数和每个轴距)。然后,使用朴素贝叶斯算法对数据集进行模型训练。

2)模型训练

在本案例中,为了细化数据,我们使用 np.random.normal 随机生成高斯分布的轴距值。特征包括总轴数、载重量和车长,每个类别具有不同的分布。随后,引入 Scikit-learn 库中的 GaussianNB 类来实现高斯朴素贝叶斯算法。通过 train_test_split 将数据集划分为训练集和测试集,从而得到训练好的模型。最终,我们将一个新的预测值输入模型进行预测:

```
示例:总轴数=3,车长=7200mm,最大允许总质量=6500kg
new_truck=pd.DataFrame(
[[3,7200,6500]],
columns=['total_axles','length','max_gross_weight'])
```

得出以下预测结果,如图 8-12 所示。

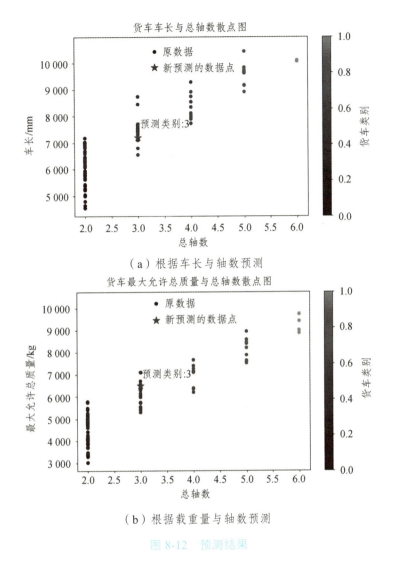

（a）根据车长与轴数预测

（b）根据载重量与轴数预测

图 8-12　预测结果

参考代码见附录 B　基于朴素贝叶斯算法的车型识别参考代码。

8.2.4　支持向量机（SVM）算法

支持向量机（Support Vector Machine，SVM）是一种监督学习算法，主要用于分类和回归分析。它由 Vladimir N. Vapnik 和 Alexey Ya. Chervonenkis 在 20 世纪 60 年代提出，经过多年的发展，已成为机器学习领域中非常重要且广泛应用的算法之一。

简单来说，支持向量机可以被视为一个高效的"分类高手"。假设我们有一组不同类型的数据点，例如苹果和橙子的特征数据（如大小、颜色等），SVM 能够在这些数据点之间找到一条最优的"分界线"，在二维平面上将苹果和橙子准确分开。如果是在三维空间中，SVM 可以找到一个"分界面"来划分数据点。而在更高维度的空间中，这个"分界线"则被称为"超平面"。

1. 支持向量机算法的基本概念

在支持向量机中，"支持向量"是一个非常关键的概念。支持向量是指距离"分界线（超平面）"最近的数据点，这些点对于确定超平面的位置和方向起着决定性作用。

举个例子，想象我们在操场上用一根绳子将男生和女生分开。我们会尽量让两边的人与绳子保持一定的距离，而那些离绳子最近的男生和女生就相当于支持向量。如果这些离绳子最近的人的位置稍有变化，那么绳子的位置和方向也可能需要调整。因此，支持向量机通过找到这些支持向量，来确定最优的超平面，从而实现对数据的分类。

由于支持向量机具有处理高维数据、有效避免过拟合等优点，它在多个领域得到了广泛应用，包括图像识别（如人脸识别、物体识别）、文本分类（如新闻分类、邮件过滤）以及生物信息数据分类（如基因数据分类、蛋白质结构分类）等场景。

2. 支持向量机算法模型

在深入了解支持向量机模型之前，我们先需要了解线性可分与线性不可分的概念。线性可分是指在一组训练数据中，数据点可以通过一条直线（在二维空间中）或一个超平面（在高维空间中）完全分割开。例如，红色和蓝色的点可以通过一条直线清晰地区分开来。而线性不可分则表示在一组数据中，很难使用一条直线或一个超平面将数据点完全分隔开。例如，在医学领域，正常细胞和癌细胞的特征可能高度重叠，很难通过简单的直线或超平面进行区分。

1）线性可分

在进行模型训练时，在 n 维空间中，超平面可以使用以下公式直接表示：

$$\omega^T x + b = 0$$

其中，ω 是一个 n 维的向量，它决定了超平面的方向；x 是数据点的特征向量；b 是一个标量，它决定了超平面的位置。当存在一个平面能将数据点按类别完全划分开且距离最大，此时距离该平面最近的数据点即为支持向量，而该平面则被确定为超平面。我们可以通过最小化函数 $\frac{1}{2}\|\omega\|^2$，使用以拉格朗日乘数法来求解公式得到 ω 和 b 的值，计算最大间隔的超平面：

$$y_i(\omega^T x_i + b) \geq 1, i = 1, 2, ..., N$$

其中，y_i 是第 i 个数据点的类别标签；x_i 是第 i 个数据点的特征向量；N 是数据点的总数。

2）线性不可分

支持向量机引入了"软间隔"的概念。软间隔允许一些数据点违反"间隔"的约束条件，也就是允许一些数据点可以落在间隔内甚至被错误地分类到另一侧。

我们在优化目标中引入一个松弛变量 ξ_i，用来表示第 i 个数据点违反约束条件的程度。同时，为了控制这种违反的程度，我们在目标函数中加入一个惩罚项 $C\sum_{i=1}^{N}\xi_i$，其中 C 是一个惩罚参数，它控制了对错误分类的惩罚力度。通过以下公式进行问题优化：

$$最小化距离 = \frac{1}{2}\|\omega\|^2 + C\sum_{i=1}^{N}\xi_i$$

计算最大价格的超平面，采用拉格朗日乘数法来求解最优的 ω 和 b 的值：

$$y_i(\omega^T x_i + b) \geqslant 1 - \xi_i, \xi_i \geqslant 0, i = 1, 2, ..., N$$

我们使用支持向量机（SVM）处理开源数据集 load_breast_cancer()，加载乳腺癌数据集。将数据集导入模型后，通过支持向量机完成对测试数据的分类。分类的结果如图 8-13 所示，其中红色圆圈表示训练数据恶性肿瘤，蓝色圆圈表示训练数据良性肿瘤，黄色五角星表示测试数据恶性肿瘤，黑色五角星表示测试数据良性肿瘤。实线是根据支持向量机画出来的决策边界，决策函数值>0 的区域被判为恶性，<0 的区域被判为良性。两条虚线是间隔边界，位于虚线上或间隔带内的少量训练点称为支持向量，它们共同决定了边界形状。通过这个案例可以了解到，支持向量机并非总能找到一条直线或一个平面，将两类样本完美地分到两边。由于数据在原始特征空间线性不可分，SVM 通过核函数（如线性核、多项式核、高斯径向基核 RBF）将样本隐式映射到高维特征空间，在那里寻找一条线性超平面完成分类，从而体现出线性不可分的特点。

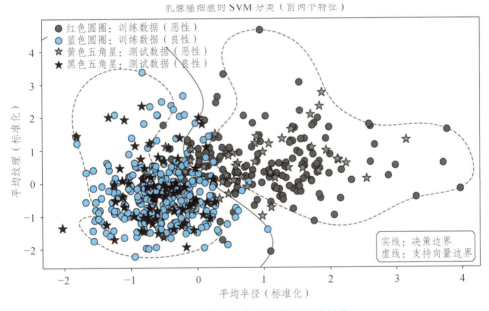

图 8-13　乳腺支持向量机数据分类结果

【任务实施】

1. 任务分析

车型识别属于模式识别与分类问题，涉及图像处理、特征提取与机器学习等多领域知识。

1）算法选择

朴素贝叶斯算法基于贝叶斯定理，利用特征变量的条件概率进行分类决策，具有简单高效，对小规模数据表现良好且适合增量式训练等优点，适用于车型识别任务。

2）DeepSeek 代码编写

通过开源大模型平台，完成以下提示词的输入：撰写一个 Python 脚本，通过生成模拟的车辆物理特征数据（车长、车宽、车高、排量），训练一个高斯朴素贝叶斯分类器，对 9 类车型进行分类，数据源自动模拟生成，测试数据模拟生成，并使用 plt 做可视化分类结果与新样本的预测效果。

3）程序运行与调试

根据运行环境安装必要的 Python 包，确保程序无问题后运行脚本，根据朴素贝叶斯算法的概念查看、测试数据的分类结果。

2. 任务要求

1）样本数据准备

利用 AIGC 的代码生成功能，实现实验数据的制作。参考代码如下所示：

```python
# 定义车型的特征范围和数量
car_info = {
    1: {
        'length': {'mean': 4500,'std': 200}, # 车长均值和标准差(单位:毫米)
        'width': {'mean': 1800,'std': 100}, # 车宽均值和标准差(单位:毫米)
        'height': {'mean': 1400,'std': 50}, # 车高均值和标准差(单位:毫米)
        'displacement': {'mean': 1500,'std': 200}, # 排量均值和标准差(单位:毫升)
        'count': 30,
        'name': '小型轿车'  # 车型名称
    },
    .
    省略
    .
    9: {
        'length': {'mean': 12000,'std': 600},
        'width': {'mean': 2500,'std': 150},
        'height': {'mean': 3000,'std': 200},
        'displacement': {'mean': 6000,'std': 500},
        'count': 10,
        'name': '大客车'  # 车型名称
    }
}
# 生成数据
data = []
```

```
for car_class,info in car_info.items():
        lengths = np.random.normal(info['length']['mean'],info['length']['std'],info['count'])  # 车长
        widths = np.random.normal(info['width']['mean'],info['width']['std'],info['count'])  # 车宽
        heights = np.random.normal(info['height']['mean'],info['height']['std'],info['count'])  # 车高
        displacements = np.random.normal(info['displacement']['mean'],info['displacement']['std'],info['count'])  # 排量
        data.extend([(lengths[i],widths[i],heights[i],displacements[i],car_class) for i in range(info['count'])])
    # 转换为 DataFrame
    df = pd.DataFrame(data,columns=['length','width','height','displacement','class'])
    df.to_csv('car_data.csv',index=False)
#具体代码见附录 B 基于朴素贝叶斯算法的车型识别
```

2）效果验证

通过设置不同的模拟数据值，查看模拟数据预测的准确性：

```
# 定义一辆新车辆的特征
# 示例:车长=5000mm,车宽=1950mm,车高=1650mm,排量=2200ml
new_car = pd.DataFrame(
    [[5000,1950,1650,2200]],
    columns=['length','width','height','displacement']
)
```

代码运行结果如图 8-14 所示。

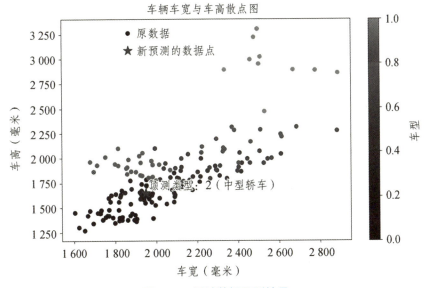

图 8-14　测试数据预测结果

8.3 高级类算法

【任务描述】

任务 8.3 基于图像识别的车辆分类识别原理

在进行交通流量分析时，需要掌握货车、轿车和客车的流量数据。现有数据主要为图像和视频类数据，目标是通过这些数据分类出相关车型的流量占比。任务需实现对这些数据的汇总计算和统计识别功能。针对图像视频数据，可使用相关函数构造模拟生成货车、汽车、客车的外形，并经过灰度处理等操作，实现对图像的识别功能。

【任务准备】

针对该任务，由于涉及大量的图像和视频数据，仅使用中低级别的算法（如逻辑回归等）难以有效完成图像分类等任务。因此，需要对图像和视频数据进行预处理，包括图像归一化、数据增强等操作，并通过训练提取模型的权重特征，以提升模型的鲁棒性和准确性。为此，需先学习高级算法的基本概念，并选择合适的深度学习模型，例如神经网络、卷积神经网络（CNN）、YOLO 算法或迁移学习算法进行模型训练。在训练过程中，通过调整参数（如学习率、批次大小和训练轮数）来优化模型性能。最终，利用训练好的模型对新图像进行分类预测，输出车辆类别及其置信度，并通过准确率、召回率和 F1 分数等指标评估模型的分类效果，确保其在实际应用中的可靠性和准确性。

8.3.1 神经网络算法

人工神经网络（Artificial Neural Network，ANN）是一种计算模型，其结构与功能借鉴了生物神经网络的精妙设计。该模型由大量神经元相互连接而成，每个神经元作为信息处理的节点，负责接收来自其他神经元的输入信号，经过内部运算和处理后，将信号输出至相邻的神经元。通过这种机制，信息得以流通与处理，从而实现对数据的高效学习、精确分类和准确预测。在人工智能领域，通过构建人工神经网络，计算机能够有效学习现实世界中的复杂模式。ANN 被广泛应用于信息处理（如问题求解、故障诊断、自动报警等）和模式识别（如语音识别、图文识别、指纹识别、人脸识别、手写字符识别等）等多个方面。

1. 神经网络算法的基本概念

经典的神经网络主要由三个层次构成，分别是输入层、中间层（也称为隐藏层）和输出层。神经网络算法是一种受生物神经系统启发的分布式计算模型，通过模拟人脑神经元的并行交互机制，实现非线性信息处理。它与传统的基于符号逻辑的串行计算范式有本质区别。在神经网络中，信息以分布式模式存储于神经元群体的激活模式中。当激活函数被触发时，信息通过神经元之间的动态权重耦合进行传递，实时完成特征融合，并最终传递到输出层。经典的神经网络概念模型如图 8-15 所示。

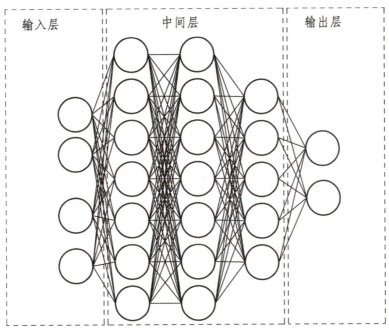

图 8-15　人工智能神经网络结构图

2. 神经网络算法模型

神经网络算法的高效运行依赖于激活函数、反向传播和梯度下降这三大核心机制的紧密协作。激活函数为神经网络提供了"思考维度",反向传播明确了"改进方向",而梯度下降则负责"执行优化"。这三者的关系可以类比为一辆汽车的运行:激活函数如同汽车的启动能源,为网络提供动力;反向传播类似于维修人员对发动机的检查和调整,确保网络的运行状态良好;梯度下降则持续优化网络性能,使其最终成为强大的模式学习机器。

1)激活函数

如果将神经元比作汽车,激活函数就是汽车的启动能源,如同电池、氢能源或石油等。它决定了神经元是否能够被激活并正常运行。不同的激活函数就像不同的动力源,为神经元提供不同的运行方式。在神经网络中,常见的激活函数包括 ReLU(修正线性单元)、Sigmoid(常用于二分类输出层)和 Tanh(常用于 RNN 隐藏层)。激活函数赋予神经元"曲线思维"的能力,使其能够处理复杂任务,如人脸识别、图像处理和语音处理等。下面介绍常见的激活函数公式。

(1)ReLU(Rectified Linear Unit,修正线性单元)。

公式:

$$f(x) = \max\left(0,\ x\right)$$

特点:

① 该公式计算简单高效,解决了梯度消失问题(在正区间梯度恒为 1)。

② 广泛用于隐藏层,但可能导致"神经元死亡"(负值输出为 0)。

(2)Sigmoid(二分类输出层)。

公式：

$$\sigma(z) = \frac{1}{1 + e^{-z}}$$

特点：

① 输出值在（0，1）之间，适合二分类输出层。

② 容易导致梯度消失（两侧饱和区梯度接近 0）。

（3）Tanh（Hyperbolic Tangent，RNN 隐藏层）。

公式：

$$Tanh(z) = \frac{e^z - e^{-z}}{e^z + e^{-z}} = 2\sigma(2z) - 1$$

特点：

① 输出值在（-1，1）之间，中心对称，梯度比 Sigmoid 更大。

② 仍存在梯度消失问题。

2）反向传播

反向传播的主要功能是解决神经网络在训练过程中出现的错误，并对其进行修正。这类似于维修人员通过经验积累来修复发动机故障。例如，当汽车启动后，维修人员会根据发动机的振动情况，逐步分析故障原因，追根溯源，最终定位并修复故障。当下一次发动机启动时，如果遇到类似问题，维修人员就能凭借经验进行针对性的修复。这种"吃一堑，长一智"的能力培养，正是神经网络反向传播机制的核心所在。

3）梯度下降

梯度下降是一种优化算法，其目标是最小化损失函数。这类似于在汽车出厂前进行的质量检测，通过有限的时间和精准的技巧，快速判断汽车性能是否达到出厂标准。在神经网络中，通过最小化损失函数，梯度下降能够提升算法的处理能力和模型的性能。

8.3.2 卷积神经网络算法

1. 卷积神经网络算法的基本概念

卷积神经网络（Convolutional Neural Network，CNN）是一种受生物视觉系统启发而设计的深度学习模型，其核心在于模仿动物视觉皮层的局部感受野和层级处理机制。CNN 通过卷积层提取图像的局部特征（如边缘、纹理），利用池化层降低维度并保留关键信息，再经全连接层完成分类或回归任务。该网络通过权值共享和局部连接大幅减少了参数数量，结合 ReLU 激活函数增强了非线性表达能力，在保留空间结构的同时显著提升了训练效率。CNN 凭借对平移、缩放的不变性优势，已广泛应用于图像识别、医学影像分析、自动驾驶等领域，成为计算机视觉领域最成功的模型架构之一。

在深入了解卷积神经网络算法之前，我们先了解一下计算机中图像的排列规则。图 8-16 所示是一个手写的数字"6"，经过灰度处理和数字化排列后，最终显示预测结果。

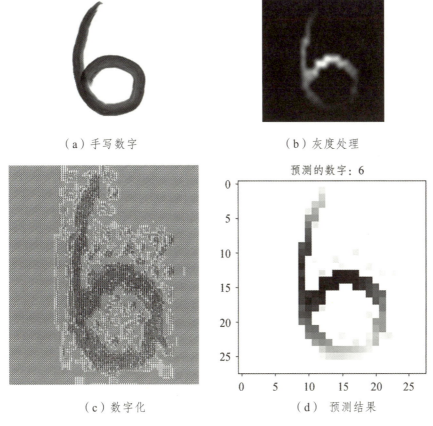

（a）手写数字　　　　　　　　　（b）灰度处理

（c）数字化　　　　　　　　（d）预测结果

图 8-16　手写数字的数字化过程

　　在数字化图像中，如果只有黑白两种颜色，图像可以通过单一的灰度值矩阵表示。然而，在正常的彩色图像中，通常采用红、绿、蓝三种颜色组成的 RGB 颜色模型。RGB 模型通过不同颜色的比例组合来生成各种颜色，每种颜色对应一个矩阵，这三个矩阵分别称为图像的通道（channel）。通过分析不同通道的数据，可以描述图像的具体内容。

2. 卷积神经网络算法模型

　　在了解以上基础知识之后，我们来探讨卷积神经网络（CNN）算法的计算过程。CNN 通过一个 3×3 的滑动过滤器窗口对输入数据进行计算，这个过滤器窗口也被称为权重，其核心是一个特定的滤波器或卷积核。通过将过滤器窗口与图像的颜色矩阵窗口逐元素相乘后相加，CNN 能够捕捉到图像的特征信息。

　　典型的卷积神经网络包含输入层、卷积层、池化层、全连接层和输出层。在卷积层和池化层构成的卷积组中，算法依次执行卷积层和池化层的操作，逐层提取特征值。最终，在全连接层实现类别输出。卷积神经网络的关键技术包括卷积、池化、激活函数和扁平化操作。卷积神经网络计算过程如图 8-17 所示。

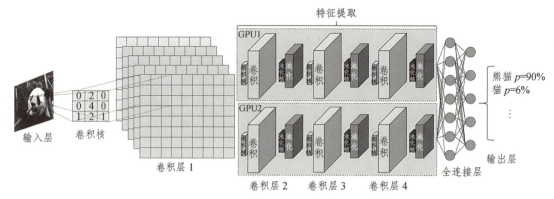

图 8-17　卷积神经网络计算过程

1）卷积

卷积层的核心组织件是卷积核（Kernel），也可以称为过滤器（Filter），通过高和宽对图片进行灰度图像处理。卷积过程会把卷积核的参数值共享和图像局部特征进行特征提取操作，过程中会使用激活函数 Sigmoid 处理汽车图片的效果如下图所示：

卷积层的核心组件是卷积核（Kernel），也可以称为过滤器（Filter）。卷积核通过其高度和宽度在图像上滑动，对图像进行处理。在卷积过程中，卷积核的参数值会在图像的不同位置共享，从而实现对图像局部特征的提取。在这一过程中，通常会使用激活函数（如 ReLU 或 Sigmoid）对卷积后的特征图进行非线性处理，以增强模型的表达能力。例如，对汽车图片应用卷积操作并结合激活函数处理后的效果如图 8-18 所示。

（a）卷积前

（b）卷积后

图 8-18　卷积前后对比效果

参考代码见附录 C 基于卷积神经网络的车辆分类识别原理参考代码。

2）池化

池化（Pooling）是一种通过降低图像分辨率来减少特征图尺寸、参数量和计算量的操作，也称为降采样。池化通过一个矩阵窗口（称为池化核）在特征图上滑动，对特征图进行采样，从而实现降维的目的。池化操作可以有效防止过拟合。常用的池化方法包括最大池化和平均池化。

简单来说，池化操作使用一个 $n \times n$ 的池化核在特征图上滑动，按照设定的步长对特征图进行采样。如果按照最大值保留原则进行采样，则称为最大池化；如果按照平均值保留原则进行采样，则称为平均池化。

3）全连接层

该层的主要功能是将池化后的特征图经过激活函数处理，得到一个多维向量。这个向量的维度包含批次大小、特征图的高度、宽度以及特征通道数量等信息。随后，将每个通道的特征图平展为一个长向量，其长度为批次大小 × 高度 × 宽度 × 特征通道数。这些平展后的向量通过权重与全连接层的每个神经元相连，每个连接都有一个对应的权重值。根据这些权重值进行计算后，通过线性变换得到全连接层神经元的净输入，并最终生成输出结果。

8.3.3　迁移学习算法

迁移学习是一种机器学习方法，通过将一个或多个源领域（Source Domain）中获得的知识和经验应用到目标领域（Target Domain）的学习任务中，从而提高目标领域模型的性能和泛化能力。以城市交通流量预测为例，假设大城市 A 的交通流量数据丰富且模型训练成熟，而小城市 B 的交通数据稀缺且模型训练困难。迁移学习的核心思想是利用大城市 A 与小城市 B 交通数据之间的相似性或相关性，将大城市 A 已有的交通模型迁移到小城市 B，从而克服小城市 B 数据不足的问题，实现知识的迁移和再利用，快速提升小城市 B 交通流量预测的准确性和泛化能力。

1. 迁移学习算法的基本概念

迁移学习是一种机器学习方法，其核心思想是将从一个任务（源领域）中学习到的知识或模型参数迁移到另一个相关但不同的任务（目标领域）中，从而提升目标任务的模型性能，或减少其对训练数据的需求。通过挖掘不同任务之间的共有特征或模式（例如语义关联、数据分布的相似性），迁移学习突破了传统机器学习中任务独立同分布的假设，有效解决了目标领域数据不足、标注成本高或训练效率低等问题。常见的迁移学习方法包括基于预训练模型的微调（Fine-tuning）、特征迁移、对抗领域自适应（Domain Adaptation）以及多任务学习框架等。这些方法在图像识别、自然语言处理等领域得到了广泛应用。

迁移学习通常涉及以下几个关键要素：

（1）源领域（Source Domain）：提供知识和经验的领域，比如大城市 A 中已经完成了模型的训练或具有丰富的标注数据。

（2）目标领域（Target Domain）：需要进行学习和模型训练的领域，比如小城市 B，可能数据较少或标注困难。

（3）迁移对象（Transfer Objects）：可以是特征、模型参数、知识表示等，是迁移学习中传递的内容，如城市中交通流量规则、时间流量规律等。

（4）迁移方式（Transfer Approaches）：包括实例迁移、特征迁移、模型迁移和参数迁移等，不同的方式适用于不同的场景和任务。

2. 迁移学习算法模型

1）基于实例的迁移学习模型

该模型通过选择和调整源领域中的实例，使其更好地适应目标领域的学习任务。常见的算法如下。

（1）TrAdaBoost（Transfer Adaptive Boosting，迁移自适应提升）：一种基于 AdaBoost 的迁移学习算法，通过在源领域和目标领域的实例上进行加权投票，并逐步调整权重，使模型更加关注目标领域的数据分布。例如，假设我们使用大城市 A 的交通流量数据训练一个分类模型（如决策树或神经网络），用于预测交通流量的高低。由于源城市和目标城市的交通流量数据在特征空间和数据分布上可能存在差异，因此选择 TrAdaBoost 算法进行迁移学习。TrAdaBoost 通过为源领域中的样本赋予特定权重，使其分布更接近目标域。随后，将迁移后的模型在小城市 B 的交通流量数据上进行微调。在微调过程中，根据小城市 B 的数据特点和任务需求，调整模型的某些参数，使其更好地适应小城市 B 的交通流量预测任务。

（2）KMM（Kernel Mean Matching，核均值匹配）：通过匹配源领域和目标领域的核均值，调整源领域实例的权重，使两个领域的分布更加接近。以城市交通流量预测为例，大城市 A 的交通流量数据丰富且模型训练成熟，而小城市 B 的交通数据稀缺且模型训练困难。KMM 算法的核心思想是通过对大城市 A 中的每个样本赋予权重，使得加权后的源数据在特征空间中的均值与小城市 B 的均值尽可能接近，从而减少不同城市交通数据分布的差异，实现知识的迁移。具体步骤包括：收集并预处理大城市 A 和小城市 B 的交通流量数据；使用 KMM 算法计算源领域（大城市 A）样本的权重；利用加权后的源领域数据训练交通流预测模型；将该模型迁移到目标领域（小城市 B），并在小城市 B 的少量数据上进行微调；最后评估模型在小城市 B 上的预测性能，验证 KMM 算法的有效性。

2）基于特征的迁移学习模型

该模型主要关注源领域和目标领域之间的特征表示，通过特征选择、特征提取或特征变换等方法，找到两个领域之间的共有特征或映射关系。常见的算法如下。

（1）JDA（Joint Distribution Adaptation，联合分布适配）：通过同时考虑源领域和目标领域的边缘分布和条件分布的差异，进行特征空间的对齐。它是一种针对领域差异的迁移学习算法，其核心在于同时对齐源领域和目标领域的边缘分布（整体特征分布）和条件分布（类别相关特征分布），从而缩小两者联合概率分布的差异。具体而言，JDA 通过优化特征变换，将源域和目标域的特征映射到统一子空间，使两者的交通流量数据不仅在全局特征（如时间、路段属性）上趋近，还能在类别相关的特征（如高峰时段的流量模式、低流量时段的特征）上保持一致。例如，在交通流量预测任务中，JDA 会先利用源域数据训练基础模型（如神经网络），再通过适配算法调整模型特征表达，减少城市间数据分布差异（如城市规模、道路结构不同导致的流量特征偏移），最后在目标域少量数据上微调模型参数（如调整分类阈值或特征权重），使其适应小城市 B 的独特场景（如局部路网稀疏性），最终提升模型跨领域泛化能力，解决目标域数据不足或分布偏移问题。

（2）TCA（Transfer Component Analysis，迁移成分分析）：通过学习一个可再生核希尔伯特空间（RKHS）中的转移成分，使得源领域和目标领域的数据在这个空间中的分布尽可能相似。它的核心思想是通过核函数将数据从原始特征空间映射到一个高维的希尔伯特空间，使得在这个高维空间中数据可以更容易地被线性分离或处理。它是一种基于核方法（Kernel Method）的迁移学习算法，其核心是通过将源领域（如大城市 A）和目标领域（如小城市 B）的数据映射到再生核希尔伯特空间（RKHS）中，学习一组跨领域的"迁移成分"（即特征子空间），使得两领域数据在该子空间中的边缘分布差异最小化。具体而言，TCA 利用核函数（如高斯核）将原始交通流特征（如时间、路段属性）映射到高维非线性空间，通过优化特征变换矩阵，提取两城市数据的共有潜在结构（如交通流周期性、路段负载关联性），从而消除因城市规模、路网拓扑差异导致的分布偏移（如大城市多环路与小城市稀疏路网的特征差异）。例如，在交通流量预测任务中，TCA 先对源域（城市 A）数据训练基础模型（如神经网络），再通过核空间映射对齐两域特征分布，最后在目标域（城市 B）少量数据上微调模型参数（如调整特征权重或分类边界），使其适应小城市的局部特性（如低峰时段流量波动），最终在目标域数据不足时仍能保持预测性能。

3）基于模型的迁移学习模型

该模型直接对模型参数或模型结构进行迁移和调整，以适应目标领域的学习任务。常见的算法如下。

深度迁移学习模型：通过利用在大规模源领域（如大城市 A 的交通流量数据）上预训练的深度神经网络（如 CNN、LSTM），提取数据的高层次抽象特征（如交通流的时空模式、周期性规律），再通过微调（Fine-tuning）或领域自适应（Domain Adaptation）策略，将模型迁移至目标领域（如小城市 B）。例如，在大城市训练时，模型学习通用交通特征（如早晚高峰流量突变、主干道拥堵关联性）；迁移到小城市时，可冻结底层网络（保留通用特征提取能力），仅调整顶层分类器或加入适配层（如对抗训练中的领域判别器），以减小城市间数据分布差异（如小城市路网稀疏导致的流量离散性）。同时，结合目标域少量标注数据，优化模型参数，使其在保留源域知识的基础上，自适应目标域特性（如小城市节假日流量波动），最终实现跨领域的高效知识迁移，解决目标域数据稀缺下的模型泛化难题。

参数迁移模型：参数迁移模型是迁移学习的核心方法之一，其核心思想是将源领域（如大城市 A 的交通流量预测模型）训练得到的模型参数（如神经网络权重）迁移至目标领域（如小城市 B），作为目标模型的初始化参数，再结合目标领域少量数据进行参数微调，使模型适应新场景。例如，在大城市 A 预训练的深度模型（如 LSTM）已学习到交通流的通用时空模式（如早晚高峰规律、路段间关联性），迁移至小城市 B 时，可保留模型的底层参数（如特征提取层），仅调整顶层分类器或部分中间层（如全连接层），以适配小城市特有的路网稀疏性、流量波动性等差异。通过参数迁移，目标模型既能继承源领域的通用知识（减少数据需求），又能通过微调捕捉目标领域的局部特性（如小城市节假日流量突增），最终在目标域数据有限时仍能快速收敛并提升预测精度。

4）基于知识的迁移学习模型

该模型侧重于将源领域中的知识或规则迁移到目标领域，以指导目标领域模型的学习和决策。常见的方法如下。

贝叶斯知识迁移：利用贝叶斯网络或贝叶斯规则，将源领域中的概率知识迁移到目标领域，进行概率推理和模型更新。贝叶斯迁移知识迁移是通过贝叶斯概率框架，将源领域（如大城市A的交通流量数据）的先验知识（如历史流量分布规律、时间依赖性）与目标领域（小城市B）的观测数据结合，动态更新模型参数的后验分布，实现知识迁移。例如，在大城市A训练的贝叶斯模型（如贝叶斯神经网络）可学习交通流量的不确定性特征（如高峰时段的概率分布），迁移至小城市B时，通过贝叶斯推断将源领域的先验分布（如工作日流量模式）作为目标模型的初始假设，再利用小城市少量数据（如局部路段监测记录）更新后验分布，调整模型置信度（如降低对大城市环路特征的依赖，增强对小城市支路流量波动的适应）。该方法通过概率建模显式量化领域间知识的不确定性差异，在数据稀疏场景下实现稳健迁移。

规则迁移：将源领域中的决策规则或逻辑规则迁移到目标领域，结合目标领域的数据进行规则的适应性和优化。例如，提取源领域（如大城市A的交通流量预测任务）中的显式决策规则或逻辑规则（如"早高峰时段主干道流量>5000辆/h，则触发拥堵预警"），将其迁移至目标领域（小城市B），并结合目标数据优化规则的适用性。例如，在大城市A中，通过关联规则挖掘得到"工作日7:00—9:00，车流量超5000辆/h则判定为高峰"的规则，迁移至小城市B时，需根据目标域特性（如车流量基数低、峰值分散）调整规则阈值（如改为"车流量>800辆/h"）或扩展条件（如加入"节假日景区周边路段流量激增"）。规则迁移可通过逻辑推理框架或符号学习方法动态适配目标域数据分布（如调整规则置信度、优先级），最终在保留源领域经验知识的基础上，实现目标领域的高效推理与决策优化。

【任务实施】

1. 任务分析

据任务描述，我们需要处理和分析大量的图像和视频数据。卷积神经网络（CNN）能够对单张图片进行灰度化和数字化处理。基于这一原理，结合不同类型车辆的特征及其数字化结果，可以完成对车辆类别的分类工作。为了验证实验效果，我们利用特征图片完成对输入图形的识别与判断。在此过程中，通过Python脚本生成模拟汽车、货车和客车的外观特征图。随后，对这些特征图依次进行卷积、池化和全连接等操作，最终得到识别结果。

生成特征图类的关键代码：

```
class VehicleDataGenerator:
    @staticmethod
    def create_simulated_batch():
        """生成3类车型的标准化模拟特征图(8*8像素)"""
        vehicles = {
            "货车": [[0,0,3,3,3,3,0,0],
```

```
                    [0,3,3,3,3,3,3,0],
                    [0,3,3,3,3,3,3,0],
                    [0,0,3,3,3,3,0,0]] * 2,
            "客车": [[2,2,2,2,2,2,2,2],
                    [2,0,0,2,2,0,0,2],
                    [2,0,0,2,2,0,0,2],
                    [2,2,2,2,2,2,2,2]] * 2,
            "轿车": [[0,0,6,6,6,6,0,0],
                    [0,6,6,6,6,6,6,0],
                    [6,6,0,0,0,0,6,6],
                    [0,0,6,6,6,6,0,0]] * 2
        }

        # 转换为张量并标准化
        tensor_data = torch.tensor(list(vehicles.values())).float()
        tensor_data  =  (tensor_data  -  tensor_data.min())  /  (tensor_data.max()  -
tensor_data.min())
            return tensor_data.unsqueeze(1)   # 添加通道维度
```

2. 任务要求

使用通义灵码+DeepSeek 工具，将以下提示词输入到对话框中，生成一个 Python 脚本。通过该脚本，可以深入理解卷积神经网络的工作原理。

提示词：构建一个面向教学的可解释性 CNN 演示系统，通过 8 X 8 简化特征图直观展示卷积神经网络对货车/客车/轿车的分类过程，重点呈现特征提取与决策逻辑，并帮我生成一个 Python 脚本。脚本中详细阐述数据生成模块、修正后的 CNN 模型、增强型可视化模块、主执行流程过程。

若执行效果不理想，可以直接应用参考代码执行，执行前安装必要的 Python 包确保程序无报错。

定义第一层卷积核设置：

```
关键代码：
 def _preset_kernels(self):
        """人工初始化特征检测核(模拟训练结果)"""
        with torch.no_grad():
            # 第一层卷积核设置
            self.feature_extractor[0].weight[0] = torch.tensor([[[   # 水平梯度检测
                [1,1,1],[0,0,0],[-1,-1,-1]]]]).float()

            self.feature_extractor[0].weight[1] = torch.tensor([[[   # 垂直立柱检测
```

```
                    [0,1,0],[0,1,0],[0,1,0]]]]).float()

        self.feature_extractor[0].weight[2] = torch.tensor([[[    # 斜线特征检测
            [0,0,1],[0,1,0],[1,0,0]]]]).float()

        self.feature_extractor[0].weight[3] = torch.tensor([[[    # 点阵模式检测
            [1,0,1],[0,1,0],[1,0,1]]]]).float()
    def forward(self,x):
        features = self.feature_extractor(x)
        return self.classifier(features.view(x.size(0),-1))
#详细代码参考附录 C 基于卷积神经网络的车辆分类识别原理参考代码
```

程序运行结果如图 8-19 所示。

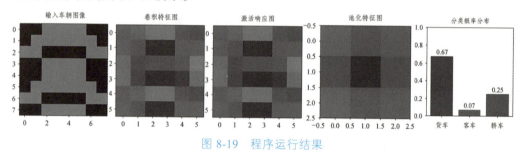

图 8-19　程序运行结果

【项目训练】

一、单选题

1. 以下哪种算法属于监督学习算法？（　　　）

A. K-means 算法　　　　　　　　B. 线性回归算法

C. K-近邻算法　　　　　　　　　D. 支持向量机（SVM）算法

2. 以下哪种算法用于回归任务？（　　　）

A. 逻辑回归算法　　　　　　　　B. K-means 算法

C. 决策树算法　　　　　　　　　D. 线性回归算法

3. 以下哪种算法属于无监督学习算法？（　　　）

A. 神经网络算法　　　　　　　　B. K-近邻算法

C. K-means 算法　　　　　　　　D. 支持向量机（SVM）算法

4. 以下哪种算法用于分类任务？（　　　）

A. 线性回归算法　　　　　　　　B. K-means 算法

C. 逻辑回归算法　　　　　　　　D. 卷积神经网络（CNN）算法

5. 以下哪种算法属于集成学习算法？（　　　）

A. 决策树算法　　　　　　　　　B. 随机森林算法

C. 朴素贝叶斯算法　　　　　　　D. 支持向量机（SVM）算法

二、多选题

1. 以下哪些算法属于监督学习算法？（ 　 ）

A. 线性回归算法 　　　　　　　　　B. 逻辑回归算法

C. K-means 算法 　　　　　　　　　D. 决策树算法

2. 以下哪些算法属于无监督学习算法？（ 　 ）

A. K-means 算法 　　　　　　　　　B. 朴素贝叶斯算法

C. 支持向量机（SVM）算法 　　　　D. 神经网络算法

3. 以下哪些算法可以用于分类任务？（ 　 ）

A. 逻辑回归算法 　　　　　　　　　B. K-近邻算法

C. 决策树算法 　　　　　　　　　　D. 支持向量机（SVM）算法

4. 以下哪些算法属于中级类算法？（ 　 ）

A. 决策树算法 　　　　　　　　　　B. 随机森林算法

C. 朴素贝叶斯算法 　　　　　　　　D. 支持向量机（SVM）算法

5. 以下哪些算法属于高级层算法？（ 　 ）

A. 神经网络算法 　　　　　　　　　B. 卷积神经网络（CNN）算法

C. 迁移学习算法 　　　　　　　　　D. K-近邻算法

三、判断题

1. 线性回归算法只能用于回归任务。（ 　 ）

2. K-means 算法是一种监督学习算法。（ 　 ）

3. 随机森林算法是一种集成学习算法。（ 　 ）

4. 逻辑回归算法用于分类任务。（ 　 ）

5. 迁移学习算法只能用于图像处理任务。（ 　 ）

四、操作题

使用卷积神经网络（CNN）算法进行图像分类。给定一个包含货车类别图像的数据集，首先对图像进行预处理，包括调整图像大小使其一致以及归一化像素值。接着，设计一个简单的 CNN 模型，包含卷积层、池化层和全连接层。利用训练集对模型进行训练，并设置合适的损失函数和优化器，然后通过测试集评估模型的准确率。最后，分析模型的分类结果，找出可能的改进方向。

项目 9
人工智能的应用场景

 知识图谱

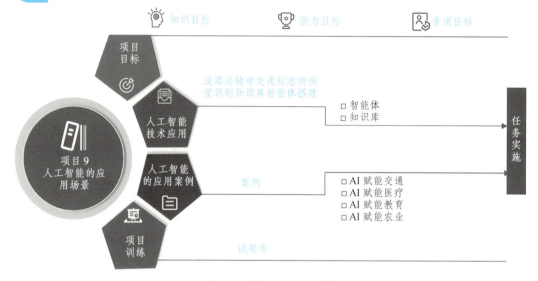

图 9-1　项目 9 知识图谱

 知识目标

- 掌握智能体、知识库的基本工作原理、搭建逻辑以及在行业中的应用案例。
- 了解智能体、知识库建设的方法与途径。
- 熟悉人工智能在交通、医疗、教育、农业领域的赋能模式和典型应用案例。

 能力目标

- 能够运用开源平台搭建智能体并应用到自己专业创新案例中。
- 能够使用开源工具（如 Ollama）部署本地大模型，并通过工具（如 AnythingLLM）调用大模型进行知识库的搭建与使用。

素质目标

- 建立"AI+行业"的跨界视角，理解技术与场景结合的创新价值。
- 重视 AI 应用中的数据安全与隐私保护，遵守技术伦理规范。
- 主动学习、探索前沿科技知识。

9.1　人工智能技术应用

【任务描述】

任务 9.1　道路运输中交通标志的视觉识别知识库智能体搭建

人工智能已广泛应用于交通、医疗、教育、农业等多个领域。本任务旨在构建一个具备实时交通标识感知与决策能力的视觉智能体。通过图像识别和语义解析技术，该智能体能够实现道路标识的识别、交通标志的认知判断以及相关知识的普及，从而提升道路运输的安全性并推动交通管理知识的普及。基于项目知识库的建设，还可以通过本地化部署，进一步完善交通安全法律法规的相关内容。

【任务准备】

9.1.1　智能体

1. 智能体的概念

智能体（AI Agent）是人工智能领域的重要形态，指具备自主感知环境、逻辑决策和任务执行能力的智能系统。它可以是虚拟程序（如智能语音助手），也可以集成于物理实体（如自动驾驶汽车）。其本质是通过传感器、算法和执行器的协同工作，实现"感知—决策—行动"的闭环，从而超越传统软件的被动响应模式，转向主动解决问题。

智能体的起源可以追溯到 20 世纪 50 年代，当时的主要目标是让计算机具备智能。随着 21 世纪初互联网技术的迅猛发展，智能体开始在网络领域得到广泛应用，涵盖了工业、交通、农业、医疗、金融等多个领域，适用人群包括企业用户、政府用户和个人用户等。智能体的 4 个核心特征如表 9-1 所示。

表 9-1　智能体 4 个核心特征

特征	含义
自主性	智能体在执行任务时能够独立做出决策，而不依赖外部的指令控制或程序干预，即可根据动态和复杂的环境，灵活应对各种变化，并独立完成目标任务
环境适应性	智能体在持续学习的环境中需要使用各类传感器、摄像头等进行实时感知环境变化并快速响应，具备动态调整应对复杂环境的能力
交互协同性	智能体能跨平台协作，比如通过用户指令生成会议纪要、会议 PPT 等内容，在多系统中运行过程中可能会调用到 PPT、会议录音、音频视频识别等，体现出智能体的协同效果
持续优化性	通过强化学习与数据反馈，智能体不断优化性能，通过数据迭代优化决策能力

智能体的工作原理遵循 PEAS（性能、环境、执行器、传感器）闭环。以自动驾驶汽车为例，其技术实现可以拆解为 4 个精密协同的层级，如图 9-2 所示。

图 9-2　PEAS 闭环流程

2. 智能体搭建

1）腾讯元器智能体搭建

腾讯元器智能体开放平台通过构建模块化多模态感知引擎与智能工作流系统，为开发者提供高效构建智能体应用的完整技术方案。平台核心架构包含视觉、知识与认知三大中枢：视觉中枢集成 CLIP+VIT（对比语言-图像预训练+视觉变换器）双模型及 OCR（光学字符识别）技术，实现跨模态图像理解与动态特征提取；知识中枢基于 RAG（检索增强生成）框架构建动态知识图谱，支持多源数据实时索引与语义检索；认知中枢则搭载 DeepSeek 大模型，通过 LoRA（低秩适配）微调实现领域知识对齐与多轮对话决策。开发者可通过可视化工作流编辑器，以"触发条件→图像解析→知识融合→模型推理→响应生成"的链式逻辑编排业务流程，支持拖拽式配置图像处理精度、知识检索范围及大模型参数，并实时监控 QPS（每秒查询次数）、时延等运行指标。系统采用模块化设计，支持从单节点到分布式集群的弹性扩展，提供数据脱敏与模型审计等合规保障，使复杂业务逻辑的搭建效率提升 5 倍，同时支持分钟级的更新与一键部署至微信、QQ 等生态，真正实现智能体应用的快速迭代与全场景覆盖。

腾讯元器智能体创作官网如图 9-3 所示。在该平台上，用户可以创建智能体、插件、工作流和知识库。其中，智能体是所有插件、工作流和知识库的应用载体，用户可以将自己创建的插件、工作流和知识库应用到智能体的构建中。

图 9-3　腾讯元器智能体创作官网

根据 PEAS 闭环工作原理，需要先建立一个知识库，相当于构建大脑知识库。将任务描述中提到的交通标志介绍的文件放入其中，这个知识库只需要包含对应的文档信息，由平台针对文件进行向量分割并存放到向量数据库中。通过国家标准官网下载中华人民共和国国家标准《道路交通标志和标线》（GB 5768）文件并放入到知识库中，如图 9-4 所示。

根据 PEAS 闭环工作原理，首先需要建立一个知识库，这相当于为智能体构建一个"大脑知识库"，将任务描述中提到的交通标志介绍文件导入其中。该知识库仅需包含对应的文档信息，平台会自动对文件进行向量分割，并将其存放到向量数据库中。具体操作下载《道路交通标志和标线　第 2 部分：道路交通标志》（GB 5768.2—2022）文件，并将其导入知识库，如图 9-4 所示。

图 9-4　文档知识库创建

接下来，构建智能体的执行器和感知器，并通过工作流创建具体的识别流程。该流程包括图片理解、知识库融合以及 DeepSeek 大模型的调用。工作流程的设置如图 9-5 所示。

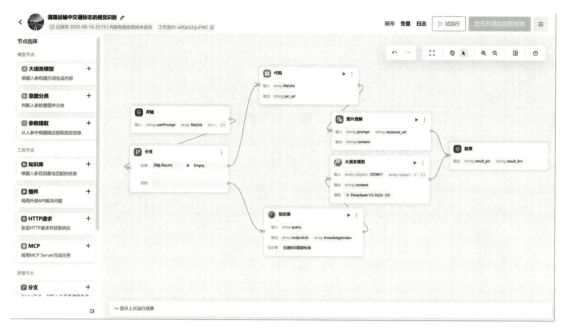

图 9-5　图片理解加知识库

　　创建智能体时，用户可以通过"通用创建"功能使用工作流来构建智能体；在智能体创建界面，设置智能体的名称、简介，配置工作流以及对话开场白；完成后，可在页面右侧进行对话测试，并根据测试结果优化知识库内容；测试完成后，点击页面右上角的"发布"按钮，可以选择将智能体发布到微信小程序、微信公众号、微信客服、QQ 机器人等多个平台。效果如图 9-6 所示。

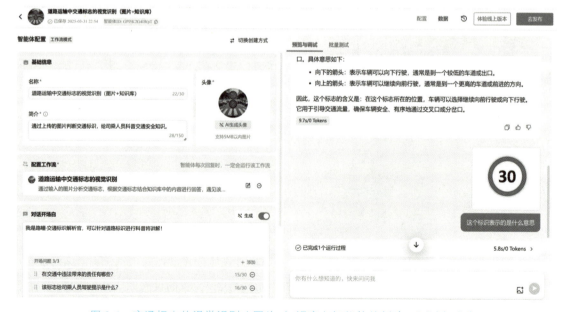

图 9-6　交通标志的视觉识别（图片+知识库）智能体的创建、测试与发布

2）扣子视觉识别智能体搭建

扣子是一款低门槛智能开发平台，专注于通过模块化工具赋能用户快速构建多功能 AI 助手（Bot）。其核心优势包括：集成 60 余款多场景插件（如资讯、旅游、办公、图像处理）并支持自定义插件拓展能力；提供灵活的知识库系统，支持本地文档（TXT/PDF/Excel 等）、网页 URL 及 API 数据接入，实现 Bot 与私有数据的精准交互；内置可视化工作流引擎，结合大语言模型、逻辑判断等节点，用户可通过拖拽搭建复杂任务流程（如自动生成 20 页行业报告），兼顾高效与稳定性。平台以低代码、多模态为核心，适用于企业及个人开发智能应用，覆盖内容生产、数据分析及自动化服务等多元场景。扣子智能体应用开发平台如图 9-7 所示。

图 9-7 扣子智能体应用开发平台

在智能体界面设置中，根据项目建设需求选择合适的模型。平台直接支持豆包的视觉识别模型，可直接调用该模型进行图片内容识别。页面最左侧提供了智能体建设的提示词格式，支持导入、模板库、提示词对比以及 AI 提示词编写等功能。技能界面同样支持插件、工作流、文件知识库和图片知识库等内容，以丰富智能体的知识体系。页面右侧是智能体的测试运行界面，根据测试结果优化知识库内容，可提高识别的准确率和效果。运行效果如图 9-8 所示。智能体创建完成后，可在页面右上角选择发布到扣子商店、豆包、微信小程序、微信客服、微信公众号、抖音小程序等平台，供用户使用。

图 9-8 道路交通运输标志视觉识别智能体的创建

9.1.2 知识库

知识库（Knowledge Base）能够将结构化和非结构化数据通过数据向量化技术进行私有化存储、检索和应用。随着大数据和人工智能技术的发展，本地知识库不仅可以包含结构化数据（如 Excel 表格、数据库记录等），半结构化数据（如 JSON、XML 等），还能处理非结构化数据（如文本、图像和音频等）。这些数据被存储到向量数据库中，并在知识库建立时使用本地化部署的 AI 大模型，通常采用私有服务器或本地网络中的结构化知识系统进行管理。与云端服务相比，本地知识库在数据主权和安全性方面具有显著优势，能够有效降低数据泄漏风险，满足本地化数据安全管理的需求。它可以在交通、医疗、法律等专业领域实现垂直发展，推动行业的快速进步。

知识库的工作原理基于检索增强生成（Retrieval-augmented Generation，RAG）技术，通过结合大语言模型与向量数据库，实现对私有数据的高效检索与智能生成。其核心原理和步骤如图 9-9 所示。

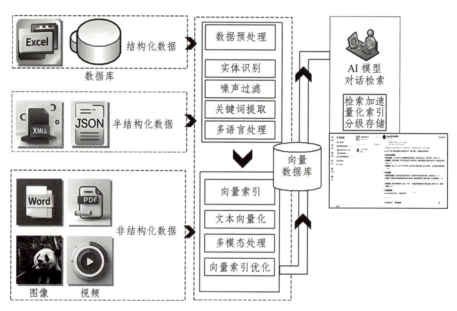

图 9-9　知识库工作原理

1. 知识库搭建平台

搭建个人知识库的第一步，出于对数据隐私性的考虑，我们选择在本地部署一个大模型，这里选用的是 Ollama 平台。

Ollama 是一个专注于本地化部署的开源大型语言模型（LLM）管理框架，旨在简化模型的下载、运行和管理流程，使用户能够在本地设备上高效地利用各类大模型进行自然语言处理任务。其核心功能包括本地化部署、多模型支持和轻量化设计。借助 Docker 容器化技术，Ollama 实现了对 GPU/CPU 资源的智能调度，支持用户在不依赖云服务的情况下运行 Llama、DeepSeek、Qwen 等主流开源模型，并通过命令行工具或 HTTP API 快速调用模型服务。

在完成本地大模型的部署后，为了实现本地对话模型的接入和知识库的搭建，我们还需要安装图形化界面。可供选择的工具有 Cherry Studio、AnythingLLM 和 Dify 等软件。

Cherry Studio 是一款支持多模型服务的跨平台 AI 工具，兼容 Windows、macOS 和 Linux 系统。它能够整合云端与本地的 AI 模型资源，助力用户高效搭建和管理个人知识库。凭借灵活的模型接入和强大的文档处理能力，Cherry Studio 可将分散的文本、图像、办公文件等非结构化数据转化为结构化的知识体系，并支持智能问答与多模态内容生成，显著提升知识管理效率。用户既可以通过 API 接入 DeepSeek 等主流大模型，也可以借助 Ollama 框架调用本地模型，实现敏感数据的本地化处理，确保数据安全与隐私。

AnythingLLM 是由 Mintplex Labs Inc. 开发的一款全栈应用程序，专注于通过 RAG（检索增强生成）模型构建私有化、高安全性的知识库系统。它支持将任意格式的文档（如 PDF、TXT、DOCX）、网页链接甚至音视频资源转化为结构化的知识库，供大型语言模型（LLM）在对话或问答中调用，从而实现智能化的知识管理与交互。

Dify 是一款开源的低代码 AI 应用开发平台，专注于通过大语言模型（LLM）实现智能化的知识库构建与管理。其核心功能在于将文档处理、语义检索与生成式 AI 结合，帮助用户快速搭建私有化知识库，并支持问答系统、自动化报告生成等多场景应用。

2. 本地知识库搭建

1）Ollama+Cherry Studio 平台搭建

Ollama 的官网如图 9-10 所示。该平台支持轻松加载并使用当前主流的大型语言模型，如 Qwen、Llama 和 DeepSeek-R1，以完成各种自然语言处理任务。Ollama 提供了易于使用的 RESTful API，允许开发者将模型集成到任何应用程序或服务中。通过 API，开发者可以调用模型、获取结果，并处理输入输出数据。此外，该平台支持高并发请求。借助 Ollama，用户可以在本地计算环境中运行模型，摆脱对外部服务器的依赖，从而确保数据隐私。对于高并发请求，离线部署能够提供更低的延迟和更高的可控性。Ollama 本地部署大模型效果如图 9-11 所示。

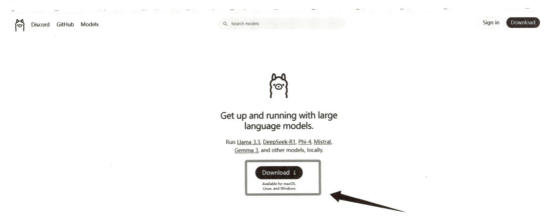

图 9-10　Ollama 的官网

```
writing manifest
success
>>>
>>> 介绍一下deepseek
<think>

</think>
深度求索人工智能基础技术研究有限公司(简称"深度求索"或"DeepSeek"),成立于2023年,是一家专注于实现AGI的中国公司。

>>> Send a message (/? for help)
```

图 9-11　Ollama 本地部署大模型

　　Cherry Studio 是一款智能化知识管理与应用开发平台,通过整合低代码开发环境、自然语言处理引擎与模块化架构,为用户提供从知识沉淀到智能应用的全链路解决方案。其核心功能涵盖知识库构建、工作流编排、模型管理与智能交互四大模块。

　　在知识管理方面,Cherry Studio 支持多格式文档解析、语义向量化与动态知识图谱生成,能够快速将非结构化数据转化为可检索、可关联的知识资产。工作流设计器采用可视化拖拽界面,允许用户通过"触发条件 → 数据处理 → 模型调用 → 响应生成"的链式逻辑,灵活编排跨系统业务流程。模型管理模块提供标准化 API 接口,兼容主流本地及云端大语言模型(如 Llama 3、DeepSeek 等),支持动态负载均衡与多实例协同推理。智能交互层则内置对话管理系统,可快速部署聊天机器人、问答引擎等应用,并通过开放插件生态与第三方系统无缝集成。

　　Cherry Studio 降低了 AI 技术落地的门槛,适用于智能客服、文档分析、知识检索等多样化场景,助力用户高效实现智能化转型。

　　Cherry Studio 官网如图 9-12 所示。Cherry Studio 通过其模块化架构设计,可以将本地部署的模型接入平台,如图 9-13 所示。用户可借助平台内置的模型管理界面,无须复杂环境配置即可实现模型版本迭代、远程调用及在线微调等操作,通过统一 API 接口完成多实例协作与智能任务分配,实现无缝集成(如通过 Ollama 等工具封装的 Llama 3、DeepSeek 等)。

图 9-12　Cherry Studio 官网

图 9-13　Cherry Studio 接入本地模型

　　用户可借助其直观的文档管理界面，快速导入各类文本资料（如 PDF、Word 文档或网页内容），如图 9-14 所示。系统自动完成格式解析与语义分割进行向量化，将非结构化数据转化为可检索的知识单元。

图 9-14　Cherry Studio 创建知识库

搭建个人知识库时，首先将本地模型接入 Cherry Studio 平台。输入知识库名称并上传文档后，系统将自动对文档进行向量化处理，完成后会显示绿色勾号。知识库搭建完成后即可投入使用。新建对话窗口时，点击底部的"知识库"按钮，选择相应的知识库，然后向模型提问。提问时尽量具体，以便获得更精准的回答。如果回答不理想，可以检查文档是否已成功向量化，或者调整提示词。此外，还可以在对话窗口中添加自定义提示词，以使输出结果更符合预期。知识库效果如图 9-15 所示。

图 9-15　Ollama 本地模型+"人工智能安全法"知识库

2）Ollama+AnythingLLM 平台搭建

AnythingLLM 由 Mintplex Labs 开发，是一款开源的、致力于提供私有化部署服务的文档智能问答系统。它基于检索增强生成（RAG）架构，不仅能处理 PDF、Word、CSV、代码库等多种格式的文档，还支持从在线位置导入文档，帮助用户实现文档对话功能。该系统通过 Ollama 框架支持 Llama3、Mistral 等本地开源模型，降低显存占用，也能无缝对接目前主流的一些商业 API，还提供通义千问等国产模型优化接口协议。此外，系统提供多用户管理、AI Agent（网页浏览、代码执行）等高级功能，支持对话和查询两种聊天模式，前者可保留先前问题和修正内容，后者提供针对文档的简单问答服务，且支持在聊天中引用信息。AnythingLLM 的下载官网如图 9-16 所示。

图 9-16　AnythingLLM 的下载官网

同样的，AnythingLLM 也需要先将模型进行接入，它和 cherry studio 都可以对模型进行无缝接入。通过将 Ollama 等本地模型框架与 AnythingLLM 集成，用户可在完全脱离云服务的环境下，构建基于 RAG（检索增强生成）架构的智能系统。AnythingLLM 接入大模型如图 9-17 所示。

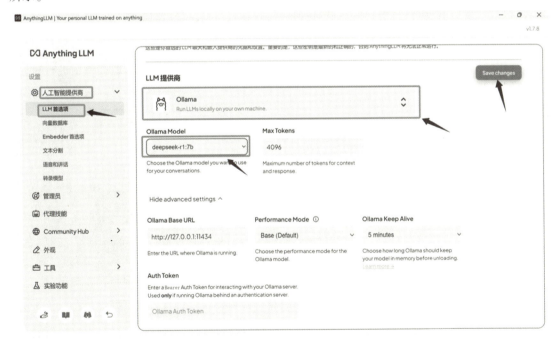

图 9-17　AnythingLLM 接入大模型

AnythingLLM 的个人知识库问答的完整流程为"数据分块处理→数据向量化→块匹配检索→生成响应问答"。完成模型的配置后，可搭建本地知识库。在 AnythingLLM 左侧工作区找到上传按钮，支持上传 PDF、DOCX、TXT 等多种格式文件，也能添加网站链接。选中上传文本，点击"移动到工作区"，再点击"Save and Embed"完成保存与向量化处理。AnythingLLM 知识库创建如图 9-18 所示。

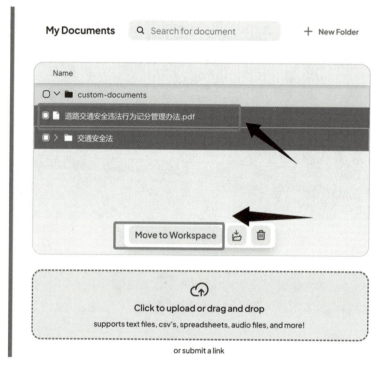

图 9-18　AnythingLLM 创建知识库

之后，在聊天窗口就能基于本地知识库（见图 9-19），借助接入的本地大模型进行对话。倘若想切换模型，在工作区右侧点击设置，选择聊天设置，便可重新选择所需的本地大模型。

图 9-19　Ollama+"道路管理安全法"知识库

AnythingLLM 还允许用户将知识库与智能对话助手深度集成，通过预设的 Prompt 模板或自定义指令，实现知识问答、文档总结、智能检索等交互功能，并支持将查询结果自动生成思维导图或知识卡片。平台还提供版本回溯与权限控制功能，确保知识库的持续迭代与隐私安全，使个人用户既能高效沉淀智慧资产，又能灵活调用知识资源赋能日常工作与学习，实现从碎片化信息管理到智能化知识应用的完整闭环。

【任务实施】

【任务分析】

1. 模型的选择

道路运输中的交通标识的视觉识别，需要使用视觉识别模型。根据建设任务要求，可以选择一些开源视觉识别模型，比如：腾讯元器的图片理解插件、豆包·视觉理解·pro 等。

2. 智能体开发平台

智能开发具有很多开源的平台，比如腾讯的腾讯元器。腾讯元器是腾讯混元大模型团队推出的智能体开放平台，开发者可以通过插件、知识库、工作流等方式快速、低门槛打造高质量的智能体，支持发布到 QQ、微信等平台，同时也支持 API 调用方便用户接入访问和使用。其次是火山引擎的扣子智能体开发平台，可以调用豆包的视觉识别模型，针对图片内容视觉识别和判断。考虑到智能体搭建好后便于用户访问和使用，采用腾讯元器开发"道路运输中交通标志的视觉识别智能体"。

3. 本地知识库开发平台

知识库开发具有众多开源平台，为知识管理与应用提供了多元选择。比如 Cherry Studio 集成了多种大语言模型（LLM）服务商，并支持本地模型部署。允许用户将各类文档、网页和笔记上传，系统会自动将这些内容转化为结构化的数据库，支持常见的 PDF、Word、Excel 等格式。其次是腾讯元器，用户能将个人收集的 PDF 材料等知识用于训练知识库。腾讯元器的优势在于其预集成了腾讯生态的特色插件和知识库资源，并且将开放第三方能力。这里采用腾讯元器创建"道路运输中交通标志的知识库"。

【任务要求】

实现智能体判断上传的交通标志，根据交通标志的内容给司乘人员提供标志表示的信息。要求识别的标识信息参照中华人民共和国国家标准《道路交通标志和标线》（GB 5768）的要求，将标准放置在智能体建设的知识库中。

运行参考效果如图 9-20 所示。

图 9-20　道路运输中交通标志的视觉识别智能体

9.2　人工智能的应用案例

9.2.1　AI 赋能交通

　　随着科技的不断进步，AI（人工智能）技术在交通领域的应用日益广泛，正在深刻地改变交通产业的格局。无论是智能交通管理、自动驾驶汽车，还是物流优化和公共交通的发展，AI 都展现出了巨大的潜力和实际价值。下面将从多个维度全面解析 AI 赋能交通的现状、应用案例以及对社会和环境的影响。

　　AI 在智能交通管理系统（ITS）中的应用，显著提高了城市交通的管理效能。成都交通投资集团（简称成都交投集团）所属智慧交通集团交通信号优化配时与交通组织优化团队打造的"Y 型交叉口车道功能与信号配时协同优化案例"。成都交投集团利用大数据 OD（交通起止点）分析，精准判断车流方向，为重新分配车道提供科学依据，并利用仿真研究优化方案的可行性，优化车道功能，重新划分车道；在远、近端新增多组指路标志，增加信号灯；优化多时段信号配时，支路放行绿灯时同步放行茶店子路往一环路方向；在进城下游出口设置检测器，如进城发生回溢则启动瓶颈控制，从而减少进城绿信比，避免区域性拥堵。

　　自动驾驶是 AI 赋能交通的重要领域，其目标是通过 AI 技术实现车辆的自主导航和交通管理。百度的 Apollo 自动驾驶项目已在全球多个国家和地区开展测试，积累了丰富的自动驾驶里程经验，充分展现了其在复杂交通环境中的鲁棒性（Robustness）。2022 年，成都天府国际机场引入了新型智能登机桥，该登机桥成功对接飞机舱门，整个过程仅用时 50 多秒，效率极高。上海交通大学的研究团队开发了一种智能停车系统，通过 AI 技术实现了停车位的智能分配，使城市停车效率提高了。泸州某新能源充电站引入 AI 预测系统，通过分析历史充电数据和实时需求，优化了充电资源分配，减少了用户等待时间。

AI 技术赋能物流与供应链领域，助力实现运输效率的最大化与成本的最小化。京东物流推出的"智能路由大脑"，依托运筹优化算法及实时交通大数据，在全国 42 个物流枢纽间动态规划最优运输路径，在 2024 年"双十一"活动期间，通过智能存储等创新技术，存储效率得以提升 10%。而美团的无人机配送网络，则采用了自动驾驶无人机结合 AI 空域管理系统，在深圳、上海等多个城市实现常态化运营，累计完成配送近 17 万单，配送品类丰富，接近 2 万种。

AI 已超越技术工具范畴，成为交通系统的"数字神经网络"。从"经验决策"到"数据推演"，从"被动响应"到"主动治理"，从"单一运输"到"生态协同"，AI 通过"感知—决策—执行"的闭环赋能，正在创造更安全、更高效、更可持续的交通未来。

9.2.2　AI 赋能医疗

AI 技术正在深刻改变医疗行业的格局，从疾病诊断到治疗方案优化，从药物研发到医疗服务管理，AI 的应用为医疗行业带来了前所未有的机遇。通过结合大数据、机器学习和深度学习等技术，AI 赋能医疗正逐步实现精准医疗、提升诊疗效率、降低医疗成本，为患者提供更优质的医疗服务。

在疾病的诊断与筛查方面，AI 在医学影像分析、疾病早期筛查和辅助诊断方面展现出巨大潜力，帮助医生更快速、更准确地发现疾病。AI 通过深度学习算法，能够快速分析 CT、MRI、X 光片等医学影像，识别病变区域，辅助医生诊断。AI 系统还可以分析患者的健康数据（如体检报告、基因信息等），预测患病风险，建议提前干预。比如，协和医疗的 AI 肺结节诊治分中心，借助 AI 技术的力量，能够对胸部 CT 进行全面而细致的扫描，即便是那些直径仅有 3 mm 的微小结节也难以逃脱其"法眼"，其敏感度高达 96.7%，大大降低了误诊的可能性，为肺结节的早期发现提供了强有力的技术保障，让疾病无处藏身。

在个性化治疗与精准医疗方面，AI 通过分析患者的基因组数据、生活习惯和病史，为患者提供个性化的治疗方案，实现精准医疗。AI 能够快速分析患者的基因数据，识别潜在的遗传疾病风险和药物敏感性，为治疗提供依据。AI 通过分析患者的日常监测数据（如血糖、血压等），提供个性化的健康管理建议，帮助患者控制病情。

在医疗影像与手术机器人方面，AI 在医疗影像和手术机器人领域的应用，显著提高了手术的精准性和安全性。AI 可以通过分析患者的影像数据和病史，制定个性化的手术方案，并进行手术模拟，降低手术风险。AI 驱动的手术机器人可以在医生的操作下，完成高精度的微创手术，减少术后恢复时间。比如，达·芬奇手术系统等机器人手术平台结合 AI 技术，能够执行更加精细、复杂的手术操作。AI 算法能够实时分析手术过程中的数据，指导机械臂进行更精确的操作。由术锐机器人股份有限公司联合上海交通大学、瑞金医院等高校和医院自主研发的单孔手术机器人，完成了我国国产机器人在外科的首例微创手术。

传统医疗受限于诊断精度不足、医疗资源分配不均、药物研发周期长等难题，AI 作为新一代数字健康引擎，正在重塑医疗健康产业的全价值链，正推动我国医疗体系向精准化、高效化、普惠化方向深度变革。

9.2.3　AI 赋能教育

人工智能技术在教育领域的深度应用已展现出显著成效，其核心价值在于通过数据驱动、智能协同与个性化服务，重构教学流程并优化教育生态。人工智能赋能教学将改变传统的教育模式，通过精准化教学提升教学质量。教师、学生能够利用人工智能工具带给教学工作者、学生者专属的定制化服务的智能体、本地知识库。这些智能体、知识库可以根据学科不同、专业不同、层次不同定制化训练出属于自己的教学助手、学习助手。

AI 大模型在学生端，可以根据每一个同学的学习、学情、作业、考试等数据分析完成生成学生的数字画像，针对不同层次的同学支持分层教学及个性化资源推送。人工智能技术通过构建学生全周期学习数据智能体，正在重塑"因材施教"的实施路径。学生端智能体实时整合学生在课堂互动、作业完成、考试表现及实训操作等场景下的多维数据流，运用知识图谱与机器学习算法生成动态更新的数字画像——不仅精准定位每位学生的认知水平、思维特征及薄弱环节，还能预判其潜在发展轨迹。例如，对于基础薄弱的学生，智能体自动推送微课视频与阶梯式练习题，通过错题归因分析实现靶向强化。对学有余力者则生成项目式学习方案，提供行业案例库与虚拟仿真工具进行能力拓展。更关键的是，人工智能通过自适应引擎实现分层教学的动态调节，当学生通过阶段性测评后，智能体即时调整学习路径，将原本需要教师手动干预的差异化教学转化为自动化、规模化的精准育人模式。这种数据驱动的智能辅助机制，既保证了教学质量的整体提升，又使传统课堂难以实现的个性化培养真正落地。

AI 大模型在教师端，人工智能技术在教育领域的深度渗透，正从底层逻辑重构教师的职业形态。以 AI 大模型为核心的智能化工具通过接管教案生成、作业批改等机械性工作，将教师从重复劳动中解放，使其得以聚焦于教学本质的创新探索。

根据教育部 2025 年 4 月《关于加快推进教育数字化的意见》中，明确指出要坚持改革创新，主动顺应人工智能等新技术发展趋势，健全适应数字化发展的制度体系。在新能源汽车技术专业中关于"新能源汽车动力蓄电池"课程中，我们可以使用 AI 将最新的固态电池数据和技术突破与充电桩智能调度算法等相关案例整合到课堂教学环节，确保教学内容与产业升级保持同步。

虚拟仿真实验技术的应用则从根本上突破了传统实践教学的物理局限。西北工业大学打造的"AI+三航"虚拟实验室，将飞机发动机拆装、卫星轨道计算等高风险、高成本实训项目转化为数字孪生系统。在"航空发动机原理"课程中，学生通过 VR 设备进入 1∶1 还原的涡扇发动机内部结构，AI 助手实时提示操作规范并模拟故障场景。系统后台的机器学习模块会记录每个学生的操作路径，自动生成包含手部稳定性、问题诊断速度等 12 项能力的评估报告。教师利用这些数据，可针对性设计"叶片气动优化"等创新课题，将教学重心从基础操作训练转向工程思维培养。数据显示，采用虚拟仿真系统后，学生复杂问题解决能力提升 37%，而设备损耗成本下降 92%。

　　人工智能技术正在引领着基层的教师开展技术革新与技术应用创造，不断地催化教师角色从传统的知识传授者、引路人、创新者到智慧人才创新引导者。上海某职业院校的机械专业教学团队，在 AI 承担 60% 的常规教学工作后，开发出"智能工厂孪生教学法"：教师带领学生用数字孪生技术重构本地企业的生产线，通过模拟订单波动、设备故障等真实场景，培养系统级工程思维。这种教学模式不仅获得 2023 年全国教学创新大赛金奖，更推动校企共建了 3 个产学研合作项目。教育部的跟踪研究表明，合理使用 AI 工具的教师群体，其教学创新成果产出量是传统教师的 2.3 倍，学生高阶思维能力测评得分平均提升 28%。这些数据印证了一个教育新范式，AI 将成为教师的"智能协作者"，人类教育者得以回归其核心价值——用创造力点燃学生的思维火花，用教育智慧塑造未来人才。

　　AI 打破学科边界，催生"诗经植物基因图谱""算法还原壁画"等创新设计，通过大单元教学工具实现多学科知识融合。这种整合不仅增强课堂趣味性，更培养学生系统思维与跨界能力。AI 正在以"时空穿梭者"的姿态，重塑交通教育的跨界基因。在苏州，学生借《诗经》驿道意象的物流路径优化算法，发现周代驿道曲率与山区公路规范的千年呼应。在杭州，公交站的"苏堤春晓"光影方案，将诗词意境转化为动态交互的客流管理系统。在南京，《诗经》植物根系数据经 AI 测算，成为长江边坡生态防护的"绿色密码"。这些实践打破"技术孤岛"，让《考工记》的惯性智慧与新能源汽车能量回收对话，使柳永词中的城市意象融入公交站遮阳棚的曲面设计，更通过昆虫复眼仿生解决道路安全难题。AI 不仅是工具，更是文化解码器——当学生用 BIM 还原"周道如砥"时，同步完成历史线形优化与现代旅游公路设计。

　　数据显示，AI 促使教学跨学科创新，让学生跨学科问题解决能力提升 41%，作品落地转化率达 27%。这种融合不是简单的学科拼贴，而是通过 AI 的算力穿透时空。例如在交通院校 AI 让交通工程兼具文明厚度（如周代驿道的运维哲学）、技术精度（如可升降声屏障的候鸟保护）和人文温度（如方言说唱的公交数据叙事），培养出既能优化 ETC 车道、又懂诠释"车辚辚"文化意象的"新交通人"，为交通强国建设注入"技术+人文"的双重动能。未来，随着技术深度融入，教育将加速迈向个性化、智能化、创新化的新时代。

9.2.4　AI 赋能农业

　　传统农业受限于自然条件、种植经验和人力劳作等因素，发展面临诸多瓶颈。而人工智能（AI）作为新一代信息技术，为农业带来了革命性的变革。通过相关案例，我们可以看到我国在智慧农业的可持续发展和现代化建设中，已经探索出许多创新思路和改革举措。

　　在生产资料环节中 AI 重塑农业"芯片"与智慧育种深度融合，实现育种种子的 AI 识别扫描。2025 年隆平高科与百度联合实验室发布 AI 标记水稻抗盐碱基因标记准确率 98%，通过 AI 扫描 300 万份种质资源，筛选周期从 8 年缩短至 3 年。在东营盐碱地试种的"鲁种 1 号"，亩产突破 600 公斤，较传统品种提升 40%。农业企业部署 AI 育种平台，实现田间机器人、无人机、多模态传感器等设备建立实现对农产品水稻的株高、穗长、叶绿素含量等超 500 种多维度数据的采集工作。通过人工智能的机器学习，预测稻穗的成长情况和"穗粒数"与实测之间的误差小于 2%。从成本的角度，2025 年农业农村部官方报告中表示，AI 育种使得每亩种子的成本下降 30% 左右，通过智慧灌溉数据采集分析灌溉成本减少 25% 左右。

在农业生产的各个环节，企业通过引入人工智能（AI）技术，显著提升了作业效率和生产效益。在播种环节，利用 AI 播种技术结合 3D 视觉和北斗高精度厘米级定位，稻田行距误差可控制在 1.5 cm 以内，作业效率较人工作业提升了约 10 倍。通过"农业超脑"系统整合土壤传感器、温湿度数据以及气象卫星数据等实时信息，实现了对农作物施肥的动态调整，使肥料利用率从 35% 提升到 48% 左右。此外，企业通过接入农田摄像头和昆虫雷达数据，能够提前预警病虫害。2024 年，云南省甘蔗产区通过感知虫害提前施药，减少了近 6 亿元的损失。通过在田间部署人工智能和物联网技术，实现了农田"沙盘推演"，帮助农业大户做出科学决策。内蒙古的 50 万亩智慧农场通过"物联网 +AI"模型，实现了灌溉用水的动态优化。根据玉米不同生长期的蒸腾速率预测，并结合天气预报自动调节滴灌量，较传统漫灌节水 40%，产量提升了 15%。

在农业生产的各个环节，企业通过引入人工智能（AI）技术，显著提升了作业效率和生产效益。在播种环节，利用 AI 播种技术结合 3D 视觉和北斗高精度厘米级定位，稻田行距误差可控制在 1.5 厘米以内，作业效率较人工作业提升了约 10 倍。通过"农业超脑"系统整合土壤传感器、温湿度数据以及气象卫星数据等实时信息，实现了对农作物施肥的动态调整，使肥料利用率从 35% 提升到 48% 左右。此外，企业通过接入农田摄像头和昆虫雷达数据，能够提前预警病虫害。2024 年，云南省甘蔗产区通过感知虫害提前施药，减少了近 6 亿元的损失。通过在田间部署人工智能和物联网技术，实现了农田"沙盘推演"，帮助农业大户做出科学决策。内蒙古的 50 万亩智慧农场通过"物联网 +AI"模型，实现了灌溉用水的动态优化。根据玉米不同生长期的蒸腾速率预测，并结合天气预报自动调节滴灌量，较传统漫灌节水 40%，产量提升了 15%。

在食品安全环节，企业通过构建食品安全透明网，利用"AI + 区块链"技术实现了从菜地到餐桌的全链条追踪。具体措施包括溯源系统的数据分析、AI 扫描菜品分析以及 AI 农药检测分析等。同时，企业还引入了 AI 冷链物流仓储智能管家，通过温湿度传感、冷链车运行和货物类别等数据，基于 AI 模型训练形成了智能动态调控机制。这一机制不仅降低了货物运输成本，减少了货物损耗率，还实现了过程化管理。

AI 不仅仅是一个工具，它更像是农业系统中的数字神经元。它将传统农业进一步从"靠天吃饭"转变为"知天而作"，从"过程记录档"升级为"全链数字化"。AI 通过记录、监控、判断和控制等功能，为农业赋能，推动农业发展进入新的态势。

【项目训练】

一、单选题

1. 腾讯元器智能体开放平台的视觉中枢集成了（　　）技术，实现了跨模态图像理解与动态特征提取。

A. CLIP+VIT 双模型及 OCR　　　　B. RAG 框架

C. DeepSeek 大模型　　　　D. LoRA 微调

2. 知识库工作原理基于（　　）技术。

A. 检索增强生成（RAG）　　　　　　　B. 自然语言处理（NLP）

C. 计算机视觉（CV）　　　　　　　　　D. 机器学习（ML）

3. 以下哪个不是 Ollama 平台的核心功能？（　　　）

A. 本地化部署　　　　　　　　　　　　B. 多模型支持

C. 云端存储　　　　　　　　　　　　　D. 轻量化设计

4. 在扣子智能体开发平台中，提示词编写不具备以下哪种功能？（　　　）

A. 导入功能　　　　　　　　　　　　　B. 模板库功能

C. 自动生成功能　　　　　　　　　　　D. AI 提示词编写功能

5. 以下哪个是 Dify 的核心功能？（　　　）

A. 专注于本地化部署大型语言模型

B. 实现智能化的知识库构建与管理

C. 提供私有化部署服务的文档智能问答系统

D. 整合云端与本地 AI 模型资源

二、多选题

1. 智能体的四个核心特征包括（　　　）。

A. 自主性　　　　　　　　　　　　　　B. 环境适应性

C. 交互协同性　　　　　　　　　　　　D. 持续优化性

E. 准确性

2. 腾讯元器智能体开放平台的核心架构包含以下哪些中枢？（　　　）

A. 视觉中枢　　　　　　　　　　　　　B. 知识中枢

C. 认知中枢　　　　　　　　　　　　　D. 决策中枢

E. 执行中枢

3. 以下哪些是搭建个人知识库可选择的图形化界面软件？（　　　）

A. Cherry Studio　　　　　　　　　　　B. AnythingLLM

C. Dify　　　　　　　　　　　　　　　D. Ollama

E. LangChain

4. AI 在交通领域的应用包括（　　　）。

A. 智能交通管理　　　　　　　　　　　B. 自动驾驶

C. 物流优化　　　　　　　　　　　　　D. 停车位和充电站管理

E. 公共交通发展

5. AI 大模型在学生端的作用包括（　　　）。

A. 生成学生数字画像　　　　　　　　　B. 支持分层教学

C. 个性化资源推送　　　　　　　　　　D. 自动批改作业

E. 构建学生全周期学习数据智能体

三、判断题

1. 智能体只能是虚拟程序，不能集成物理实体。（　　　）

2. 腾讯元器智能体开放平台支持从单节点到分布式集群的弹性扩展。（　　　）

3. 扣子智能体开发平台不支持自定义插件拓展能力。（　　　）

4. 知识库只能处理结构化数据。（　　）

5. Ollama 平台不支持通过防火墙规则和 API 密钥管理增强安全性。（　　）

四、操作题

1. 利用腾讯元器智能体开放平台创建一个 "校园设施报修智能体"，要求智能体能够根据用户上传的图片判断校园设施的损坏情况，并给出相应的报修建议和流程。请简述操作步骤。

2. 使用 Ollama 和 Cherry Studio 搭建一个"计算机技术知识问答知识库"，请详细描述搭建过程。

附录 A　基于 K 最近邻算法的手写数字识别参考代码

附录 B　基于朴素贝叶斯算法的车型识别参考代码

附录 C　基于卷积神经网络的车辆分类识别原理参考代码

参考文献

[1]　中国电子技术标准化研究院. 人工智能标准化白皮书（2021 版）[R/OL].

[2]　全国信息安全标准化技术委员会大数据安全标准特别工作组. 人工智能安全标准化白皮书 [R/OL].

[3]　周勇. 计算思维与人工智能基础[M]. 3 版. 北京: 人民邮电出版社，2024.

[4]　胡伏湘，肖玉朝. 信息技术基础与人工智能应用[M]. 北京: 高等教育出版社，2024.

[5]　张玉玲，李梅. 基于人工智能的信息技术基础[M]. 北京: 高等教育出版社，2024.

[6]　王北一，蒙志明. AIGC 应用实战（慕课版）[M]. 北京: 人民邮电出版社，2024.

[7]　黄源，张莉. AIGC 基础与应用[M]. 北京: 人民邮电出版社，2024.

[8]　眭碧霞. 信息技术基础（WPS Office）[M]. 2 版.北京: 高等教育出版社，2021.

[9]　董付国. 　Python 程序设计基础[M]. 3 版.北京: 清华大学出版社，2023.

[10]　行云新能科技（深圳）有限公司.Python 人工智能技术与应用[M]. 北京: 机械工业出版社，2024.

[11]　李方园.Python 编程基础与应用 [M]. 2 版.北京: 机械工业出版社，2024.

[12]　秦曾昌，田达玮. 漫话人工智能：从二进制到未来智能社会[M]. 北京: 清华大学出版社，2022.

[13]　蔡自兴，刘丽珏，陈白帆，等. 人工智能及其应用 [M].7 版.北京: 清华大学出版社，2024.